装配式建筑技术手册

（混凝土结构分册）

施工篇

江苏省住房和城乡建设厅
江苏省住房和城乡建设厅科技发展中心　编著

中国建筑工业出版社

图书在版编目（CIP）数据

装配式建筑技术手册：混凝土结构分册. 施工篇 /
江苏省住房和城乡建设厅，江苏省住房和城乡建设厅科技
发展中心编著. —北京：中国建筑工业出版社，2021.2（2021.8重印）
ISBN 978-7-112-25945-8

Ⅰ. ①装… Ⅱ. ①江… ②江… Ⅲ. ①装配式混凝土
结构-混凝土施工-技术培训-手册 Ⅳ. ①TU37-62

中国版本图书馆 CIP 数据核字（2021）第 040299 号

责任编辑：张 磊 宋 凯 万 李 张智芊
责任校对：赵 菲

装配式建筑技术手册（混凝土结构分册）施工篇
江 苏 省 住 房 和 城 乡 建 设 厅
江苏省住房和城乡建设厅科技发展中心 编著

*

中国建筑工业出版社出版、发行(北京海淀三里河路9号)
各地新华书店、建筑书店经销
北京鸿文瀚海文化传媒有限公司制版
北京建筑工业印刷厂印刷

*

开本：787毫米×1092毫米 1/16 印张：23¼ 字数：577千字
2021年5月第一版 2021年8月第二次印刷
定价：70.00元
ISBN 978-7-112-25945-8
（36635）

《装配式建筑技术手册（混凝土结构分册）》
编写委员会

主　　任：周　岚　顾小平
副 主 任：刘大威　陈　晨
编　　委：路宏伟　张跃峰　韩建忠　刘　涛　张　赟
　　　　　赵　欣
主　　编：刘大威
副 主 编：孙雪梅　田　炜
参编人员：江　淳　俞　锋　韦　笑　丁惠敏　祝一波
　　　　　庄　玮

审查委员会

娄　宇　樊则森　栗　新　田春雨　王玉卿
郭正兴　汤　杰　朱永明　鲁开明

设计篇

编写人员： 胡　宏　　陈乐琦　　赵宏康　　赵学斐　　曲艳丽
　　　　　　卞光华　　郭　健　　李昌平　　张　梁　　张　奕
　　　　　　廖亚娟　　杨承红　　黄心怡　　李　宁

生产篇

编写人员： 诸国政　　沈鹏程　　江　淳　　朱张峰　　于　春
　　　　　　仲跻军　　陆　峰　　张后禅　　丁　杰　　王　偁
　　　　　　颜廷鹏　　吴慧明　　金　龙　　陆　敏

施工篇

编写人员： 程志军　　王金卿　　贺鲁杰　　李国建　　陈耀钢
　　　　　　任超洋　　周建中　　朱　峰　　白世烨　　韦　笑
　　　　　　张　豪　　张周强　　施金浩　　张　庆　　吉晔晨
　　　　　　汪少波　　陈　俊　　张　军

BIM 篇

编写人员： 张　宏　　吴大江　　卞光华　　章　杰　　诸国政
　　　　　　汪丛军　　叶红雨　　罗佳宁　　刘　沛　　王海宁
　　　　　　陶星宇　　苏梦华　　汪　深　　周佳伟　　沈　超
　　　　　　张睿哲

序

    建筑业作为支柱产业，长期以来支撑着我国国民经济的发展。在我国全面建成小康社会、实现第一个百年奋斗目标的历史阶段，坚持高质量发展、推进以人为核心的新型城镇化、推动绿色低碳发展是当前建设领域的重要任务。当前建筑业还存在大而不强，建造方式粗放，与先进制造技术、新一代信息技术融合不够，建筑行业转型升级步伐亟需加快等问题，以装配式建筑为代表的新型建筑工业化，是促进建设领域节能减排、提升建筑品质的重要手段，也是推动建筑业转型升级的重要途径。

    发展装配式建筑，应引导从业人员在产品思维下，以设计、生产、施工建造等全产业链协同模式，通过技术系统集成，实现装配式建筑技术合理、成本可控、质量优越。

    江苏是建筑业大省，建筑业规模持续位居全国第一，长期以来在推动装配式建筑的政策引导、技术提升、标准完善等方面做了大量基础性工作，取得了显著成效。江苏省住房和城乡建设厅、江苏省住房和城乡建设厅科技发展中心编著的《装配式建筑技术手册（混凝土结构分册）》，把握装配式建筑系统性、集成性的产品特点，以实际应用为目的，在总结提炼大量装配式混凝土建筑优秀工程案例的基础上，对建造各环节进行整体把握、对重要节点进行具体阐述。本书采取图文结合的形式，既有对现行国家标准的深化和细化，又有对当前装配式混凝土建筑成熟技术体系、构造措施和施工工艺工法的总结提炼。全书体例新颖、通俗易懂，具有较强的实操性和指导性，可作为装配式混凝土建筑全产业链从业人员的工具书，对于相应专业的高校师生也有很好的借鉴、参考和学习价值。相信本书的出版，将为推动新型建筑工业化发展发挥积极作用。

全国工程勘察设计大师
教授级高级工程师

2021 年 2 月

前　言

　　2021 年是"十四五"开局之年，中国已进入新的发展阶段，住房和城乡建设是落实新发展理念、推动高质量发展的重要载体和主要战场。建筑业在与先进制造业、新一代信息技术深度融合发展方面有着巨大的潜力，以"标准化设计、工厂化生产、装配化施工、成品化装修、信息化管理、智能化应用"为特征的装配式建筑，因有利于节约能源资源、有利于提质增效，近年来取得了长足发展。

　　江苏省作为首批国家建筑产业现代化试点省份，装配式建筑的项目数量多、类型丰富，开展了大量的相关创新实践。为提升装配式建筑从业人员技术水平，保障装配式建筑高质量发展，江苏省住房和城乡建设厅、江苏省住房和城乡建设厅科技发展中心组织编著了《装配式建筑技术手册（混凝土结构分册）》，在梳理、细化现行标准的基础上，总结提炼大量工程实践应用，系统呈现当前装配式混凝土建筑的成熟技术体系、构造措施和施工工艺工法，便于技术人员学习和查阅，是一套具有实际指导意义的工具书。

　　本手册共分"设计篇"、"生产篇"、"施工篇"及"BIM 篇"四个分篇。"设计篇"系统梳理了装配式混凝土建筑一体化设计方面的理念、流程和经验做法；"生产篇"针对预制混凝土构件、加气混凝土墙板、陶粒混凝土墙板等主要预制构件产品，提出了科学合理的构件生产工艺工法与质量控制措施；"施工篇"总结了较为成熟的装配式混凝土建筑施工策划、施工方案及施工工艺，提出了施工策划、施工方案、施工安全等方面的重点控制要点；"BIM 篇"创新引入了层级化系统表格的表达方式，归纳总结了装配式建筑 BIM 技术应用的理念和方法。

　　"设计篇"主要由南京长江都市建筑设计股份有限公司、江苏筑森建筑设计股份有限公司、江苏省建筑设计研究院有限公司和启迪设计集团股份有限公司编写。

　　"生产篇"主要由南京大地建设集团有限公司、南京工业大学、常州砼筑建筑科技有限公司、江苏建华新型墙材有限公司和苏州旭杰建筑科技股份有限公司编写。

　　"施工篇"主要由龙信建设集团有限公司、中亿丰建设集团股份有限公司、江苏中南建筑产业集团有限责任公司、江苏华江建设集团有限公司和江苏绿建住工科技有限公司编写。

　　"BIM 篇"主要由东南大学、南京工业大学、中通服咨询设计研究院有限公司、江苏省建筑设计研究院有限公司、中亿丰建设集团股份有限公司、江苏龙腾工程设计股份有限公司和南京大地建设集团有限公司编写。

　　本手册力求以突出装配式建筑的系统性、集成性为编制原则，以实际应用为目的，采取图表形式描述，通俗易懂，具有较好的实操性和指导性。本手册的编写凝聚了所有参编人员和专家的集体智慧，是共同努力的成果。由于编写时间紧，篇幅长，内容多，涉及面广，加之水平和经验有限，手册中仍难免有疏漏和不妥之处，敬请同行专家和广大读者朋友不吝赐教、斧正批评。

本书编委会
2021 年 2 月

目 录

第一章 施工策划 ………………………………………………………………… 1

  1.1 施工组织与主体责任 ……………………………………………… 1

    1.1.1 施工组织管理体系 …………………………………………… 1

    1.1.2 责任划分 ……………………………………………………… 2

    1.1.3 施工管理制度 ………………………………………………… 4

  1.2 图纸深化设计应注意的施工因素 ………………………………… 7

    1.2.1 设计、施工、构件厂之间的协调 …………………………… 7

    1.2.2 结构钢筋优化 ………………………………………………… 8

    1.2.3 主要施工设备 ………………………………………………… 8

    1.2.4 吊装顺序 ……………………………………………………… 10

    1.2.5 临时支撑固定 ………………………………………………… 10

    1.2.6 模板体系 ……………………………………………………… 11

    1.2.7 外围护体系 …………………………………………………… 12

    1.2.8 外防护体系 …………………………………………………… 12

  1.3 模板支架与临时支撑选择 ………………………………………… 15

    1.3.1 扣件式钢管脚手架 …………………………………………… 15

    1.3.2 盘扣式钢管脚手架 …………………………………………… 15

    1.3.3 独立式三脚架支撑 …………………………………………… 16

    1.3.4 竖向构件斜支撑固定 ………………………………………… 16

  1.4 后浇区模板选择 …………………………………………………… 17

    1.4.1 木模板 ………………………………………………………… 17

    1.4.2 塑料模板 ……………………………………………………… 18

    1.4.3 组合大模板 …………………………………………………… 18

    1.4.4 铝合金模板 …………………………………………………… 19

    1.4.5 铝框模板 ……………………………………………………… 19

  1.5 施工场地布置策划 ………………………………………………… 20

    1.5.1 施工现场大门、道路 ………………………………………… 20

    1.5.2 卸车要求 ……………………………………………………… 20

    1.5.3 堆场 …………………………………………………………… 21

  1.6 预制构件运输 ……………………………………………………… 22

    1.6.1 物流组织 ……………………………………………………… 22

    1.6.2 运输要求 ……………………………………………………… 22

1.7　成品保护 ·· 22

1.8　本章小结 ··· 23

第二章　装配式建筑专项施工方案编制 ················· 24

2.1　工程概况 ··· 24

2.2　编制依据、范围 ··· 25

2.3　施工计划 ··· 25

 2.3.1　施工进度计划 ····································· 25

 2.3.2　材料与设备计划 ································· 29

2.4　施工工艺技术 ··· 29

 2.4.1　施工部署 ··· 29

 2.4.2　技术参数及吊装设备选型 ····················· 30

 2.4.3　吊装工艺 ··· 36

 2.4.4　施工方法及操作要求 ···························· 37

 2.4.5　构件安装质量检查要求 ························· 40

2.5　施工质量、安全保证措施 ····························· 41

 2.5.1　常见的保证措施 ································· 41

 2.5.2　重大危险源的识别及技术控制措施 ··········· 42

 2.5.3　支撑系统稳定性监控措施 ····················· 43

2.6　施工管理及作业人员配备和分工 ···················· 43

 2.6.1　项目管理人员的配置 ···························· 43

 2.6.2　特种作业人员分工和岗位要求 ················· 44

2.7　验收要求 ··· 45

 2.7.1　验收标准 ··· 45

 2.7.2　验收程序及内容 ································· 46

 2.7.3　质量验收人员 ····································· 46

2.8　应急处置措施 ··· 46

2.9　计算书及相关图纸等其他内容 ······················· 47

2.10　装配式专项施工方案案例 ··························· 47

 2.10.1　工程概况 ··· 47

 2.10.2　编制依据 ··· 53

 2.10.3　施工计划 ··· 54

 2.10.4　预制构件的吊装 ······························· 58

 2.10.5　安全文明施工 ··································· 76

 2.10.6　施工管理及作业人员配备和分工 ············· 82

 2.10.7　验收要求 ··· 83

 2.10.8　应急处置措施 ··································· 83

 2.10.9　计算书及其他内容 ····························· 87

2.11　本章小结 ··· 90

第三章　预制构件及材料进场验收 ……………………………… 91

3.1　一般规定 ………………………………………………………… 91

3.1.1　现场验收程序 …………………………………………… 91

3.1.2　相关资料的检查要求 …………………………………… 93

3.2　外观质量缺陷分类及检验 ……………………………………… 94

3.3　预制板 …………………………………………………………… 95

3.3.1　外观质量及尺寸 ………………………………………… 95

3.3.2　预留连接钢筋 …………………………………………… 96

3.3.3　预留孔洞 ………………………………………………… 96

3.3.4　粗糙面处理 ……………………………………………… 97

3.3.5　预埋吊环 ………………………………………………… 97

3.3.6　预埋线盒 ………………………………………………… 97

3.3.7　桁架筋 …………………………………………………… 98

3.4　预制剪力墙板 …………………………………………………… 98

3.4.1　外观质量及尺寸 ………………………………………… 98

3.4.2　预留连接钢筋 …………………………………………… 99

3.4.3　预留孔洞 ………………………………………………… 99

3.4.4　注浆孔及出浆孔 ………………………………………… 100

3.4.5　粗糙面处理及键槽设置 ………………………………… 100

3.4.6　预埋件 …………………………………………………… 100

3.4.7　预埋线盒 ………………………………………………… 101

3.4.8　夹心外墙板 ……………………………………………… 101

3.4.9　门窗框 …………………………………………………… 101

3.4.10　外装饰面层 …………………………………………… 101

3.5　预制梁 …………………………………………………………… 101

3.5.1　外观质量及尺寸 ………………………………………… 101

3.5.2　预留连接钢筋及锚固板 ………………………………… 102

3.5.3　外露箍筋 ………………………………………………… 102

3.5.4　键槽及粗糙面设置 ……………………………………… 102

3.5.5　预埋吊环 ………………………………………………… 103

3.6　预制柱 …………………………………………………………… 103

3.6.1　外观质量及尺寸 ………………………………………… 103

3.6.2　预留连接钢筋 …………………………………………… 104

3.6.3　灌浆套筒 ………………………………………………… 104

3.6.4　粗糙面处理及键槽设置 ………………………………… 104

3.6.5　注浆孔及出浆孔 ………………………………………… 105

3.6.6　预埋吊环及斜撑套筒 …………………………………… 105

3.7　预制楼梯 ………………………………………………………… 106

3.7.1 外观质量及尺寸 ··· 106

3.7.2 预留洞口 ··· 106

3.7.3 踏面防滑槽 ··· 106

3.7.4 预埋铁件 ··· 106

3.7.5 预埋吊具 ··· 107

3.8 预制阳台和预制空调板 ··· 107

3.8.1 外观质量及尺寸 ··· 107

3.8.2 预留连接钢筋 ··· 107

3.8.3 预留孔洞 ··· 108

3.8.4 粗糙面处理 ··· 108

3.8.5 预埋吊具 ··· 108

3.8.6 预埋地漏 ··· 108

3.9 灌浆料 ··· 109

3.9.1 物理性能 ··· 109

3.9.2 实验方法 ··· 110

3.10 坐浆料 ·· 110

3.10.1 物理性能 ·· 111

3.10.2 实验方法 ·· 111

3.11 密封胶 ·· 111

3.11.1 物理性能 ·· 112

3.11.2 实验方法 ·· 112

3.12 本章小结 ·· 113

第四章 预制构件安装与连接 ·· 114

4.1 规范条文 ··· 114

4.2 施工准备 ··· 115

4.2.1 施工人员 ··· 115

4.2.2 技术交底 ··· 115

4.2.3 机具设备 ··· 116

4.2.4 现场条件 ··· 116

4.3 预制构件安装 ··· 116

4.3.1 施工流程 ··· 116

4.3.2 安装要点 ··· 117

4.3.3 安装工艺 ··· 119

4.4 预制构件连接 ··· 125

4.4.1 施工流程 ··· 125

4.4.2 构件连接要点 ··· 126

4.4.3 钢筋套筒灌浆连接 ··· 127

4.4.4 浆锚搭接连接 ··· 133

　　　4.4.5　直螺纹套筒连接 ································· 135
　　　4.4.6　螺栓连接 ································· 136
　　　4.4.7　连接问题的检测和预防 ················· 137
　　4.5　本章小结 ································· 138

第五章　结构后浇区施工 ································· 139
　　5.1　一般规定 ································· 139
　　5.2　工艺流程 ································· 141
　　5.3　钢筋连接安装 ································· 141
　　　5.3.1　一般规定 ································· 141
　　　5.3.2　剪力墙结构体系钢筋施工 ············· 142
　　　5.3.3　框架结构体系钢筋施工 ··············· 145
　　　5.3.4　叠合楼板后浇区钢筋施工 ············· 148
　　　5.3.5　楼层预留钢筋施工 ················· 150
　　5.4　结构后浇区模板及支架支设 ············· 151
　　　5.4.1　选型要点 ································· 151
　　　5.4.2　设计要点 ································· 151
　　　5.4.3　施工要点 ································· 154
　　　5.4.4　质量控制 ································· 158
　　5.5　水电预留预埋施工 ················· 159
　　5.6　隐蔽工程验收 ································· 160
　　5.7　浇筑与养护 ································· 160
　　　5.7.1　混凝土浇筑 ················· 160
　　　5.7.2　混凝土养护 ················· 163
　　　5.7.3　质量控制 ································· 163
　　5.8　模板拆除 ································· 165
　　5.9　本章小结 ································· 166

第六章　设备与管线工程施工 ················· 167
　　6.1　施工工序 ································· 167
　　6.2　基于管线分离的施工深化设计 ··········· 167
　　6.3　现场预留、预埋施工 ················· 168
　　　6.3.1　一般规定 ································· 168
　　　6.3.2　给水排水系统及管线 ··············· 168
　　　6.3.3　供暖通风空调系统及管线 ··········· 170
　　　6.3.4　电气系统及管线 ················· 171
　　6.4　装配化集成部品标准化接口及连接施工 ··· 178
　　　6.4.1　一般规定 ································· 178
　　　6.4.2　给水排水接口及连接施工 ··········· 180
　　　6.4.3　暖通用接口及连接施工 ··············· 183

　　6.4.4　电气接口及连接施工 ·· 185

　6.5　本章小结 ··· 188

第七章　装配式内装施工 ·· 190

　7.1　一般规定 ··· 190

　7.2　装配式隔墙系统 ·· 191

　　7.2.1　装配式隔墙系统（条板类） ······································ 191

　　7.2.2　装配式隔墙系统（龙骨类） ······································ 199

　7.3　装配式吊顶系统 ·· 209

　　7.3.1　一般规定 ·· 209

　　7.3.2　施工准备 ·· 209

　　7.3.3　操作工艺 ·· 211

　　7.3.4　应注意的质量问题 ·· 212

　7.4　装配式集成楼地面系统 ··· 212

　　7.4.1　一般规定 ·· 212

　　7.4.2　施工准备 ·· 213

　　7.4.3　操作工艺 ·· 214

　　7.4.4　应注意的质量问题 ·· 217

　7.5　集成卫浴系统 ·· 217

　　7.5.1　一般规定 ·· 217

　　7.5.2　施工准备 ·· 218

　　7.5.3　操作工艺 ·· 220

　　7.5.4　应注意的质量问题 ·· 224

　7.6　集成式厨房系统 ·· 224

　　7.6.1　一般规定 ·· 224

　　7.6.2　施工准备 ·· 224

　　7.6.3　操作工艺 ·· 227

　　7.6.4　应注意的质量问题 ·· 229

　7.7　代表案例 ··· 229

　　7.7.1　苏州某项目装配式内装案例 ······································ 229

　　7.7.2　南通某项目装配式内装案例 ······································ 233

　7.8　本章小结 ··· 241

第八章　装配式外围护工程施工 ·· 242

　8.1　基本要求 ··· 242

　　8.1.1　定义与功能 ·· 242

　　8.1.2　一般要求 ·· 242

　8.2　装配式预制混凝土外挂墙板安装 ······································· 243

　　8.2.1　概述 ·· 243

　　8.2.2　外挂墙板安装与连接 ·· 244

　　　8.2.3　质量控制 ••• 245
　　　8.2.4　装配式预制外墙拼缝处理 •••••••••••••••••••••••••• 246
　8.3　陶粒混凝土外墙板安装 ••••••••••••••••••••••••••••• 254
　　　8.3.1　基本要求 ••••••••••••••••••••••••••••••••••••••• 254
　　　8.3.2　施工准备 ••••••••••••••••••••••••••••••••••••••• 255
　　　8.3.3　施工工艺与施工要点 ••••••••••••••••••••••••• 256
　8.4　单元式幕墙安装 •••••••••••••••••••••••••••••••••••••• 257
　　　8.4.1　施工流程 ••••••••••••••••••••••••••••••••••••••• 257
　　　8.4.2　单元式幕墙施工技术 ••••••••••••••••••••••••• 258
　8.5　铝合金外门窗安装 •••••••••••••••••••••••••••••••••• 261
　　　8.5.1　预装法安装 ••••••••••••••••••••••••••••••••••• 261
　　　8.5.2　现场湿法安装 ••••••••••••••••••••••••••••••••• 263
　　　8.5.3　现场干法安装 ••••••••••••••••••••••••••••••••• 264
　　　8.5.4　门窗扇及配件安装 ••••••••••••••••••••••••••• 265
　8.6　预制女儿墙安装 •••••••••••••••••••••••••••••••••••••• 266
　　　8.6.1　基本原则 ••••••••••••••••••••••••••••••••••••••• 266
　　　8.6.2　施工流程 ••••••••••••••••••••••••••••••••••••••• 266
　　　8.6.3　操作要点 ••••••••••••••••••••••••••••••••••••••• 266
　　　8.6.4　质量控制 ••••••••••••••••••••••••••••••••••••••• 267
　8.7　本章小结 •• 268

第九章　施工质量检查与验收 ••••••••••••••••••••••••••••••• 269
　9.1　基本要求 •• 269
　9.2　结构工程 •• 272
　　　9.2.1　装配式混凝土结构安装 ••••••••••••••••••••• 272
　　　9.2.2　钢筋套筒灌浆和钢筋浆锚连接 ••••••••••••• 273
　　　9.2.3　装配式混凝土结构连接 ••••••••••••••••••••• 274
　　　9.2.4　预制预应力混凝土装配整体式框架安装 •••• 276
　　　9.2.5　预制混凝土夹心保温外墙板安装 •••••••••• 276
　　　9.2.6　现浇部位混凝土结构施工 ••••••••••••••••••• 278
　9.3　外围护工程 ••• 280
　　　9.3.1　基本要求 ••••••••••••••••••••••••••••••••••••••• 280
　　　9.3.2　预制外挂墙板 ••••••••••••••••••••••••••••••••• 281
　　　9.3.3　单元式幕墙 •••••••••••••••••••••••••••••••••••• 283
　　　9.3.4　铝合金外门窗 •••••••••••••••••••••••••••••••••• 286
　9.4　内装工程 •• 288
　　　9.4.1　装配式整体厨房质量验收标准 ••••••••••••• 288
　　　9.4.2　装配式整体卫生间质量验收标准 •••••••••• 290
　　　9.4.3　装配式轻质隔墙质量验收标准 ••••••••••••• 291

9.4.4　装配式吊顶质量验收标准 ･･････････････････････････ 292

9.4.5　装配式地面质量验收标准 ･･････････････････････････ 296

9.5　设备与管线工程 ･････････････････････････････････････ 298

9.5.1　一般要求 ･･････････････････････････････････････ 298

9.5.2　室内给水排水工程 ･･･････････････････････････････ 298

9.5.3　建筑电气工程 ･･････････････････････････････････ 299

9.5.4　智能建筑工程 ･･････････････････････････････････ 300

9.6　本章小结 ･･･ 300

第十章　施工安全 ･･･････････････････････････････････････ 301

10.1　基本要求 ･･･ 301

10.2　施工准备 ･･･ 302

10.3　起重吊装 ･･･ 303

10.3.1　基本要求 ･････････････････････････････････････ 303

10.3.2　起重吊装安全控制项 ･･･････････････････････････ 306

10.4　构件运输、进场、卸车与堆放 ･････････････････････････ 309

10.5　构件安装 ･･･ 311

10.6　现浇结构施工 ･････････････････････････････････････ 315

10.7　高处作业 ･･･ 316

10.8　安全管理 ･･･ 318

10.9　本章小结 ･･･ 319

第十一章　绿色施工 ･････････････････････････････････････ 320

11.1　一般规定 ･･･ 321

11.1.1　绿色施工制度 ･････････････････････････････････ 321

11.1.2　绿色施工管理 ･････････････････････････････････ 321

11.2　环境保护 ･･･ 322

11.3　能源资源节约 ･････････････････････････････････････ 329

11.4　本章小结 ･･･ 337

附录　图表统计 ･･･ 338

参考文献 ･･･ 352

第一章 施工策划

本章导图

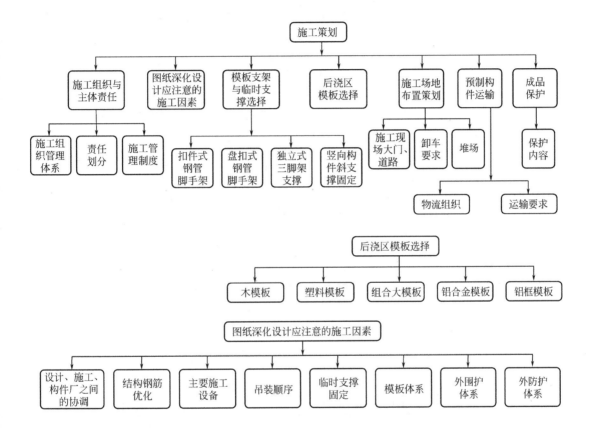

1.1 施工组织与主体责任

1.1.1 施工组织管理体系

施工组织管理体系的目的和原则见表 1-1。

施工组织管理体系的目的和原则   表 1-1

体系建立的目的	装配式混凝土建筑施工组织管理体系是施工企业运用系统论原理,以项目管理现状为出发点,从项目管理本质入手进行项目的五大目标控制,即"质量控制目标、工期控制目标、安全控制目标、成本控制目标、环境目标"

体系建立的原则	1.结合项目及施工单位实际情况采取相应的现场施工组织管理体系:如施工专业承包模式、施工总承包模式、设计施工总承包模式等,并结合项目具体情况详细阐述选取的管理体制的特点及要点,说明应达到的管理目标。 2.装配式混凝土建筑施工管理贯穿于构件生产、构件运输、构件进场、构件堆放、构件吊装、构件连接等全过程,现场负责质量管理的人员必须经过专项的装配式混凝土建筑施工培训,具备相应的质量管理经验

以施工专业承包模式构件厂为核心的组织管理架构如图 1-1 所示。

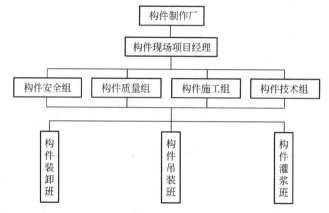

图 1-1 以施工专业承包模式构件厂为核心的组织管理架构示意图

以施工总承包模式项目经理为核心的组织管理架构如图 1-2 所示。

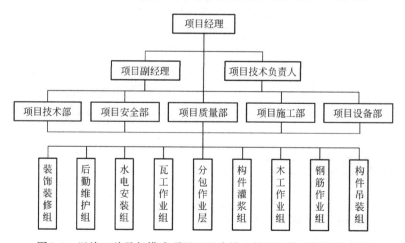

图 1-2 以施工总承包模式项目经理为核心的组织管理架构示意图

以设计施工总承包模式项目经理为核心的组织管理架构如图 1-3 所示。

1.1.2 责任划分

装配式建筑工程应明确项目各参与方的任务和责任,也是整个项目能否实现最终目标的核心之一,见表 1-2。

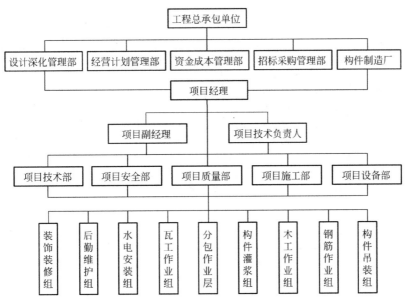

图 1-3　以设计施工总承包模式项目经理为核心的组织管理架构示意图

责任划分表　　　　　　　　　　　　　　　　　　　　　　表 1-2

参建单位	责任划分内容
建设单位	1.按照国家相关规定办理施工图设计文件审查,按照江苏省有关预制率、预制装配率、三板应用的文件组织装配式技术审查,专项验收。需要变更的,按照规定程序办理设计变更手续,涉及重大变更的,委托原施工图审查机构重新进行审查。 2.组织预制混凝土构件的首件验收和现场首层或者首个施工段的预制构件安装验收
设计单位	1.除按照建筑工程设计文件编制深度的相关规定外,编制设计文件还应明确装配式结构工程的结构类型、预制装配率、预制构件部位、预制构件种类、预制构件之间构造做法、预制构件与现浇结构连接之间的构造做法等,并编制结构设计说明专篇。按住房城乡建设部2018年37号文要求,设计单位应当在设计文件中注明涉及危险性较大分部分项工程的重点部位和环节,提出保障工程周边环境安全和工程施工安全的意见,必要时进行专项设计。 2.就审查合格的施工图设计文件向构件生产单位、施工单位和监理单位进行设计交底。 3.设计单位应当参加首层装配结构与其下部现浇结构之间节点连接部位质量验收及装配式混凝土结构子分部工程质量验收
施工单位	1.根据施工图设计文件、构件制作详图和相关技术标准,并按需要配合进行设计深化,结合现场情况编制施工组织设计,施工组织设计中可以包括装配式混凝土结构施工安装部分,也可以编制专项施工方案,经施工单位技术负责人审批、监理单位项目总监审查后实施。 2.预制构件施工安装关键工序、关键部位的施工工艺应向施工操作人员进行技术交底。 3.建立健全预制构件施工安装过程质量检验制度: (1)对进场的预制构件进行验收; (2)对预制构件灌浆连接作业进行全过程质量管控,并形成可追溯的文档记录资料及影像记录资料; (3)对装配式混凝土结构的后浇混凝土节点钢筋连接和锚固全数检查,连接节点处后浇混凝土强度未达到设计要求时,不得拆除支撑; (4)对预制构件施工安装过程的隐蔽工程进行自检、评定,合格后通知监理单位进行验收,在隐蔽工程验收合格前,不得进入下道工序施工。 4.及时收集整理预制构件进场验收及施工安装过程的质量控制资料,并对资料的真实性、准确性、完整性、有效性负责,不得弄虚作假

参建单位	责任划分内容
预制构件生产单位	1.设计单位应进行预制构件深化设计,构件生产单位应根据深化设计图纸确定预制构件的预留洞口、预埋件等位置,保证预制构件满足设计和施工安装的要求。 2.编制预制构件生产方案,明确质量保证措施。 3.建立健全原材料质量检验制度。 4.加强预制构件生产过程中的质量控制,建立健全预制构件制作质量检验制度,对每一道隐蔽工程进行验收并形成书面记录。 5.建立成品构件出厂质量检验制度和编码标识制度,对检查合格的预制构件进行标识,标识内容包括:工程名称、构件型号、生产日期、生产单位、合格标识,出厂的构件应当提供产品合格证书、混凝土强度检验报告及其他重要检验报告,出厂质量合格证明文件,有效期内的型式检验报告等。 6.建立构件生产和销售的信息档案。 7.配合监理单位开展相关工作
监理单位	1.按照规定对施工组织设计(专项施工方案)进行审查,并编制监理实施细则,明确监理的关键工序、关键部位及旁站监理等要求,留存关键工序和关键部位的旁站影像资料。 2.预制构件生产实施驻场监理的,应当审查预制构件生产方案,并对原材料进场、钢筋加工安装、钢筋连接套筒与工程实际采用钢筋以及灌浆料的匹配性、保温板制作质量、连接件制作、混凝土质量等进行现场监督,对进场材料检验见证取样,对预制构件成型制作过程的隐蔽工程进行质量验收。工程监理质量评估报告中应包括预制构件生产过程质量控制检查内容和评估结论。 3.预制构件现场的施工安装过程,按照下列要求进行: (1)组织施工单位、构件生产单位对进入施工现场的预制构件进行质量验收; (2)对预制构件安装连接等关键工序、关键部位实施旁站监理并留存影像资料; (3)对预制构件施工安装过程中的隐蔽工程进行验收,核查验收资料的真实性

注:本表主要引用于江苏省住房和城乡建设厅关于发布《装配式混凝土结构工程质量控制要点》的公告。

1.1.3 施工管理制度

制定适用于本工程装配式类型的项目管理制度,见表1-3。

管理制度示例表　　　　　　　　　　　　　表1-3

序号	技术质量管理制度	安全管理制度
1	项目管理岗位责任制度	
2	施工图纸会审制度	施工现场分项工程安全技术交底制度
3	技术交底制度	施工现场安全教育制度
4	质量例会制度	施工现场安全检查制度
5	装配式构件进场质量管理制度	施工现场安全验收制度
6	装配式构件施工质量检查制度	机械设备安全管理制度
7	装配式构件施工质量验收制度	施工现场文明施工管理制度
8	施工成品质量保护制度	安全生产事故报告处理制度
9	施工现场环境保护制度	

在工程施工中应以项目经理负责制、岗位责任制为核心。以项目经理及主要管理、技术、质安、物资等主管人员为中心,组成精干、高效的项目经理部,对工程质量、工期目标、施工安全、文明施工、项目核算及施工全过程负责,见表1-4。

岗位	作业责任制度内容
项目经理	1.项目经理需制定并指导施工管理班组的思想及业务学习,熟悉装配式混凝土建筑施工工艺、质量标准和安全规程,统筹设计、制造、施工的计划和管理意识。 2.代表企业法人全面负责施工现场生产计划及管理工作,负责生产任务的下达,组织施工,编制并督促进度、计划、质量、安全等规章制度的执行,确保工程顺利进行并达到规定标准。 3.对新型装配技术提前做好试验和培训计划,以确保正确运用。 4.协调业主、监理、设计及其他施工方的关系,参加并组织定期例会,做好与各方面的沟通工作
项目副经理	1.协助项目经理进行项目管理工作,对施工进度、质量和安全负责。 2.受项目经理委托,处理具体的分包商资格审查及招标工作,并主持分包商协调会,落实各项工作和管理指令。 3.组织落实构件运输道路、进场、堆放、设备起吊、构件安装等环节的协调。 4.协助项目经理,负责项目的行政决策、日常内部管理及后勤保障管理。 5.组织项目各管理部门全力完成项目经理的各项工作指令,及时向项目经理报告项目施工的最新情况。 6.在项目经理的领导下,主持建立项目质量管理保证体系,并进行质量职责分配,落实质量责任制。 7.与设计、监理保持沟通,保证设计、监理的要求与指令在各分包单位的贯彻实施。 8.组织有关人员对材料、设备的供货质量进行验收,对不符合质量要求及安全使用要求的不予采用。 9.组织技术人员解决工程施工中出现的技术问题,组织安全管理人员监督整个工程项目的施工安全
项目技术负责人	1.协助项目经理全面负责工程技术工作,组织工人进场前的技术培训以及安全教育,熟悉装配式混凝土建筑施工技术各个环节,负责施工技术方案及措施的制定和编制,组织技术培训和现场技术问题处理等。 2.收集各项与工程施工有关的技术资料,组织相关人员进行分析,针对工程的特点,对主要分部分项工程编制施工方案和施工指导书,对现场技术管理人员进行施工前的技术交底。 3.不断改善、合理组合,调度施工劳动力,安排各班组间的衔接,组织流水作业,提高工效,缩短施工工期。 4.服从统一领导,加强各工种协作,维护各工种之间的团结,互相支持,确保各工序质量和进度的协调进行。 5.对需要修改、变更、补充的图纸,及时填写设计变更记录及通知单,向各单位及施工作业组传达,保证现场施工图纸准确、有效
质量员	1.协助并检查督促施工员做好图纸会审,测量定位、施工放线等工作,做好工程的各种资料积累。对各班组做好操作规程教育,使操作人员掌握施工规范和质量验收标准。 2.熟悉施工图纸,严格按图纸的要求及"三法"(国家验收规范、施工操作规程、质量评定标准)检查工程施工,把好工程"五大关"(图纸会审关、测量放线关、材料验收关、自检互检关、隐蔽工程验收关)。 3.对进场的原材料、半成品、设备,认真组织核查检验,并形成书面记录,及时填写构件质量检验单和出厂合格证报业主方和监理,验收合格后施工。 4.做好每天的施工质量检查记录,掌握现场施工质量的第一手情况,做好隐蔽工程验收记录,各工序完工验收记录,加强与业主、监理的互相联系
施工员	1.在项目经理的指导下,全面负责工程项目的具体施工任务,熟悉装配式混凝土建筑各个施工环节的施工顺序及工艺,有较强的协调及组织能力,能合理安排各施工工序。 2.做好零配件、预埋件翻样及加工制作计划,编制好成品、半成品、低值易耗品等的用量计划,并由材料供应部门及早做好货源组织工作。 3.做好各项施工前的准备工作,排除施工过程中的各项障碍,为各班组创造良好的施工条件。 4.熟悉施工图纸资料、施工规范等,在技术负责人指导下向班组进行计划、技术、质量、环保、安全交底,组织班组按图施工指导施工操作,确保施工的顺利进行

岗位	作业责任制度内容
安全员	1.熟悉预制混凝土构件吊装过程及所使用机械设备和器具的安全操作办法及性能,确保吊装过程安全进行。 2.深入施工现场检查、监督、指导各项安全规定的落实,消除事故隐患,分析安全动态,不断改进安全管理和安全技术措施,定期向项目经理汇报安全生产具体情况。 3.熟悉工地管理制度,对工人进行进场前的安全生产技术培训和技术交底,对工人进行安全生产知识教育,并严格进行"三级安全教育"。牢固树立"安全为了生产,生产必须安全"的思想。密切注意发生或可能发生的违章行为。 4.协助项目经理做好安全生产、安全管理计划和措施,经常查看施工现场并监督实施。及时向工程项目部汇报情况,认真做好文明施工,对出现的安全及环境污染等问题,视其情节有权责令进行整改以及暂时停工
材料员	1.工程的大宗材料如:钢筋、水泥、木材、模板、钢管及批量的耗材由公司材料供应部采购,零星材料及变更材料由项目部材料员采购。 2.根据材料供应计划并进行市场询价,向项目经理汇报,确定价格。 3.熟悉工程进度及市场情况,按计划采购满足质量要求的物资。 4.掌握材料的性能、质量要求,按检验批提供合格证给技术员。 5.按检验批对需要复检的材料进行复检,将复检单提供给技术员。 6.掌握材料的地区价格信息及供货单位的情况,收集第一手资料。 7.对购进不符合要求的材料,杜绝在工程中使用,应协商处理解决。 8.掌握材料供应价格及预算价格,如材料供应价格≥预算价格,应及时反馈信息给预算员办理有关报批手续。 9.及时掌握现场的工程变更情况并及时供料
资料员	1.加强项目文件和资料控制及内外协调工作,强化信息传递。 2.做好文件资料的收发与整理工作,负责文件资料的登记、分办、催办、签收、用印、传递、立卷、归档等工作。 3.工程竣工后,负责文件资料立卷移交工作
造价员	1.具体实施项目的合同管理,参与分包商的选择。 2.负责对分包商的年、月报的核实与工程款的核对。 3.工程量复核,并做好阶段性的决算工作。 4.编制项目预决算,并进行工程款的收取与支付。 5.做好项目成本控制,合理组织资金周转。 6.做好成本分析计算,为项目经理提供决策依据。 7.组织经济类台账报表的记载、分析与上报工作

对于特别关键和重要的工种,如起重工、信号工、安装工、塔式起重机驾驶员、测量工、灌浆料制备工及灌浆工等,经过培训考核合格后,方可持证上岗,针对技术工人的培训应采用模型、图片、视频、动画等直观的方式进行。各个工种人员的具体数量需要根据实际情况而定。人员主要培训内容见表1-5。

人员主要培训内容 表1-5

培训的主要内容	1.工程概况与基本要求。 2.岗位标准培训。 3.操作规程培训,包括作业与设备工具使用规程。 4.关键作业环节重点培训,如吊装、灌浆作业等。 5.质量培训。 6.安全培训

1.2 图纸深化设计应注意的施工因素

1.2.1 设计、施工、构件厂之间的协调

装配式项目不同于传统现浇混凝土项目,因其集成性特点,在图纸深化设计阶段,建设单位应组织项目的施工单位、设计单位、监理单位、预制构件生产单位参与其中,对装配式工程项目最终实施进行有效的前期协作。无论以何种承包方式中标,施工单位都应在图纸深化设计阶段,考虑项目实际施工阶段主要考虑的因素。

设计单位应与施工单位、构件厂积极协调沟通,将各专业需求进行集合反应,在预制构件生产前,对整个后续构件生产、构件安装、各专业施工及各专业功能的实现进行综合考虑,最终实现预制构件深化设计的高度集成化,否则可能造成预制构件现场无法安装。项目各方协调工作程序如图1-4所示。

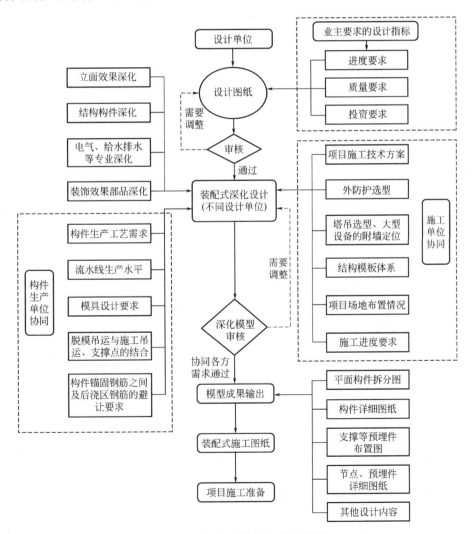

图1-4 项目各方协调工作程序图

装配式结构类型不同考虑的深化因素也有区别，从构件类型和项目施工条件考虑，总体上主要考虑的施工因素见表1-6。

深化设计主要考虑的施工因素内容 表 1-6

构件类型	深化设计施工因素内容
竖向构件	1. 塔式起重机、施工电梯附墙件部位的加强，预埋件的设置 2. 与后浇区钢筋交叉的深化 3. 外架的形式、预埋件或预留孔洞的设置 4. 斜支撑预埋件定位 5. 模板体系的固定孔位、构件周边小梁的固定孔位 6. 防渗漏、防胀模的深化 7. 墙体拉结点位置、工具式防护预埋件的设置
水平构件	1. 塔式起重机、施工电梯附墙件部位预留孔洞的设置深化 2. 预制水平构件预留钢筋的交叉布置 3. 放线孔、排烟风道洞口、电盒预埋、上下水孔洞、泵管孔洞等其他需求的预留洞设置 4. 吊点预埋、桁架钢筋高度深化
阳台、飘窗部件	1. 塔式起重机、施工电梯附墙件部位的加强，预埋件的设置 2. 锚入楼面钢筋长度的设置 3. 电盒预埋、上下水孔洞位置的深化
场地、道路	1. 考虑场地受限能满足最大构件的运输要求 2. 考虑道路承载满足设计要求

1.2.2 结构钢筋优化

就装配式结构的形式而言，钢筋工程是保证建筑结构安全使用的重要前提，预制构件深化设计时应考虑施工单位的操作工艺进行钢筋的深化。钢筋深化设计主要考虑的内容见表1-7。

钢筋深化设计主要考虑的内容[1-1] 表 1-7

主要考虑的内容	深化措施
预制构件与后浇区钢筋的交叉；构件预留钢筋的长度；转换层钢筋的施工；施工模板体系；施工防护体系；施工测量放线；施工机械设备	根据工程实际情况优化预制构件与后浇区节点钢筋绑扎连接工艺；预制柱梁钢筋集中区采用水平折弯、竖向折弯进行有效避让；构件上预留施工模板、防护体系固定孔位或固定配件及物料传送口；测量放线孔位置上下垂直

1.2.3 主要施工设备

1. 起重设备

预制构件吊装是装配式混凝土结构施工过程中的主要工序之一，吊装工序极大程度依赖起重机械设备。

现场配置吊运起重机械的规格和数量应满足预制构件进场、卸车、堆放、吊装等作业的要求。

起重设备主要包括固定塔式起重设备和移动起重设备两种，在深化设计时需考虑的因素，见表1-8。

起重设备深化设计因素[1-1] 表1-8

起重设备类型	主要考虑内容	深化措施
多层塔式起重设备	1.覆盖范围 2.最大起重量 3.装配式建造速度,外墙构件是否满足附墙受力要求 4.装配式建筑的形式 5.PC构件的设计类型 6.工程场地布置情况和可行走的路况	1.构件拆分根据构件初步拆分及现场平面布置确定塔式起重机型号及位置。 2.根据确定的塔式起重机型号及位置,复核塔式起重机覆盖范围内相应位置构件是否满足起吊要求
高层附墙塔式起重设备		1.根据塔式起重机型号、位置确定附着位置及高程,对该位置的墙板进行二次设计。 2.可以设置附着外墙构件的预制钢梁、工具式的附着构件等
履带、汽车式移动起重设备		1.构件拆分满足拆分原则的前提下将构件轻量化。对于无法拆分的构件,PC构件深化设计时需考虑对构件进行减重处理,如增加轻质材料等。 2.从经济角度讲,适用范围控制在25m以下的住宅和工业厂房建筑;装配式高层建筑中塔式起重机覆盖不到的裙房,也可采用

施工现场主要以塔式起重机为主,布置时应充分考虑其塔臂覆盖范围、塔式起重机端部吊装能力、单体预制构件的重量。塔式起重机布置的主要原则见表1-9。

塔式起重机布置的主要原则[1-1] 表1-9

序号	主要原则
1	根据项目预制构件的重量及总平面图初步确定塔式起重机所在位置;综合考虑塔式起重机最终位置并且考虑塔式起重机附墙长度是否符合规范要求。然后根据塔式起重机参数,以5m为一个梯段找出最不利构件的位置,确定塔式起重机型号及塔臂长
2	平面中塔式起重机附着方向与标准节所形成的角度应为30°~60°,附着所在剪力墙的宽度不得小于埋件宽度,长度满足需求;尽量附着在剪力墙柱上,如附着在叠合梁上需经过结构设计确认
3	塔式起重机基础参照设备厂家资料,不满足地基承载力要求的需对地基进行处理
4	塔式起重机大臂覆盖范围在总平面图中应尽量避开居民建筑物、高压线、变压器等,当无法避免时应按规范要求编制专项施工方案,明确实际安全措施。塔式起重机塔臂覆盖范围应尽量避开临时办公区、人员集中地带,如有特殊情况,应做好安全防护措施
5	塔式起重机之间的距离应满足安全规范要求,相邻塔式起重机的垂直高度应保证处于低位的起重机臂架端部与另一台的塔身之间至少有2m的距离,处于高位起重机的最低位置的活动部位(如吊钩或平衡重)与低位起重机处于最高位置的部件之间垂直距离不得小于2m
6	塔式起重机所在位置应满足塔式起重机拆除要求,即塔臂平行于建筑物外边缘之间净距离不小于1.5m;塔式起重机拆除时前后臂正下方不得有障碍物
7	钢扁担吊具的质量约为500kg,起重时应考虑该质量
8	对于占地面积大,楼层较低项目可考虑汽车式起重机辅助吊装,汽车式起重机需考虑停车位、行车路线、吊车技术参数、施工组织安排等要求
9	对于起重设备选择需考虑成本、工期、安全等因素

2.施工电梯

高层装配式建筑的物料、人员运输离不开施工电梯，在深化设计时可根据装配式结构的类型、建筑特点进行施工电梯的选型，并考虑深化加固措施。

施工电梯从安装位置考虑主要包括外置式和电梯井内置式两种，在深化设计时需考虑的因素，见表1-10。

施工电梯深化设计因素 表 1-10

设备类型	主要考虑内容	深化措施
外置式施工电梯	1.安装位置 2.最大载荷 3.装配式建造速度，构件是否满足附墙件受力要求 4.装配式建筑的形式 5.PC构件的设计类型 6.工程场地布置情况	1.构件拆分根据构件初步拆分及现场平面布置确定施工电梯型号及位置。 2.根据确定的施工电梯型号及位置，复核施工电梯相应位置构件是否满足附墙件承载力要求。 3.可以根据施工电梯的位置，进行预埋件和预留孔的布置
电梯井内置式施工电梯		根据施工电梯型号对该电梯井位置的墙板进行二次设计，以满足安装要求

1.2.4 吊装顺序

预制构件吊装顺序应根据装配式建筑的主要类型进行方案的选择，预制构件吊装总体流程深化设计时应考虑如下主要内容，见表1-11。

吊装顺序及深化设计主要考虑内容[1-1] 表 1-11

预制构件	主要考虑的内容	深化措施
预制柱	宜按照角柱、边柱、中柱顺序进行安装，与后浇区部分连接的柱宜先行安装	1.深化设计时考虑按数字或字母的优先顺序进行区分，以一根钢筋为导向筋，便于快速定位。 2.深化设计时应考虑后浇区钢筋与预制墙板钢筋伸入后浇区的锚入长度及相互位置的碰撞问题
预制剪力墙板	与后浇区部分连接的墙宜先行安装，其他宜按照外墙板先行吊装的原则	
预制梁、叠合梁、板	吊装顺序应遵循先主梁、后次梁，先低后高的原则	1.施工过程中为了避免梁底筋相互干扰，影响构件吊装，设计时会根据项目情况进行底筋弯折，并标示出吊装顺序。 2.标示可通过在梁编号后增加后缀体现，后缀内容为"英文字母加数字"（具体样式可根据项目特点进行设计），若梁高且优先等级相同，可以使用相同后缀
预制楼梯	栏杆预埋件、防滑条的设置；定位孔、滑移面的设置	1.根据设计图纸和业主对栏杆的要求进行预埋件和防滑条的设置。 2.定位孔与平面构件预留的凹槽或凸出的滑移面上定位螺栓位置准确

1.2.5 临时支撑固定

临时支撑体系固定见表1-12、表1-13。

预制剪力墙、柱的临时支撑体系[1-1,1-3]　　　　表 1-12

构件类型	主要考虑的内容	深化措施
预制剪力墙、柱	斜支撑距地面高度不宜小于构件高度的 2/3，且不应小于构件高度的 1/2	1. 根据工程实际情况考虑预制剪力墙、柱的临时支撑点布置位置，在预制柱、墙板内预埋相应的螺母，斜支撑主要采用带钩斜支撑。 2. 考虑斜支撑安装位置是否影响支模，距离现浇剪力墙边不小于 500mm。安装窗框的构件，如 PC 构件有预埋窗框斜支撑切勿安装在窗框以内

预制梁、楼板的临时支撑体系[1-1]　　　　表 1-13

构件类型	主要考虑的内容	深化措施
预制梁、楼板	预制梁板的支撑可以采用钢管脚手架，也可以采用独立支撑体系，主要考虑支撑体系的安全	1. 预制梁、楼板需在相应位置预埋支撑环，支撑环一般采用 14mm 圆钢。施工时需注意在支撑环相应位置预留孔，保证斜支撑有固定空间。 2. 预制梁临时支撑可以在相邻柱上预埋螺母，并设置临时牛腿支撑

1.2.6　模板体系

装配式混凝土结构施工现场模板相比传统混凝土结构减少了很多，大部分模板应用在节点处，施工过程中应根据楼层高度、工期要求、质量要求、安全文明要求、成本要求选择合适的模板体系，具体见表 1-14。

装配式混凝土结构常用的模板体系[1-1]　　　　表 1-14

模板体系	优点	缺点	深化设计考虑的内容
木模板	自重小、现场可塑性强，加工方便	刚度差、混凝土成型后观感质量不高，周转次数较少，对木材资源造成了极大的浪费	1. 不同的模板体系对预制构件有不同的设计要求，主要考虑对拉螺杆在 PC 构件上的设计应用方式。 2. 对拉螺杆设计主要考虑预埋套管和预埋对穿孔。 3. 设计中应该根据构件和应用模板体系的实际情况设计预埋尺寸，注意避让构件钢筋和预埋管线
大模板	组合式拼装、整体性好；机械化作业程度高	体积大，较笨重，占用塔式起重机时间长	
铝模板	强度高、可回收、异形设计；周转次数一般达到 300 次	费用高，一般建筑低于 30 层时不予考虑使用铝合金模板	
钢模板	强度高、可回收、异形设计；周转次数一般达到 100 次	重量大，占用塔式起重机时间长，维护费用比铝模高	

案例工程来源于武汉幸福苑项目，考虑 3 栋 32 层相同面积装配式住宅建筑采用三种不同模板体系进行成本指标对比（时间为 2019 年 8 月 7 日），见表 1-15。

背景说明：

以武汉幸福苑项目 2 号楼（32 层）采用传统木模板整体支模体系，4 号楼（32层）采用大钢模与顶板木模板，8 号楼（32 层）采用整体铝模板体系，通过大钢模与顶板木模板、整体木模板、整体铝模板三种体系的应用实际经济、施工质量效果的比较，总结各体系的系统性价比并分析。

三栋单体面积相同，标准层单层建筑面积为 $740m^2$，标准层模板展开面积为 $1250m^2$，该楼铝模板的配模板量为 $1250m^2$，墙体采用大钢模板需要的配模面积为 $470m^2$，木模板顶板量按 4 整层考虑，多层板周转次数按照 5 次考虑，大钢模板和铝模板都采用租赁方式。

不同模板体系成本分析对比（按建筑面积进行测算） 表 1-15

系统性价比分析			
性价比对比指标	墙体大钢模＋顶板木模板体系	整体木模板体系	整体铝模板体系
模板综合周转次数	钢模 100 次；顶板木模 5 次	5 次	300 次
正常流水每层模板施工天数(含修整)	5 日/层	5 日/层	4 日/层
安装人工费	37 元/m^2(综合价)	35 元/m^2(混凝土接触面积)	29 元/m^2
材料综合费用	3 元/m^2(租赁折算价)	22 元/m^2(购置费)	21 元/m^2(租赁折算价含支撑系统)
	支撑系统统一考虑		
安装机械费用	5 元/m^2(综合价)	1.5 元/m^2(混凝土接触面积)	1 元/m^2
后期抹灰费用	12 元/m^2	12 元/m^2	5 元/m^2
模板系统综合费用(含所有配件)	61.1 元/m^2	70.2 元/m^2	60 元/m^2

注：由于装配式形式不同，模板体系存在差异，上表只针对特定项目而言，作为参考。

目前，装配式工程项目施工的模板体系正不断更新，以适应项目对成本控制的要求，如铝框木模体系、钢框木模体系等，对于新型模板体系的选择应根据项目特点去分析。

1.2.7 外围护体系

装配式建筑外围护结构是装配式建筑的重要组成部分，因此装配式建筑外围护系统的设计、制作和施工技术是其中的重点、难点、关键点，见表 1-16。

外围护体系深化设计主要考虑的内容[1-1,1-2] 表 1-16

序号	考虑的因素	深化设计考虑的内容
1	外围护构件的拆分	施工时的起吊重量、构件安装的先后顺序性、构件连接施工的可操作性
2	施工设备	高层施工中塔式起重机、施工电梯等外部设备的附墙连接措施
3	施工安全	安全防护设备的外围护固定措施

1.2.8 外防护体系

1. 外挂式操作架

在装配式建筑施工现场，高层采用外挂式操作架替代了传统外脚手架用于建筑临边防护，简单适用、安全可靠，具备推广性。外挂式操作架的应用见表 1-17。

外挂式操作架的应用[1-1]　　　　　　　　　　　　　表 1-17

应用特点	深化设计、施工过程中应注意的内容	示意图
架体上翻(一般出操作层 1.5m)的防护栏杆充当了施工作业层的临边防护,下两层的作业平台给工人的外墙作业提供了空间	套筒型号一般采用 M16 双杆套筒,且两个套筒为一组,套筒定位应避开其他(如连接钢筋、吊具、水电预留预埋)干扰,预埋套筒应保证局部具有足够强度。挂点应该按外挂架要求布置,点位与外挂架应保持足够空间	

2. 落地脚手架

钢管落地脚手架的应用见表 1-18。

钢管落地脚手架的应用　　　　　　　　　　　　　表 1-18

应用特点	深化设计、施工过程中应注意的内容	示意图
传统型的外脚手架,有较多的成熟经验,取材容易、方便操作;搭设高度在 50m 以下	1.连墙件的预留洞口与墙身竖向钢筋及水电预留预埋位置的避让。 2.尽可能使连墙件预留高度基本与窗同高,预留洞口位置保持同一规律。 3.施工后期洞口封堵要便于施工	

落地门式脚手架的应用见表 1-19。

落地门式脚手架的应用　　　　　　　　　　　　　表 1-19

应用特点	深化设计、施工过程中应注意的内容	示意图
门式脚手架与落地脚手架方法基本相同	连墙件应注意避开构件薄弱受力点	

3. 悬挑脚手架

悬挑脚手架在高层外防护中比较常见,对于装配式高层建筑而言,传统的伸入式型钢悬挑脚手架,无论是深化设计还是施工都比较复杂,装配式建筑悬挑脚手架应用见表 1-20。

应用特点	深化设计、施工过程中应注意的内容	示意图
悬挑脚手架采用工具式组合桁架梁,架体结构卸荷在附着于建筑物结构的刚性悬挑梁上。适用于高层建筑物或地下室土方未回填或回填没硬化处理的情况	1.悬挑架预留孔的位置应避开涉及构件强度薄弱位置。在预制剪力墙体系中应注意不能切断竖向钢筋。 2.悬挑架设计中若存在两根方钢叠合位置,设计时应考虑将某一方向上的留洞位置适当抬高,尽量不要破坏外墙板企口	

4. 附着式升降脚手架

附着式升降脚手架的应用见表 1-21。

应用特点	深化设计、施工过程中应注意的内容	示意图
升降脚手架是在挑、吊、挂脚手架的基础上发展起来的,目前适用性较广,是适应装配式建筑特别是高层装配式建筑施工需要的新型脚手架,它的升降功能是挑、挂脚手架所没有的	1.附着式升降脚手架用于装配式建筑中应注意液压提升架、外墙预留固定件等位置在预制外墙上的范围。 2.附墙结构必须安全、可靠,与传统附着式升降脚手架高度相比,普通住宅工程设置 3.5 层为宜。对于层高较大的公共建筑,可以采用落地式脚手架与其配合	 架体构架 主框架 附墙支座 电动葫芦 水平支撑桁架

5. 外挂防护架

外挂防护架主要使用塔式起重机进行成片组合吊装,见表 1-22。

应用特点	深化设计、施工过程中应注意的内容	示意图
1.外挂防护架主要应用于装配式结构房建工程,充分体现了节能、降效、环保、灵活等特点,挂架主要解决房建结构平面周边防护,立面垂直方向简单的机械性操作平台问题。	1.装配式结构形式多样,应结合工程实际进行专门的架体设计,深化设计时考虑预埋孔的位置,避开结构钢筋,满足安装需要。 2.装配式结构外墙安装稳固后,达到安装条件方可安装、使用架体	

应用特点	深化设计、施工过程中应注意的内容	示意图
2.架体灵巧,拆分简便,整体拼装牢固,根据现场实际情况配备两套架体随主体结构施工循环安装		

1.3 模板支架与临时支撑选择

1.3.1 扣件式钢管脚手架

扣件式钢管脚手架的特点见表1-23。

扣件式钢管脚手架的优缺点　　　　　　　表 1-23

优点	缺点
1.适用于各种水平预制构件及现浇构件的支撑。 2.可以切割成任意长度,搭设样式灵活。 3.市场保有量大,应用较普遍	1.搭设、拆除烦琐,现场管理比较杂乱、零部件损耗量大。 2.在装配式建筑中会被新型模板支架逐步替代。 3.部分原材料由于锈蚀造成材料力学性能难以满足要求

1.3.2 盘扣式钢管脚手架

盘扣式钢管脚手架的特点见表1-24。

盘扣式钢管脚手架的优缺点 表1-24

优点	缺点
1.搭设、拆除盘扣式支撑更简便 2.适用于各种水平预制构件及现浇构件的支撑 3.有活动扣件,可以安装在立杆的任意位置,便于搭设梁底支撑 4.坚固耐用,插头、插座不易被水泥铸死,便于运输,无零散配件丢失,损耗低	承插节点的连接质量受扣件本身质量和工人操作的影响较大

1.3.3 独立式三脚架支撑

独立式三脚架的特点见表1-25。

独立式三脚架的优缺点 表1-25

优点	缺点
1.搭设、拆除盘扣式支撑更简便 2.某些部件可以提前拆除,减少了工作量 3.材料周转快	不适用于搭设现浇构件及悬挑构件的架体支撑

1.3.4 竖向构件斜支撑固定

斜支撑布置主要考虑的原则见表1-26。

斜支撑布置主要考虑的原则[1-1]　　　　　　　　　表 1-26

序号	布置原则	示意图
1	根据墙板的长度确定斜支撑的根数,6m以下的墙板布设两根支撑,6m以上的墙板布设三根,斜支撑连接方式为竖向构件预留套筒、水平构件预留拉环,斜支撑安装位置需考虑模板安装,距现浇剪力墙不小于500mm	
2	带窗框的预制构件,斜支撑预埋套筒不宜安装在窗框以内,同一块预制构件的斜支撑拉环不能共用。斜支撑预埋拉环的方向须与斜支撑方向在同一平行线上	
3	斜支撑的布置需考虑施工通道,斜支撑的样式需通用,特殊部位(电梯井、楼梯间等)应特殊设计	

1.4　后浇区模板选择

1.4.1　木模板

木模板是建筑市场上最常见的,为适应市场的需求也在不断地更新质量要求,木模板的特点见表 1-27。

木模板的优缺点[1-1]　　　　　　　　　　　　表 1-27

优点	缺点
1.质轻、为常用材料,安装、拆卸、转运、加工方便 2.应对设计变更能力强,适应力强	1.刚度差,混凝土成型后观感质量不高 2.抗混凝土侧压力不强,易爆模 3.材料比较杂乱,不环保

1.4.2 塑料模板

现阶段塑料模板的种类和材质多种多样，其本质就是一种复合材料，周转次数能达到30次以上，能回收再造，绿色环保，其优缺点见表1-28。

塑料模板的优缺点[1-1]　　　　　　　　　　　　　　表1-28

优点	缺点
1.平整、光洁，脱模后混凝土结构表面光洁度均超过现有清水模板的技术要求，不须二次抹灰，省工、省料 2.在−20℃至+60℃气温条件下，不收缩，不湿胀，不开裂，不变形，尺寸稳定 3.可塑性强，种类、形状、规格可根据建筑工程要求定制 4.节能、环保，边角料和废旧模板全部可以回收再造，零废物排放	1.塑料建筑模板的强度和刚度小，塑料模板的强度和弹性模量与其他模板相比都较小 2.塑料建筑模板的承载力低，配制的小梁、方楞较多 3.气焊、电焊等易烫坏塑料建筑模板

1.4.3 组合大模板

组合大模板是结合了木模板与钢模板优点的一种组合形式，其优缺点见表1-29。

组合大模板的优缺点[1-1]　　　　　　　　　　　　表1-29

优点	缺点
1.刚度好，混凝土成型质量较高 2.减少支模时间，较其他模板节约人工成本，工效较高 3.整体性好，操作方便，机械化作业程度高，施工效率高，降低了劳动强度，可重复周转使用，是代替传统模板的选择之一	1.地面平整度要求高，安装拆卸困难，大模板底部易漏浆 2.大模板需起重设备配合，占用设备调运时间 3.操作空间要求大

1.4.4 铝合金模板

铝合金模板在装配式建筑中的应用，保证了现浇结构与预制结构的完美成型，节能、环保，提高了施工效率，降低了工程成本。

装配式建筑的预制构件采用工厂流水线预制和养护，在施工现场进行装配，质量与效果均优于传统建造方式。同时，现浇部位采取铝合金模板施工，保证结构尺寸精确、完美成型，减少装修费用，降本增效。特点见表1-30。

铝合金模板的优缺点^[1-1]

铝合金模板的优缺点[1-1]　　　　　　　　　表1-30

优点	缺点
1.浇筑的混凝土观感好、质量高 2.材料的周转次数多，平均使用成本低 3.安装、拆卸、转运方便 4.模板强度高，不易变形 5.可以根据建筑的特点设计异形模板，一次成型	1.铝合金模板不易加工，故前期模板设计需成熟 2.前期一次性投入高 3.工艺较新，操作人员技术水平参差不齐 4.用于异形现浇构件的模板支设成本较高

1.4.5 铝框模板

铝框模板是目前建筑市场上一种新型的建筑模板技术体系，其整体技术是在全铝合金模板的基础上为适应市场成本需求而深化出来的。铝框模板的特点见表1-31。

铝框模板的优缺点　　　　　　　　　表1-31

优点	缺点
它继承了所有铝合金模板的优点，铝框模板以铝合金型材为背楞以木塑或竹胶板为饰面组合型模板	目前市场上比较新的模板体系，大范围使用需要时间去推广应用

优点	缺点

1.5 施工场地布置策划

1.5.1 施工现场大门、道路

现场大门、道路的布置内容见表 1-32。

现场大门、道路的布置内容[1-1,1-3]   表 1-32

布置类型	布置的主要原则
大门	1. 施工现场宜考虑设置两个以上大门。大门应考虑周边路网情况、道路转弯半径和坡度限制，大门的高度和宽度应满足大型运输构件车辆通行要求。 2. 现场大门应设置警卫岗亭，安排警卫人员 24h 值班，查人员出入证、材料、构件运输单、安全管理等。施工现场出入口应标有企业名称或企业标识，应在主要出入口显要位置设置工程概况牌，大门内应有施工现场总平面图和安全生产、消防保卫、环境保护、文明施工等制度牌
道路	1. 施工道路宜根据永久道路布置，车载重量参照运输车辆最大荷载量，一般总重量约为 50t，道路需满足载重量要求，若需过地下室顶板(后浇带)时，需对顶板(后浇带)进行加固，且需经原结构设计单位确认或经过专家论证通过。道路宽度不小于 4m，车辆转弯半径不小于 15m，会车区道路不小于 8m。尽量采用环形道路，道路两侧应做好排水措施。 2. 现场可适当考虑构件临时堆放，起吊区不占用道路且地面做法同道路做法，场外道路优先考虑无夜间通行限制的路线，预制构件运输车辆都为重型车辆，沿途经过路段限高、限重、限宽等其他障碍均应满足运输要求

1.5.2 卸车要求

为防止因运输车辆长时间停留影响现场内道路的畅通，阻碍现场其他工序的正常作业施工，装卸点应在塔式起重机或者起重设备的塔臂覆盖范围之内，且不宜设置在道路上，卸车不得占用主要交通要道，可在道路布置时考虑卸车点[1-1]，卸车点示意如图 1-5 所示。

图 1-5　构件卸车点示意图

在构件卸车前，应检查吊运设备的运转情况、吊具的可操作性和安全性，同时应该关注天气情况是否满足构件卸车要求。

构件卸车时应充分考虑构件的卸车顺序，保持运输车体的平衡。构件挂钩、就位摘取吊钩应设置专用登高工具及其他防护措施，严禁在构件支承架或构件上攀爬，卸车作业区域四周应设置警戒标志，严禁非操作人员入内[1-1]。

应由专业人员进行起吊卸车，PC 构件应卸放在指定位置，地面应平整、稳固，卸车时应注意车辆重心稳定和周围环境安全，避免车辆侧翻，按设计吊点数量采用专用的吊索具，严格按照吊装规程卸车，构件卸车见图 1-6。

图 1-6　构件卸车示意图

1.5.3　堆场

装配整体式混凝土结构施工，构件堆场在施工现场占有较大的面积。合理、有序地对预制构件进行分类布置管理，可以减少施工现场的占用，促进构件装配作业，加快工程进度。

构件存放场地应做混凝土硬化处理或经人工处理满足构件承载要求的地坪。受场地限制需要在地下室顶板上堆放构件的，应对堆场范围区域顶板进行加固，以满足堆场承载要求。存放场地应设置在吊车的有效起重范围内，且场地应设有排水措施，布置原则见表 1-33。

| 构件堆场的布置原则[1-1] | | 表 1-33 |

序号	布置的主要原则
1	构件堆场宜环绕或沿所建建筑物纵向布置,其纵向宜与通行道路平行布置,构件布置宜遵循"先用靠外,后用靠里,分类依次并列放置"的原则
2	预制构件应按规格型号、出厂日期、使用部位、吊装顺序分类存放,且应标识清晰
3	不同类型构件之间应留有不少于 0.7m 的人行通道,预制构件装卸、吊装工作范围内不应有障碍物,并应有满足预制构件吊装、运输、作业、周转等工作的场地

1.6 预制构件运输

1.6.1 物流组织

装配式建筑 PC 构件物流组织是针对 PC 构件物流活动,进行计划、组织、指挥、协调、控制和监督的全过程,其主要职责是完成施工所需要的 PC 构件的物流任务,保证现场进度要求。

物流组织使工人生产的 PC 构件通过物流活动实现最佳的协调与配合,进而确保安全、降低物流成本,达到提高物流效率、提升经济效益的目的。

装配式建筑 PC 构件物流组织流程包括:确定计划→安排货车→构件装车→构件运输→到达验货→卸车[1-1,1-3]。

1.6.2 运输要求

应采用预制构件专用运输车或对常规运输车进行改装,降低车辆装载重心高度并设置运输稳定专用固定支架后,运输构件。

预制叠合板、预制阳台和预制楼梯宜采用平放运输,预制外墙板宜采用专用支架竖直靠放运输。预制外墙板养护完毕即安置于运输靠放架上,每一个运输架上对称放置两块预制外墙板。运输薄壁构件应设专用固定架,采用竖立或微倾放置方式。

1.7 成品保护

装配式施工构件的产品保护涉及运输到构件安装成品完成的全过程,施工中应对相应施工过程中构件进行保护,主要施工过程构件保护内容见表 1-34。

主要施工过程构件保护内容[1-1]   表 1-34

施工过程	保护内容
场内运输	检查场内道路是否满足运输要求;同类构件之间应用有弹性的材料进行隔离;应使用专用运输架

施工过程	保护内容
场内装卸、堆放	尽量避免在场地内二次倒运预制构件;构件堆放场地地基必须夯实,混凝土浇筑厚度、强度要满足堆放要求,浇筑成型的场地平整不积水;构件应按吊装和安装顺序分类存放于专用存放架上,防止构件发生倾覆
构件吊装	不同类型的构件应使用专用吊具;吊装时可根据情况增加构件吊点处保护
构件安装固定	构件与吊具分离应在临时支撑和构件定位完成后,临时支撑的拆除应在构件满足后序施工承载力的要求后;和后浇区相接的构件应注意伸出的锚固钢筋与后浇区钢筋相对位置,不得随意弯折
楼梯构件	楼梯构件安装固定完成后应进行踏面和阳角的保护
柱构件	柱构件安装固定完成后应进行四角的保护

1.8　本章小结

本章以 7 个小节内容叙述装配式结构工程项目施工前一系列的策划任务和技术要求,分别为施工组织构架、图纸深化设计应注意的施工因素、模板支架及临时支撑应用的选择、装配式建筑后浇区模板的选择、施工场地布置策划、构件运输及装卸要求、成品保护的策划。

装配式建筑施工策划阶段核心是施工组织构架的建立,先进的管理理念是管好项目的前提,在项目实施过程中,始终遵循"组织策划、精心组织、绿色施工、和谐共赢"的管理理念。施工组织管理体系划分侧重构件生产:如施工专业承包模式、施工总承包模式、设计施工总承包模式等不同的模式。分别从建设单位、设计单位、施工单位、预制构件生产单位和监理单位角度,划分各方的任务和承担的责任,突出预制构件生产单位的职责。重视施工人员专业技能上岗前培训,包括起重、灌浆、安装、测量定位等多项技能。

装配式施工策划阶段重视图纸深化设计,在设计时应提前考虑施工阶段可能出现的交叉、碰撞等问题,从成本、起重机类型、运输能力等方面,综合考虑预制构件的深化设计,包括构件的尺寸和重量。同时配置相应的起重设备,对现场运输和构件堆放场地集中布置,保护现场堆场构件的质量安全,注意周转和吊装效率。预制构件现场安装应注意临时支撑的选择,保护已安装预制构件的质量。

装配式建筑模板使用量较小,多在节点后浇区。本章结合武汉幸福苑项目,通过大钢模与顶板木模板、整体木模板、整体铝模板三种体系的应用实际经济、施工质量效果的比较,总结各体系的系统性价比分析,强调模板体系选择时,应根据成本、楼层和周转效率,综合选择。还介绍了一种新型的建筑模板技术体系——铝框模板。

整体来看,分析不同组织策划是切入点,统筹规划如何部署工作,资源配置和工作管控。精心组织是着眼点,凡事谋而后动,利用各种形式,精心组织策划,然后遵照实施。

第二章　装配式建筑专项施工方案编制

本章导图

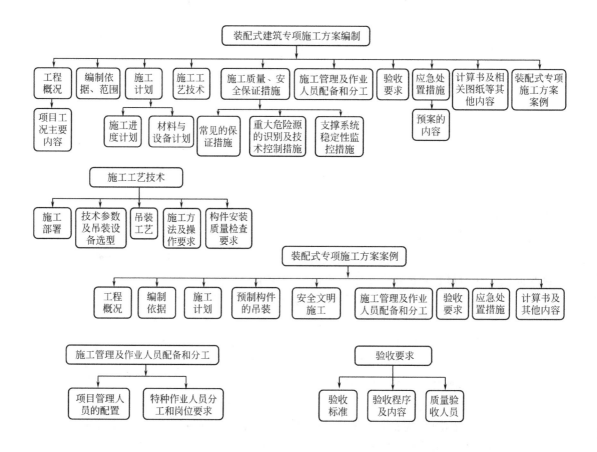

2.1　工程概况

　　工程概况应包含项目主要情况及施工条件、装配式混凝土建筑的设计概况及特点、施工平面布置、施工要求和技术保证条件，项目工况主要内容见表2-1。

项目工况主要内容　　　　　　　　　　　　　表2-1

序号	工程概况包含项目	主要内容
1	项目主要情况	1.项目名称、性质、地理位置和建设规模。 2.项目的建设、勘察、设计和监理等相关单位的情况

续表

序号	工程概况包含项目	主要内容
2	装配式混凝土建筑的设计概况及特点	1. 装配式混凝土建筑的使用范围及预制率。 2. 工程涉及的预制装配式混凝土构件的种类、部位等。 3. 工程涉及的预制构件数量、重量、平面分布等
3	施工平面布置条件	1. 与装配式混凝土建筑施工运输有关的道路、河流等状况。 2. 施工现场场地条件状况。 3. 其他与装配式混凝土建筑施工有关的主要因素
4	技术保证条件	1. 必要的施工条件，做好施工准备工作逐项检查落实，如不满足施工条件，应积极创造条件，待其完善后再施工。 2. 做好图纸会审和技术交底制度，把可能出现的问题解决在施工之前。 3. 技术人员编制施工方案，严格按公司审批制度报审。 4. 施工前现场施工管理人员对操作班组进行安全技术交底，交底双方及专职安全管理人员签字确认

施工要求应包括施工场地要求、安全生产和文明施工的要求、吊装使用的机械设备及工具要求、人员资格要求、安全防护要求等。

2.2　编制依据、范围

装配式混凝土建筑施工方案编制时主要参考的编制依据应包含国家、地方的相关法律法规、规范性文件、标准、规范及施工图设计文件、工程施工组织设计等。

2.3　施工计划

2.3.1　施工进度计划

1. 工期计划的分解

装配式混凝土建筑施工需要预制构件生产厂、施工企业、其他委托加工企业和监理以及各个专业分包队伍密切配合，受诸多环节制约，需要制定周密细致的计划。

对项目的总进度计划进行逐层分解，从项目到单位工程再到分部分项；从构件生产到进场和安装；最后到楼层每个构件的安装时间点，总体计划分层如图2-1所示。

分析每个工程项目应有的重点、难点（如构件产品的生产时间、构件进场时间、机械设备、施工人员、施工工艺、材料），充分利用先进的网络计划编制软件对每个工作项进行时间安排，结合项目施工合同中规定的工期目标，通过编制总控形象进度计划确定关键里程碑节点，工程项目总施工进度计划如图2-2所示。

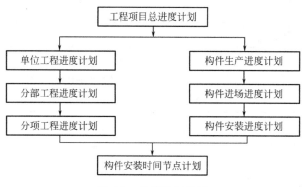

图 2-1　总体计划分层

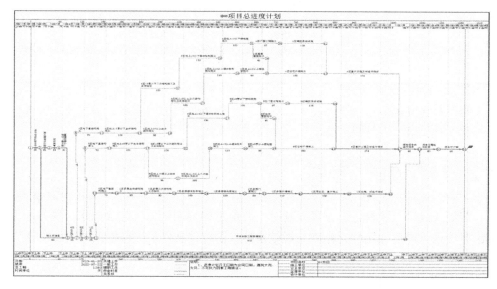

图 2-2　工程项目总施工进度计划示意图

　　构件的加工计划、运输计划和每辆车构件的装车顺序应与现场施工计划和吊装计划紧密结合,确保每个构件严格按实际吊装时间进场,保证安装的连续性,确保整体工期的实现。项目施工前期与构件厂生产、运输计划的时间安排见表 2-2。

项目施工前期与构件生产、运输计划的时间安排　　　　表 2-2

序号	项目施工节点	节点时间	考虑影响计划的内容
1	标准层构件吊装	首件开始日期	场地构件堆放能力;构件型号进场的顺序要求;单构件型号吊装的时间;吊装过程对其他工序施工的影响;吊装施工对人员的安排;场地道路的畅通安排
2	构件生产	首件吊装日期前 60d	预制构件模具深化设计;生产流水线的产量安排;各构件型号生产、养护时间、产品质量;生产厂区构件堆放能力
3	构件运输	首件吊装日期前 15d	运输车辆的车况、数量;运输路线勘察;构件到项目现场所需的时间;不同型号的构件在运输时所对应的支撑方式

2. 标准层施工时间计划

网络计划是用数字和图解的方式描述项目的过程，通过数学方法和信息技术对其进行优化，并生成能够在实施过程中，进行过程控制的数学模型。通过优化穿插施工的组织安排，调整逻辑关系，达到经济效益最大化的目的，通过实施过程中的不断调整、控制，使其人工、材料、机械设备、物流、资金流始终处于受控状态，从而实现对项目的管理目标[2-1,2-2]。构件安装工序穿插的时间节点进度计划横道示意如图 2-3 所示。

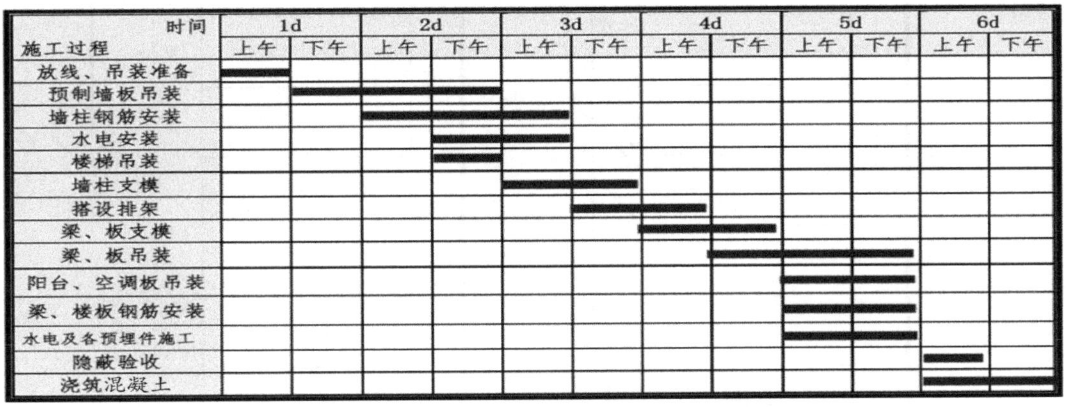
时间
施工过程
1d
2d
3d
4d
5d
6d
上午
下午
放线、吊装准备
预制墙板吊装
墙柱钢筋安装
水电安装
楼梯吊装
墙柱支模
搭设排架
梁、板支模
梁、板吊装
阳台、空调板吊装
梁、楼板钢筋安装
水电及各预埋件施工
隐蔽验收
浇筑混凝土

图 2-3　构件安装时间节点进度计划横道示意图[2-1,2-5]

楼层分段施工循环作业计划示意见表 2-3。

楼层分段施工循环作业计划示意[2-1,2-5]　　　　表 2-3

施工段循环作业计划

日期/项目	第1天				第2天				第3天				第4天				第5天				第6天			
	昼		夜		昼		夜		昼		夜		昼		夜		昼		夜		昼		夜	
	1	2	3	4	1	2	3	4	1	2	3	4	1	2	3	4	1	2	3	4	1	2	3	4
1段	放线	定标高	钢筋调整		吊装	吊装			注浆				钢筋绑扎	钢筋绑扎	模板		模板	叠合板	钢筋绑扎			墙顶砼		
		钢筋调整	凿毛				堵缝																	
塔式起重机占用					■	■							■	■				■				■		
									■	■											■		■	
2段	放线	定标高	钢筋调整						吊装	吊装			注浆				钢筋绑扎	模板			叠合板	钢筋绑扎	墙顶砼	
		钢筋调整	凿毛								堵缝													
材料进场			本层叠合板				本层叠合板				下一层墙体				下一层墙体				构件调整					
安全文明施工			清理		安全	安全			安全	安全	安全		清理	清理	安全		安全	安全	安全	安全	清理	清理		

日期/项目	第1天				第2天				第3天				第4天				第5天				第6天			
	昼		夜		昼		夜		昼		夜		昼		夜		昼		夜		昼		夜	
	1	2	3	4	1	2	3	4	1	2	3	4	1	2	3	4	1	2	3	4	1	2	3	4
1段	放线	定标高	钢筋调整		吊装	吊装			注浆				钢筋绑扎	钢筋绑扎	模板		模板	叠合板	钢筋绑扎			墙顶砼		
		钢筋调整	凿毛				堵缝																	
塔式起重机占用					■	■							■	■				■				■		
									■	■											■		■	
2段	放线	定标高	钢筋调整						吊装	吊装			注浆				钢筋绑扎	模板			叠合板	钢筋绑扎	墙顶砼	
		钢筋调整	凿毛								堵缝													
材料进场			本层叠合板				本层叠合板				下一层墙体				下一层墙体				构件调整					
安全文明施工			清理		安全	安全			安全	安全	安全		清理	清理	安全		安全	安全	安全	安全	清理	清理		

说明

	开始	结束
1	8:00	11:30
2	12:30	17:30
3	18:00	23:00
4	24:00	5:00

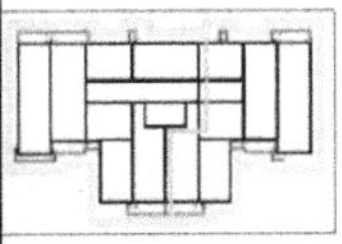

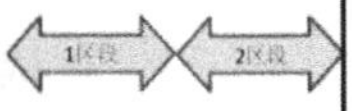
1区段
2区段

3. 工序立体交叉施工

装配式混凝土工程施工计划包括结构构件安装计划、部品构件安装计划、机电安装计划、内外装计划等，同时将各个专业计划形成流水施工，对各个工序施工所需的时间进行合理安排，形成流水搭接，呈现立体交叉施工的状态，让部品安装、内外装修穿插进行施工。立体交叉施工示意如图 2-4 所示。

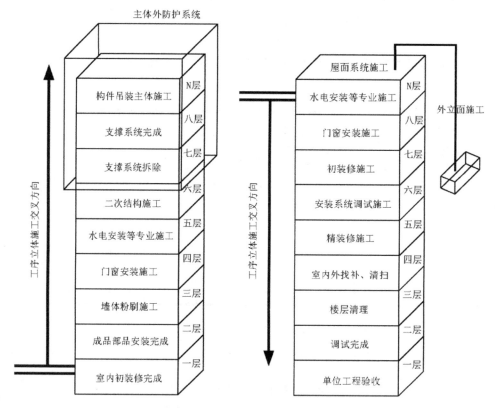

图 2-4 立体交叉施工示意

为了各工序之间有序地穿插作业，各工序穿插节点根据经验可参照如下：

(1) 在测量放线的同时可以进行一些辅助工作，如准备支撑材料、吊装所需的辅材及设备等。

(2) 在外挂墙板吊装完成之后，可将现浇剪力墙柱的钢筋绑扎至梁底；当项目防护采用外挂架时，外挂墙板吊装完成之后，可将外挂架提升一层。

(3) 吊装内墙、叠合梁及内隔墙时，根据吊装顺序将整个作业面分区分段，在某个区域内的预制构件吊装完成后，可在这区域内穿插钢筋绑扎、水电预埋、模板安装、支撑搭设等作业；如采用大模板作为竖向墙柱模板时，可将隔墙临时放在现浇剪力墙的区域，柱模板拆除完成之后吊装，且可同时搭设支撑。

(4) 叠合楼板上的水电预埋及钢筋绑扎，也可根据吊装顺序分区分段穿插作业。

立体交叉作业中极易造成坠物伤人，因此在交叉作业中应做好以下安全措施：

(1) 同时进行上下立体交叉施工时，任何时间、场合都不允许在同一垂直方向同时操作。当不可避免时，上下操作隔断的距离，应大于上层高度的可能坠落半径。在设置安全隔离层时，防穿透能力应不小于安全平网的防护能力。

(2) 拆除、吊装施工时，下方不得有其他操作人员。拆除后的设备或材料，临时堆放离楼层或平台边缘不应小于 1m，堆放高度不得超过 1m。楼层边口、通道口、脚手架边缘等处，严禁堆放任何材料。

（3）凡人员进出的通道口都应搭设安全隔离棚或防护棚。高度超过 24m 的交叉作业，应设双层隔离防护。

（4）通道口和上料口由于可能坠落物件，或其位置处于起重机回转半径内，则应在受影响的范围内搭设顶部防穿透隔离保护棚。

4.其他辅助优化

（1）列出每层构件与部品清单，并与预制构件工厂共同编制预制构件与部品生产及进场计划。

（2）列出详细的材料清单，并编制每层所需材料的进场计划。

（3）确定各作业工种人员数量和进场时间，制定人员培训计划。

（4）制定起重设备、灌浆设备、临时支撑设施、吊装工具、装配式工程项目模板系统及施工设备用电计划。

2.3.2 材料与设备计划

装配式混凝土建筑工程施工与传统工程施工所配备的施工设备有所不同，应根据装配式建筑的结构形式进行合理配置，主要的装配式建筑资源配置见表 2-4。

主要的装配式建筑资源配置　　　　　　　　　　表 2-4

主要资源	配置选择
设备机械	1.起重量大、精度高的起重设备。 2.注浆设备主要包括:灌浆料制备设备、电动灌浆泵、手动灌浆枪、灌浆料测试仪器及工具等。 3.外挂架(根据脚手架形式确定是否采用)。 4.平板运输车
工具	1.构件固定杆件。 2.斜支撑,水平结构支撑,吊索具等。 3.竖向预制构件预留钢筋固定工具。 4.构件校正用仪器(如红外激光垂直投点仪)
生产、周转材料	预制构件数量、木方、钢管、扣件、模板(具体数量、材料类型根据现场施工实际确定)

2.4 施工工艺技术

2.4.1 施工部署

项目开工前应进行施工总体部署规划，符合现行国家标准《装配式混凝土建筑技术标准》GB/T 51231 的有关规定。施工现场平面规划、运输通道和存放场地要求见表 2-5。

施工现场平面规划、运输通道和存放场地[2-1,2-4,2-5]　　　　表 2-5

平面规划	1. 施工平面布置应包括各独栋建筑物周边塔式起重机、施工电梯、构件堆场、材料堆场、施工道路和地下室顶板加固等情况。 2. 现场运输道路和存放场地应坚实、平整,并应有排水措施。 3. 施工现场内道路应按照构件运输车辆的要求合理设置转弯半径及道路坡度。 4. 预制构件运送到现场后,应按规格、品种、使用部位、吊装顺序分别设置存放场地。 5. 应设置在吊装设备的有效起重范围内,且应在堆垛之间设置通道。 6. 构件运输和存放对已完成的结构、基坑有影响时,应经计算复核
运输通道	1. 应满足运输构件的大型车辆的宽度、转弯半径要求和荷载要求,路面平整。 2. 除对现场道路有要求外,必须对部品运输路线桥涵限高、限行情况实地勘察,以满足要求。 3. 若有超限部品的运输应提前办理特种车辆运输手续。 4. 规划好行车路线,并考虑现场车辆进出大门的宽度及高度。 5. 有条件的施工现场应设置一进一出两个大门,不影响运输车辆的进出。 6. 根据实际情况设置预制构件卸车点,布置后浇区混凝土气泵或地泵的设置点
存放场地	1. 尽可能布置在起重机作业半径覆盖范围内,且避免布置在高处作业下方。 2. 地面硬化平整、坚实,有良好的排水措施。 3. 如果构件存放到地下室顶板或其他已完成的构筑物上,必须征得设计单位的同意,确保楼盖承载力满足堆放要求。 4. 构件的存放架应具有足够的抗倾覆性能。 5. 场地布置应考虑构件之间的人行通道,方便现场人员作业,道路宽度不宜小于 600mm。 6. 场地布置要根据构件类型和尺寸划分区域分别存放

注:根据施工经验,施工总体部署还应满足下列要求:
　　1. 总体部署应包括基础、主体结构及装饰装修不同施工阶段的平面布置图。
　　2. 塔式起重机、施工电梯的布置应满足安装、拆除及施工要求,且应兼顾塔式起重机起吊重量、预制结构中的附属物（埋件等）、构件堆放场地的布置及可能对周围产生的影响。
　　3. 施工总体部署应明确临时设施布置,临时设施包括生活区和办公区。

2.4.2　技术参数及吊装设备选型

1. 塔式起重机的技术参数及选型

塔式起重机是一种塔身直立,起重臂安装在塔身顶部且可做 360°回转的起重机。一般可按行走机构、变幅方式、回转机构的位置以及爬升方式的不同而分成若干类型,例如轨道式、爬升式、附着塔式等。在选择塔式起重机型号时,首先应分析结构情况,绘出剖面图,并在图上标注各种主要构件的重量及安装时所需的起重半径,然后根据起重机的性能,验算其起重量、起重半径和起重高度是否满足要求,选型主要规定要求见表 2-6。

选型主要规定要求[2-3,2-4]　　　　表 2-6

序号	主要项	须满足的要求
1	塔式起重机最大吊重	在装配式建筑工程中,除了钢筋、模板之外,还须考虑拆分的构件重量。且随着预制率、预制装配率指标越高,预制构件种类越多,体积越大,重量越重,尤其是预制楼梯、预制墙板、预制飘窗板、预制阳台板等构件,应特别重视

序号	主要项	须满足的要求
2	塔式起重机主要参数	塔式起重机型号;大臂长度;起吊倍率;安装限高;扶墙长度;塔式起重机基础尺寸
3	吊距较远处的吊重	塔式起重机的吊重随着吊臂往外延伸,吊重能力越小,因此在距离塔式起重机中心较远处的构件吊重,须认真复核。而在装配式建筑工程中,根据工业化思路,构件拆分应保持一致性
4	吊装半径	根据建筑物的长、宽尺寸、塔式起重机中心与建筑物距离等因素,选择合适的吊臂长度。综合现场楼栋外的情况,如堆料场、加工房等,以及基坑施工,同样须布局在吊臂范围内

以 TC6016A 和 QTZ80 塔式起重机起重量为例,见表 2-7～表 2-9。

TC6016A 塔式起重机技术性能表　　　　　　　表 2-7

机构工作级别		起升机构		M4			
		回转机构		M5			
		牵引机构		M4			
定额起重力矩(kN·m)		1250					
起重工作幅度(m)		最小 2.5			最大 60		
最大工作高度(m)		固定式		行走式		附着式	
		60		61		220	
最大起重量(t)		8					
起升机构	型号	QE8100D2					
	倍率	a=2			a=4		
	起重量/速度(t/m·min⁻¹)	2/100	4/50		4/50		8/25
	2 倍率最低稳定下速度(m/min)	≤5					
	功率(kW)	37/37					
牵引机构	速度(m/min)	0～55					
	功率(kW)	4					
回转机构	速度(m/min)	0～0.8					
	功率(kW)	5.5×2					
顶升机构	速度(m/min)	0.48					
	功率(kW)	7.5					
	工作压力(MPa)	31.5					
平衡重	最大工作幅度(m)	30	35	40	45	50	55	60
	重量(t)	7.65	9.6	11.5	13.2	14.85	16.8	18.75
总功率(kW)		52+2×5.2(不包括顶升机构)					
工作温度(℃)		-20～+40					

选用 55 臂起重性能特性表　　　　　　表 2-8

幅度(m)		2.5~17.47	18	19	20	21	22	24	26	28	30
起重量(t)	两倍率	4.00									
	四倍率	8.00	7.73	7.26	6.83	6.45	6.10	5.50	5.00	4.56	4.19
幅度(m)		31.78	34	36	38	40	42	44	46	48	50	52
起重量(t)	两倍率	4.00	3.68	3.43	3.20	3.00	2.82	2.65	2.50	2.36	2.24	2.12
	四倍率	3.90	3.58	3.33	3.10	2.90	2.72	2.55	2.40	2.26	2.14	2.02
幅度(m)		54	55
起重量(t)	两倍率	2.01	1.96
	四倍率	1.91	1.86

QTZ80 塔式起重机技术性能　　　　　　表 2-9

参数名称			单位	设计值					
额定起重力矩			t·m	80					
最大额定起重量			t	6					
工作幅度			m	3~60					
最大幅度处额定起重量			t	1.5					
高度	独立式		m	46					
	附着式	两倍率	m	150					
		四倍率	m	75					
起升机构	起升速度	倍率	/	$a=2$			$a=4$		
		速度	m/min	8.5	40	80	4.25	20	40
		相应最大起重量	t	3	3	1.5	6	6	3
	电机型号		/	YZTD225L$_2$-4/8/32					
	功率		kW	24/24/5.4					
	转速		r/min	1383/699/141					
回转机构	回转速度		r/min	0.6					
	电机型号		/	YZR132M$_2$-6					
	功率		kW	2×3.7					
	转速		r/min	908					
变幅机构	变幅速度		r/min	48/24					
	电机型号		/	YDE132S-4/8					
	功率		kW	2.2/3.3					
	转速		r/min	1390/710					
顶升机构	顶升速度		r/min	0.55					
	液压系统额定工作压力		MPa	25					
	电机型号		/	Y132M-4					
	功率		kW	5.5					
	转速		r/min	1440					

参数名称	单位	设计值
尾部回转半径	m	12.96
平衡重	t	14.7
整机自重(不含平衡重)	t	36.02
总功率	kW	40.2

2. 汽车式起重机的选型

汽车式起重机的特点见表2-10。

汽车式起重机的类型及特点[2-2,2-5]　　　　　　　　　　表 2-10

序号	常用的汽车式起重机	优点	缺点	示意图
1	履带式起重机	可在一般道路上行走,有较大的起重能力和较快的工作速度,在平整、坚实的道路上还可以负载行驶	行走缓慢,履带对道路破坏性较大,且稳定性差	
2	轮胎式起重机	全回转起重机,转移迅速、对路面损伤小	吊重时需要使用支腿,因此不能负重行驶,也不适合在松软或泥泞的地面上工作	

3. 常用吊具

预制构件吊运时,吊索夹角过小容易引起非设计状态下的裂缝或其他缺陷,因此须采取措施保证起重设备的主钩位置、吊具及构件重心在竖直方向上重合:吊索与构件水平夹角不应小于 60°;吊运过程应平稳,不应有偏斜和大幅度摆动。对变截面构件,吊具中应设置滚动装置,以便于吊索自动调整平衡,保证吊钩位置与构件重心重合;如不设滚动装置,也可以采用多个分配梁的形式,使不同吊车、分配梁承担不同的力;吊索长度应均匀并尽量保持垂直,以保证各吊点受力均匀。常用装配式吊索具见表2-11、表2-12。

序号	名称	图片	用途	注意事项
1	钢丝绳		预制构件吊装用	根据预制构件质量、吊点数量和位置、冲击系数等实际情况,对钢丝绳的种类、直径、抗拉强度进行验算,必须满足要求
2	卸扣		预制构件吊装用	卸扣使用前,必须检查产品外观是否有裂纹以及产品的额定荷载,严禁超载使用;与卸扣销轴连接接触的预制构件吊环,其直径应不小于销轴直径
3	保险钩头		预制构件吊装用	应根据构件类型、重量进行调整;认真检查钩头与索具的起吊状态;检查吊钩保险装置是否灵敏
4	万向吊环		预制构件吊装用	吊环螺栓必须是锻造而不是焊接件,吊环螺栓应完全拧到位,只能垂直起吊,螺栓不应经受侧向拖拉;加强对吊环螺纹的检查,发现损伤、变形的情况,应及时更换
5	环链葫芦		预制构件吊装用	所使用产品必须附有产品合格证和产品使用维护说明书,应明确限载标识,严禁超负荷起吊;操作时应先试吊,当预制构件离地后,如运转正常、制动可靠,方可继续起吊
6	平衡梁	可调式吊梁1 可调式吊梁2 	预制梁、外墙板等构件吊装用	吊装平衡梁必须明确吊装限载,并进行验算;对吊装平衡梁的原材料、焊缝、吊环、耳板等进行过程检查和验收,确保满足要求;在正式使用前,必须进行试吊。吊点与预制构件重心应在同一铅垂线上

吊索具组合形式 表 2-12

序号	组合形式图片	用途
1		预制竖向墙板的吊装
2		预制水平板的吊装
3		预制楼梯构件吊装、调平
4		预制梁、线型构件的吊装

2.4.3 吊装工艺

装配式建筑标准层施工流程与传统建筑施工有所不同，项目管理时应注重不同施工工艺间的衔接管理。

常见的装配式建筑标准层施工工艺流程如图 2-5、图 2-6 所示。

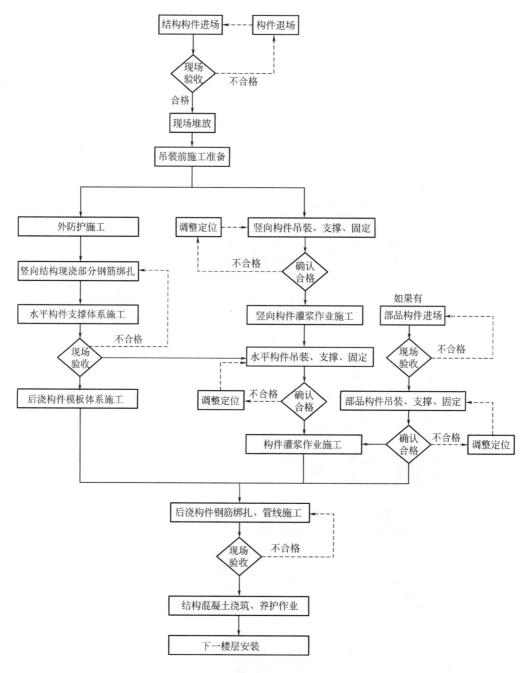

图 2-5 装配式框架-剪力墙结构标准层施工工艺流程

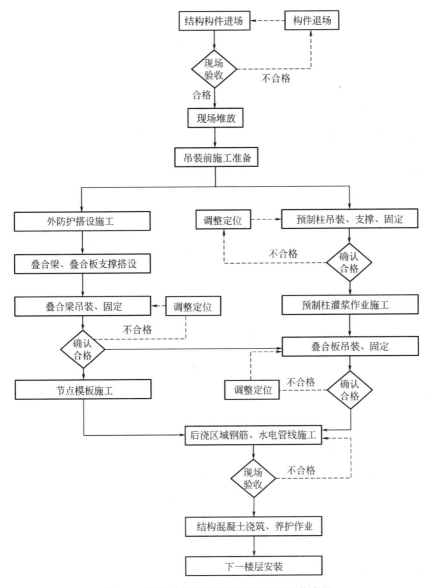

图 2-6　装配式框架结构标准层施工工艺流程

2.4.4　施工方法及操作要求

对于装配式结构专项施工方案的编制，必须以工程项目前期施工策划方案选择具体的施工技术工艺指导施工作业。

1. 运输与堆放方案

依据策划内容的布置原则、工程项目场地实际情况进行具体的方案编制，主要编制要点如下：

预制构件运输车辆应满足构件尺寸和载重要求；装卸构件时，应采取保证车体平衡的措施；运输构件时，应采取防止构件移动、倾倒、变形等固定的措施；堆放场地应平整、坚实，并应有排水措施。

施工道路满足运输载重的要求；转弯半径满足最长构件运转要求；由于施工场地限制，运输道路和堆场设置在已完地下室顶板的技术措施；有后浇带的应采用加固技术措施。

2.吊装与连接方案

本小节仅从技术方案编制主要需要注意的准备事项进行简述，具体内容见第四章预制构件安装与连接。

（1）吊装方法

预制构件安装前，需进行技术准备、材料准备、人员准备及作业条件准备。见表2-13。

吊装前的准备事项 表 2-13

序号	准备项	准备内容
1	技术准备	1.施工单位应在施工前根据工程特点和施工规定,组织编制装配式混凝土结构专项施工方案。 2.施工单位应组织装配施工人员进行安全技术交底,要求施工人员熟悉装配图纸,能够合理、正确地运用安装技能。 3.有条件的,可进行拼装样板实操培训,规范操作动作
2	材料准备	1.根据材料、工器具清单,在安装施工前备齐所需材料、工器具。 2.预制构件吊装前,应检查构件的类型与编号,并确认灌浆套筒内干净、无杂物,如有影响灌浆、出浆的异物须清理干净
3	人员准备	1.所有施工人员应进行专项培训,合格后方可上岗。 2.预制构件安装时,必须有统一的指挥、统一的信号,信号工数量需充足
4	作业条件准备	1.安装施工应在前一道工序质量检查合格后进行。 2.安装施工前,吊装用吊索具必须与方案一致,确保无安全隐患。 3.安装施工前,需进行测量放线,定出安装位置及控制线。 4.安装施工前,需清理施工面,保持整洁。 5.安装施工前,使用卷尺检查预留筋长度是否符合规范要求,检查预留筋位置是否符合图纸要求。对位置偏差较大的钢筋,使用钢筋调整工具适当调整

吊装过程中的注意事项见表2-14。

吊装过程中的注意事项 表 2-14

序号	项目	准备内容
1	预制构件进场验收	预制构件进场时,项目质检员、监理工程师首先检查出厂合格证和二维码标识,并依据设计文件和标准规范要求,检查预制构件外观质量、截面尺寸、表面平整度等,检查预制构件预留孔洞、预埋件、预留插筋、抗剪槽或粗糙面等是否满足设计文件要求
2	检查预制构件吊点和吊装器具	检查预制构件吊点数量、位置是否正确;内置螺母吊点是否堵塞或被污染,深度是否满足要求;吊环直径是否满足设计文件要求,吊环空隙能否满足钩头穿入要求;检查吊装平衡梁、钢丝绳、卸扣、保险钩头等器具的工作性能,确保满足预制构件吊装安全要求

序号	项目	准备内容
3	预制构件姿态调整	预制柱、预制剪力墙、预制阳台栏板等竖向构件,在运输和堆放时采用平躺叠放,因此在吊运前需通过起重机械将预制构件的翻身,由平躺姿态调整为站立姿态,便于预制构件的吊运、就位。将起重机械钩头套入预制柱、预制剪力墙、预制阳台栏板顶端的吊环,由地面指挥工检查钩头情况,并鸣哨示意。在预制构件根部设置轮胎、橡胶等柔性材料,保护预制构件根部在翻转过程中不被破坏,将预制构件缓慢提升
4	试吊和检查	在预制构件正式吊装前,由地面指挥人员发出指令,将预制构件缓慢吊离地面约500mm,对起重机械、吊索具进行检查,确认无异常情况时,方可继续进行预制构件吊运
5	预制构件吊运	在操作层指挥工的指挥下,安装工根据预制构件定位线,将预制构件临时就位,通过可调斜支撑固定和位置校正后,拧紧可调斜支撑,安装工摘钩,预制构件吊装工序完成。在预制构件吊运过程中,应注意不得碰撞外脚手架、钢筋骨架、模板支撑、已安装完成预制构件等

预制构件吊装流程如图 2-7 所示。

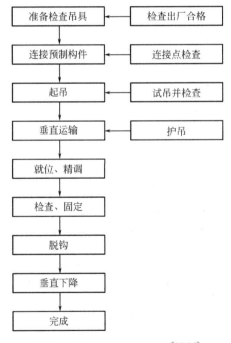

图 2-7　预制构件吊装流程[2-2,2-5]

（2）预制构件连接方案

装配式整体结构中,构件与接缝处的纵向钢筋应根据接头受力、施工工艺等情况的不同,选用钢筋套筒灌浆连接、焊接连接、浆锚搭接连接、机械连接、螺栓连接、栓焊混合连接、绑扎连接、混凝土连接等连接方式。

各种连接方式的简要介绍见表 2-15。

连接方式	连接类型	简介内容
湿连接	钢筋套筒灌浆连接	1.套筒灌浆连接的工作原理是:将需要连接的带肋钢筋插入金属套筒内"对接",在套筒内注入高强早强且有微膨胀特性的灌浆料,灌浆料凝固后在套筒筒壁与钢筋之间形成较大压力,在钢筋带肋的粗糙表面产生摩擦力,由此传递钢筋的轴向力。 2.套筒为全灌浆套筒:全灌浆套筒是接头两端均采用灌浆方式连接钢筋的套筒。套筒灌浆连接是装配式混凝土建筑竖向构件连接应用最广泛,也被认为是最可靠的连接方式。水平构件如梁的连接偶尔也会用到
	钢筋浆锚搭接连接	1.浆锚搭接的工作原理是:将需要连接的钢筋插入预制构件预留孔内,在孔内灌浆锚固该钢筋,使其与孔旁的钢筋形成"搭接"。两根搭接的钢筋被螺旋钢筋或者箍筋约束。 2.浆锚搭接连接按照成孔方式可分为金属波纹管浆锚搭接和螺旋内模成孔浆锚搭接。前者通过埋设金属波纹管的方式形成插入钢筋的孔道;后者在混凝土中埋设螺旋内模,混凝土达到强度后将内模旋出,形成孔道。 3.装配式混凝土建筑国家标准和行业标准规定,浆锚搭接可用于框架结构3层(不超过12m)以下,对剪力墙结构没有明确限制,只是规定如果边缘构件全部采用浆锚搭接,建筑最大适用高度比现浇建筑降低30m
	后浇区混凝土施工	1.后浇混凝土是装配整体式混凝土结构非常重要的连接方式。包括柱子连接,柱梁连接,梁连接,剪力墙横向连接等。 2.钢筋连接是后浇混凝土连接节点最重要的环节。后浇区钢筋连接方式包括机械套筒连接、注胶套筒连接、锚环钢筋连接、钢索钢筋连接、绑扎、焊接以及锚板连接等
	叠合层连接	叠合构件是指由预制层和现浇层组成的构件,包括叠合梁、叠合楼板、叠合阳台板等。叠合层现浇混凝土也属于后浇混凝土,是形成结构整体性的重要连接方式;预制混凝土构件与后浇混凝土、灌浆料、坐浆材料的接触面须做成粗糙面或键槽,以提高其抗剪能力
其他连接方式	螺栓连接	1.螺栓连接是指用螺栓和预埋件将预制构件与预制构件或预制构件与主体结构进行连接。 2.在全装配式混凝土结构中,螺栓连接用于主体结构构件的连接。 3.在装配整体式混凝土结构中,螺栓连接常用于外挂墙板
	焊接连接	焊接连接方式是在预制混凝土构件中预埋钢板,构件之间如钢结构一样用焊接方式连接。与螺栓连接一样,焊接方式在装配整体式混凝土结构中,仅用于非结构构件的连接。在全装配式结构中,可用于结构构件的连接
	搭接	搭接是指将梁搭在柱帽上,或将楼板搭在梁上,用于全装配式混凝土结构,在搭接节点处可设置限位错销

3.后浇区施工技术方案

具体内容见第五章结构后浇区施工。

2.4.5　构件安装质量检查要求

预制构件安装完成后,吊装小组进行自检,自检合格后形成文字记录上报项目部，由项目部生产经理组织安排人员对作业区的吊装工作复测，当复测结果符合要求后按规定上报监理单位，监理单位上报建设单位。装配式结构预制构件安装尺寸的允许偏差及检验方法见表2-16。

预制构件安装尺寸的允许偏差及检验方法[2-3]　　　　　　表 2-16

项目			允许偏差(mm)	检验方法
构件中心线对轴线位置	基础		15	经纬仪及尺量
	竖向构件(柱、墙、桁架)		8	
	水平构件(梁、板)		5	
构件标高	梁、柱、墙、板底面或顶面		±5	水准仪或拉线、尺量
构件垂直度	柱、墙	≤6mm	5	经纬仪或吊线、尺量
		>6mm	10	
构件倾斜度	梁、桁架		5	经纬仪或吊线、尺量
相邻构件平整度	板端面		5	2m靠尺和塞尺量测
	梁、板底面	外露	3	
		不外露	5	
	柱墙侧面	外露	5	
		不外露	8	
构件搁置长度	梁、板		±10	尺量
支座、支垫中心位置	板、梁、柱、墙、桁架		10	尺量
墙板接缝	宽度		±5	尺量

2.5　施工质量、安全保证措施

2.5.1　常见的保证措施

装配式建筑工程主要的保证措施见表2-17。

装配式建筑工程主要的保证措施　　　　　　表 2-17

序号	保证项目	保证措施内容
1	质量保证	预制构件进场后，项目部应组织业主、监理、厂家及总包进行进场验收，并形成记录；主要检查内容应包括外观质量，平整度，预制构件上的套筒、预埋件、预留插筋、预埋管线、注浆孔与溢浆孔的贯通；转换层预埋插筋的规格、型号、长度、位置等
		材料进场后，应对其数量、规格、型号、合格证等相关资料进行检查、检测与验收
		各个环节与产品质量标准及检查验收；所有隐蔽工程清单与检查验收

序号	保证项目	保证措施内容
2	安全保证	建立安全生产体系,成立以项目经理为组长的项目安全管理委员会
		按照职业健康安全管理体系思路,结合装配式混凝土建筑工程施工的特点、施工工艺,针对结构施工阶段进行重大危险源识别,制定针对性的控制措施
		对参加起重吊装作业人员,包括司机、起重工、信号指挥(对讲机须使用独立对讲频道)、电焊工等,均应接受过专业培训和安全生产知识考核教育培训,取得相关部门的操作证和安全上岗证,并经体检合格方可进行高处作业
		建立日常检查制度,构件起吊前,操作人员应认真检验吊具各部件,详细复核构件型号,做好构件吊装的事前工作,确保起吊安全
		钢管支架支撑系统在搭设、预制构件吊装、混凝土振捣过程中及混凝土终凝前后,安排专职人员动态监测支撑体系位移情况,发现异常情况,及时采取措施确保支撑系统安全。交叉支撑、水平加固杆等不得随意拆卸,因施工因素需要临时局部拆卸时,施工完毕后应立即恢复
3	文明施工保证	装配式混凝土建筑工程开工前应制定文明施工保证措施,落实责任人员,建立以项目经理为组长的文明施工小组,岗位分工明确,工序交叉合理,交接责任明确
		装配式混凝土建筑项目施工总平面布置应紧凑,施工场地规划合理,符合环保、市容、卫生要求,合理规划施工区、生活区,做好环境卫生管理和食堂卫生管理,施工用的器具应分类堆放整齐
		预制混凝土叠合夹芯保温墙板和预制混凝土夹芯保温外墙板,保温层材料,采用粘贴板块或喷涂工艺的保温材料,其组成材料应彼此相容,并应对人体和环境无害
		装配式结构施工应选用绿色、环保材料
4	工期保证	装配式混凝土建筑项目应选用经验丰富的项目经理、技术负责人来组成项目部主要责任人
		施工过程应用流水段均衡施工流水工艺,合理安排工序,在绝对保证安全质量的前提下,充分利用施工空间,科学组织施工
		严格把控施工质量,确保一次验收合格,杜绝返工,以一次成优的良好施工,缩短工期
		合理安排各工序的穿插施工,以确保施工时间充分利用、同时保证各专业良好配合,避免互相干扰和破坏
		提前做好设计、制作、施工的协调,确保施工顺利进行;提前做好图纸会审及设计交底工作

2.5.2 重大危险源的识别及技术控制措施

按照职业健康安全管理体系思路,结合装配式项目施工的特点、施工工艺,针对主体施工阶段进行重大危险源识别,制定针对性的控制措施,有效地控制和降低现场的安全风险。装配式工程施工阶段主要危险源及技术控制措施见表2-18。

装配式工程施工阶段主要危险源及技术控制措施   表 2-18

序号	重大危险源名称	可能导致的事故	技术控制措施	所处施工阶段
1	塔式起重机安装、使用	设备倾覆、人员伤亡	编制安装方案,旁站监控	主体
2	群塔作业	塔机受损、人员伤亡	编制群塔作业方案,严格实施	主体
3	吊装作业	高处坠落、物体打击	编制专项方案,旁站监控	主体
4	施工用电	随地拖线、人员触电	编制用电方案,合理布设,禁止随意走线	主体
5	交叉作业	物体打击	从时间、空间上尽量避开,并采取防护隔挡措施	主体
6	模板工程	模板支撑架坍塌	编制专项方案,详细交底,严格过程控制、验收	主体
7	现场火灾	工程受损、人员伤亡	消防安全教育 消防设施配备	主体

2.5.3　支撑系统稳定性监控措施

装配式结构施工在未形成完整体系之前,保证构件及支撑系统的稳定至关重要。装配式结构支撑系统稳定性监控内容见表 2-19。

装配式结构支撑系统稳定性监控内容   表 2-19

序号	监控项目	监控措施
1	预制剪力墙、柱临时支撑体系	1.根据设计图纸内容,施工前通过对实际支撑体系的材料参数,进行有效的计算,确定体系的稳定性。
2	预制梁临时支撑体系	2.施工过程中要做到实时检查,严格按照技术规范施工,所有锚固件、支撑系统必须安装牢固,搁置长度必须满足设计要求,安装班组自检合格后,项目质检组联合安全组联合验收,并形成书
3	预制楼板临时支撑体系	面文件
4	外防护体系	1.根据施工的前期策划要求,对确定的防护体系实际材料参数进行模拟施工验算,充分考虑施工中不利影响因素。
5	地下室顶板上构件堆载、过车防护体系	2.架体支撑系统在搭设、预制构件吊装、混凝土振捣过程中及混凝土终凝前后,安排专职人员动态监测支撑体系稳定情况,发现异常情况,及时采取措施确保支撑系统安全。交叉支撑、水平加固杆等不得随意拆卸,因施工需要临时局部拆卸时,施工完毕后应立即恢复

2.6　施工管理及作业人员配备和分工

2.6.1　项目管理人员的配置

应根据装配式建筑的结构形式进行合理配置项目人员,主要的装配式建筑人员配置见表 2-20。

主要的装配式建筑人员配置　　　　　　　　　　　表 2-20

内容	人员配置	配置选择
人员	管理人员配置	一个完整的装配式混凝土工程建筑项目应配备项目经理、项目技术负责人、质量负责人、施工负责人、安全负责人、专职安全生产管理人员、技术人员等
	特种作业与专业技术工人配置	装配式混凝土建筑工程施工除需配备传统现浇工程所需配备的钢筋工、模板工、混凝土工、塔式起重机驾驶员、起重工、信号工、测量工等传统工种外，还需增加一些专业性较强的工种，如安装工、灌浆料制备工、灌浆工等，同时应提高对塔式起重机驾驶员、起重工、信号工等工种的能力和水平要求。
培训		装配式混凝土建筑施工前，企业需对上述所有工种进行装配式混凝土建筑施工技术、施工操作规程及流程、施工质量及安全等方面的专业教育和培训。对于特别关键和重要的工种，如起重工、信号工、安装工、塔式起重机驾驶员、测量工、灌浆料制备工及灌浆工等，必须经过培训考核合格后，持证上岗

注：专职安全生产管理人员的配备应根据住房城乡建设部《建筑施工企业安全生产管理机构设置及专职安全生产管理人员配备办法》的通知执行。

2.6.2　特种作业人员分工和岗位要求

与现浇混凝土建筑相比，预制构件施工现场作业工人减少，如模具工、钢筋工、混凝土工等，各个工种的基本技能与要求见表 2-21。

各个工种的基本技能与要求　　　　　　　　　　表 2-21

序号	工种	基本技能与要求
1	测量工	熟悉轴线控制与界面控制的测量定位方法，确保构件安装误差在允许范围内
2	塔式起重机驾驶员	预制构件重量较重，安装精度在几毫米以内，多个甚至几十个套筒或浆锚孔对准钢筋，要求预制工程的塔式起重机驾驶员比现浇混凝土工地的塔式起重机驾驶员有更精细、准确吊装的能力与经验
3	信号工	信号工也称为吊装指令工，负责向塔式起重机驾驶员传递吊装信号。信号工应熟悉预制构件的安装流程和质量要求，全程指挥构件的起吊、降落、就位、脱钩等。该工种是预制安装保证质量、效率和安全的关键工种，应有较强的技术水平、质量意识、安全意识和责任心
4	起重工	起重工负责吊具准备、起吊作业时挂钩、脱钩等作业，须了解各种构件名称及安装部位，熟悉构件起吊的具体操作方法和规程、安全操作规程、吊索吊具的应用等，应有丰富的现场作业经验
5	安装工	安装工负责构件就位、调节标高支垫、安装节点固定等作业。熟悉不同构件安装节点的要求，特别是固定节点、活动节点固定的区别。熟悉图样和安装技术要求
6	临时支护工	负责构件安装后的支撑、施工临时设施安装等作业。熟悉图样及构件规格、型号和构件支护的技术要求
7	灌浆料制备工	灌浆料制备工负责灌浆料的搅拌制备，熟悉灌浆料的性能要求及搅拌设备的机械性能严格执行灌浆料的配合比及操作规程，经过灌浆料厂家培训及考试后持证上岗，质量意识、责任心强
8	灌浆工	灌浆工负责灌浆作业，熟悉灌浆料的性能及灌浆设备的机械性能，严格执行灌浆料操作流程及规程，经过灌浆料厂家培训及考试后持证上岗

序号	工种	基本技能与要求
9	修补工	对因运输和吊装过程中构件的磕碰进行修补,了解修补用料的配合比,应对各种磕碰提出修补方案

装配式建筑人工工效时间根据施工经验进行参照,见表2-22。

人工工效时间参照 表2-22

序号	工作项	工效时间参照
1	预制构件	外挂墙板约为15min/块,预制剪力墙板约为15min/块;内墙板、隔墙板约为15min/块;叠合梁和叠合楼板约为12min/块;楼梯梯段吊装约为15min/块
2	模板吊装	若大模板需要塔式起重机配合安装时,模板吊装构件长度大于2.5m约为10min/块,其余均为6min/块
3	剪力墙混凝土吊运	剪力墙混凝土吊运为1.5m²/次,每次每斗约为20min;楼板混凝土每次每斗约为10min
4	钢筋绑扎	剪力墙钢筋绑扎、楼板钢筋绑扎约为20m²/每人每工日
5	模板安拆	模板安拆约为15m²/每人每工日
6	水电预埋	水电预埋约为50m²/每人每工日
7	支撑搭设	支撑搭设约为100m²(标准层面积)/每人每工日

注:上表数据均以20层以下2.9m标准层剪力墙结构为参考,对于楼层高度较高或30层以上的工效时间应根据实际项目类型和经验确定。

2.7 验收要求

2.7.1 验收标准

目前,针对装配式建筑国家和地方制定了相关的标准、规范以及相关的图集,对装配式建筑的质量控制和验收也作出了相应的规定和要求。主要的验收标准见表2-23(进场验收部分内容详见第三章,施工质量验收详见第九章)。

主要的验收标准 表2-23

序号	标准类别	标准名称	编号	适用范围
1	国标	《混凝土结构工程施工质量验收规范》	GB 50204	生产、施工、验收
2	国标	《装配式混凝土建筑技术标准》	GB/T 51231	生产、施工、验收
3	国标	《水泥基灌浆材料应用技术规范》	GB/T 50448	施工、验收
4	国标	《混凝土结构工程施工规范》	GB 50666	施工、验收
5	行标	《装配式混凝土结构技术规程》	JGJ 1	生产、施工、验收
6	行标	《钢筋套筒灌浆连接应用技术规程》	JGJ 355	生产、施工、验收
7	省标	《装配整体式混凝土结构预制构件制作与质量检验规程》	DGJ 08-2069	生产、施工、验收

2.7.2 验收程序及内容

针对装配式建筑结构的不同体系，制定符合实际项目的验收程序和内容，验收的主要程序应包含分部分项主控项目和一般项目。

主控项目必须符合验收标准规定，发现问题应立即处理直至符合要求，一般项目应有80％合格。混凝土试件强度评定不合格或对试件的代表性有怀疑时，应采用钻芯取样，检测结果符合设计要求可按合格验收。

验收时应提供主要的技术文件和记录，主要技术文件和记录见表2-24。

主要技术文件和记录　　　　　表 2-24

序号	主要技术文件和记录
1	产品原材料的质量合格证和质量鉴定文件
2	预制构件的首件验收技术文件
3	构件进场验收记录
4	构件安装质量验收记录
5	钢筋套筒灌浆质量控制记录
6	过程质量控制和检查记录
7	隐蔽工程质量验收文件

2.7.3 质量验收人员

施工单位应建立健全可靠的技术质量保证体系，配备相应的专职验收管理人员，贯彻落实各项质量验收程序及相关规范标准。

建设单位和监理单位应制定严格的质量监督管理措施，定期组织召开监理例会，协调工作安排，审核工程进度，并对工程存在的质量和安全隐患进行通报，督促施工单位进行整改。

2.8　应急处置措施

装配式混凝土建筑应急救援预案属于专项应急预案，根据现行国家标准《生产经营单位生产安全事故应急预案编制导则》GB/T 29639 的有关规定进行编制，应急预案的内容见表2-25。

应急预案的内容[2-3,2-4]　　　　　表 2-25

序号	主要项	主要内容
1	事故风险分析	针对可能发生的事故风险,分析事故发生的可能性以及严重程度、影响范围等
2	应急指挥机构及职责	根据事故类型,明确应急指挥机构总指挥、副总指挥以及各成员单位的具体职责。应急指挥机构可以设置相应的应急救援工作小组,明确各小组的工作任务和主要责任人职责

序号	主要项	主要内容
3	处置程序	明确事故及事故险情报告程序和内容、报告方式和责任人等内容。根据事故响应级别,具体描述事故接警报告和记录、应急指挥机构启动、应急指挥、资源调配、应急救援、扩大应急等应急响应程序
4	处置措施	针对可能发生的事故风险、事故危害程度和影响范围,制定响应的应急处置措施,明确处置原则和具体要求

2.9 计算书及相关图纸等其他内容

装配式结构工程专项施工方案应根据项目特点进行以下主要内容的编制,见表2-26。

其他编制内容   表2-26

序号	名称内容	主要内容
1	成品保护	针对装配式结构特点,每完成一项构件安装工作都涉及成品保护内容,编制过程中应注重不同构件成品的保护方式
2	计算书	根据装配式项目所涉及内容进行必要的验算和计算说明,如:吊装使用的钢丝绳、塔式起重机的稳定性、支撑体系等
3	进度计划图	根据装配式项目内容进行进度计划图的绘制,目前计划图的绘制实现了信息化,可根据项目需要绘制详细的进度计划图
4	总平面布置图	根据前期的策划和施工布置,将成果转化到平面图中直观表现出来,总图应包含:大门入口、施工道路、周围市政设施、所有现场施工设备机械的位置、拟建建筑物、构件堆场、施工区、办公区等内容。 总平面图的设计应根据具体内容进行必要的补充,如:施工现场消防设施的布置、各施工阶段安全防护的标识位置、分阶段施工的布置内容(土方开挖阶段、基础施工阶段、主体施工阶段)

2.10 装配式专项施工方案案例

装配式结构专项施工方案应具有科学的预见性,能够客观地反映工程实际情况,且应涵盖项目施工的全过程,并做到技术先进、部署合理、工艺成熟,且具有较强的针对性、指导性和可操作性。施工组织设计编制依据包括设计文件、施工合同、地质勘察报告以及现行的国家和地方规范、标准等。

以某一装配式建设工程为例,对装配式结构专项施工方案的编制要点作一简要陈述。案例来源于实际施工的工程项目(涉及具体名称、单位、地址用＊＊＊表示)。

2.10.1 工程概况

1.项目参建单位

工程名称:＊＊＊项目

建设单位：＊＊＊地产开发有限公司

设计单位：＊＊＊建筑设计有限公司

监理单位：＊＊＊监理工程有限责任公司

总承包单位：＊＊＊工程建设有限公司

PC构件提供商：＊＊＊预制构件有限公司

2.项目基本概况

本工程＊＊＊项目位于＊＊＊路，项目地理位置示意如图2-8所示。

图2-8　项目地理位置示意图

项目总用地面积83200m²，项目总建筑面积170997m²，其中地下建筑面积50126m²（其中人防面积6316m²），地上建筑面积120879m²。主要拟新建12栋11层住宅楼、5栋18层住宅楼、2栋2层商业楼、3栋1层配电等。

3.PC构件明细表

项目PC构件楼号使用情况及构件使用明细见表2-27、表2-28。

楼号PC构件使用统计　表2-27

施工楼号	结构形式	建筑面积（m²）	标准层面积（m²）	层数	预制装配率	"预制三板"应用比率	PC构件类型
1、8、13号	装配整体式剪力墙结构	4369.46	389.54	11/-1	50.46%	83.17%	叠合楼板底板；预制外围护墙板；预制楼梯板
2、3号		5171.60	461.18		50.29%	80.51%	
5号		7362.57	656.51		50.43%	81.32%	
6号		7762.68	692.25		50.10%	80.87%	
7号		6578.81	584.85		50.25%	82.89%	
9号		8167.88	730.35		50.61%	82.56%	
10号		7386.32	658.68		50.32%	84.18%	
11号		8167.88	730.35		50.61%	82.56%	
12号		7386.32	658.68		50.32%	84.18%	
15～19号		7469.57	411.22	18/-1	50.13%	87.40%	

项目 PC 构件楼号明细　　　　　　　　表 2-28

施工楼号	构件类型	构件号	尺寸(m)长×宽×厚 板墙:宽×高×厚	重量(t)	每层数量	层数
1～13 号	预制叠合板	DBS67-L-07	3.22×2.62×0.06	1.4	1	2～11
		DBS67-L-09	2.62×2.62×0.06	1.1	1	2～11
		DBS67-L(A)-03	3.42×1.91×0.06	1.0	1	2～11
		DBS67-L(A)-06	2.32×2.02×0.06	0.8	1	2～11
		DBS67-R01、02	3.32×1.58×0.06	0.8	1	2～11
	预制外围护墙	YWHQ-(A)-11L、R	3.25×2.8×0.2	3.3	1	2～10
		YWHQ-(A)-05L、R	3.27×1.43×0.2	2.4	1	2～10
		YWHQ-(A)-06L、R	2.27×2.79×0.2	2.3	1	2～10
		YWHQ-(A)-02L、R	1.88×2.28×0.2	2.2	1	2～10
		YWHQ-(A)-04L、R	1.68×2.43×0.2	2.1	1	2～10
15～19 号	预制叠合板	DBS67-L-09	3.52×2.27×0.06	1.2	1	3～18
		DBS67-R(B)-07	3.42×2.06×0.06	1.1	1	3～18
		DBS67-R(A)-02	3.12×2.11×0.06	1.0	1	3～18
		DBS67-L(B)-02	3.12×2.06×0.06		1	3～18
	预制外围护墙	YWHQ-L、R(A)-10	2.65×2.76×0.2	2.3	1	3～17
		YWHQ-L、R(A)-07	2.57×2.37×0.2	2.2	1	3～17
		YWHQ-L、R(A)-08	2.4×2.76×0.2	2.0	1	4～16
		YWHQ-L、R(P)-01	2.95×0.38×0.2	0.6	1	3～16
	预制楼梯	ST-(P)-01-2.0t	2.98×1.21	2.1	2	4～18

注：由于构件种类较多，为不占用篇幅进行了简化处理。

4.施工平面布置

现场临时道路混凝土硬化处理，道路设计 6m 宽，转弯处，要考虑长板挂车的长度，设计转弯半径 10～15m。现场施工道路如图 2-9 所示。

图 2-9　现场施工道路示意图

当受现场运输道路限制，必须在地下室顶板进行运输和堆放构件时，现场对地下室受重荷载区域进行加固措施，如图 2-10、图 2-11 所示。

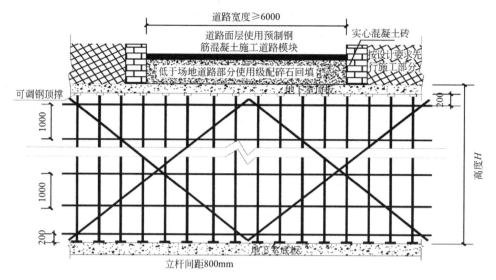

图 2-10　地下室顶板道路加固措施图

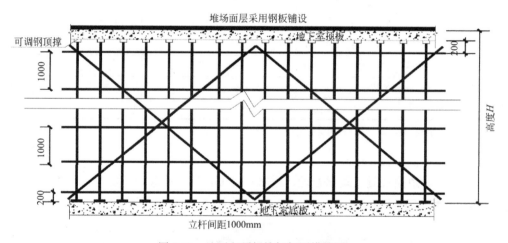

图 2-11　地下室顶板堆场加固措施图

地下室临时道路区域后浇带处加固措施如图 2-12 所示。

由于主体施工时，部分构件运输道路及堆场须设置在地下室顶板上，地下室顶板承载能力为 $70kN/m^2$，叠合板堆载按 6 层计算，堆载荷载约为 $9kN/m^2$，楼梯堆载按 3 层计算，堆载荷载约为 $16kN/m^2$，但在地下结构顶板强度达到设计要求前，不考虑顶板承载力，对应堆场区域下部架体保留。地下室顶板施工完成达到设计强度后将构件堆场转移至地下室顶板上，堆载时需注意避免将构件堆载靠近后浇带范围。

现场临水、临电要提前布置好，且需考虑场地开挖和整体规划开发顺序，合理设置变压配电室和一、二级电箱的位置；临水临道路布置，穿越道路的管线需预埋钢管保护。管线采用地下预埋的方式。

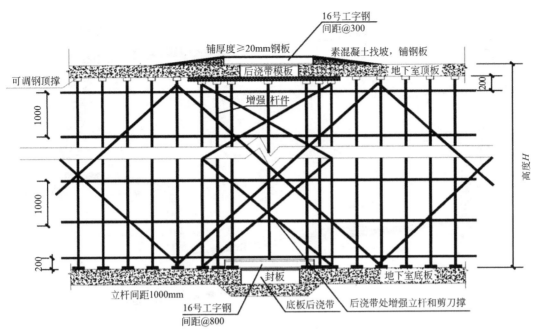

图 2-12　地下室临时道路区域后浇带处加固措施图

项目现场设置 2 个大门出入，1 个位于东侧＊＊路，一个位于北侧＊＊路（暂未开通）现场道路成环形闭合，尽量减少车辆在场内会车、调头等，避免场内交通堵塞。在道路边设置预制构件吊装临时停车位，避免构件吊装时占用道路，影响其他车辆通行，现场平面布置如图 2-13、图 2-14 所示。（整体平面略）

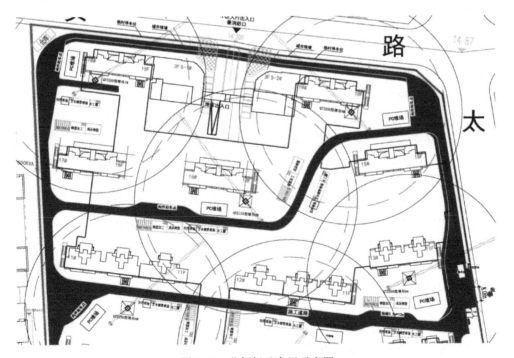

图 2-13　北侧场地布置示意图

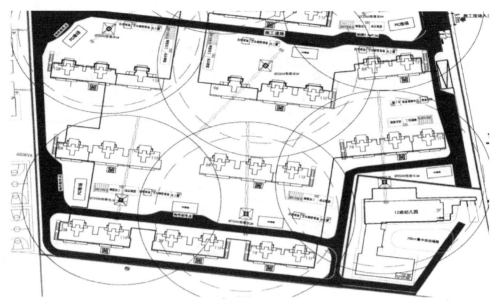

图 2-14　南侧场地布置示意图

拟在每栋楼塔式起重机范围内布置一个 PC 构件堆放场地，以满足单体的进度要求，且避免道路交通堵塞等其他不可避免的意外情况发生时，导致预制构件运输车辆无法按时到达现场，影响施工进度。

5.施工要求及技术保证条件

本工程采用的装配式结构类型相对复杂，结构构件数量多且尺寸较大，施工准备需要提前进行且需全面细致安排。

组织公司有关技术人员及拟委派的项目部技术人员熟悉工程图纸和技术规范，明确施工技术要求和质量标准，提出有利于工程质量和施工的合理化建议，供建设单位和设计单位参考。

了解现场水准和高程引测点，制定测量方案，把水准点和坐标引测至施工现场，设置施工控制轴线网和临时水准点，建立坐标控制网，并进行技术复核。

预制构件安装施工前应编制专项施工方案，并经施工总承包企业技术负责人及总监理工程师批准，对施工人员进行技术交底及安全交底，并由交底人和被交底人双方签字确认。

对施工人员进行必要的技术培训，讲解项目的特点，按照预制构件进场先后顺序表，仔细核对预制构件和配件的型号、规格、外观质量、尺寸偏差，了解专用工具和工装件的使用方法和质量、安全保证的具体措施，并进行实操演练。

转换层浇筑完混凝土后，吊装作业前，根据埋件布置图，仔细核对钢筋定位，对偏位钢筋进行校正处理，以确保预埋钢筋位置的准确，保证吊装的顺利进行。

做好多专业工种施工劳动力组织，选择和培训熟练技术工人，按照各工种的特点和要点，加强安排与落实，对重要分项工程采用的新材料、新工艺（新型混凝土预制装配技术）提早作出试验和培训计划，以确保正确运用。

落实施工前期工作，包括材料、预制件制造、养护、模板、表面装饰，保护起吊、运输、储存、临时支撑，安装等。

施工前，坚持样板引路制度，让施工人员了解 PC 项目的特点和要点，正式施工时有一个参照和实样概念。

总包单位在前期准备工程中应对原材及工艺操作试件进行取样送检，主要包括灌浆料原材送检，灌浆料拌合物试块制作送检。其目的在于从原材质量和工艺操作水平上确保工程结构的安全。

> 注：工程概况不限于上述内容，应遵循住房城乡建设部 37 号文和 31 号文，同时应满足地方行政主管部门、建设单位、上级单位的有关规定。可根据实际情况增加，如工程的质量、安全、进度目标值的描述及重点、难点的分析。

2.10.2 编制依据

1. 编制范围

根据项目工程设计的施工图纸，结合本工程施工组织设计和现场实际施工条件，并在充分理解的基础上进行编制的。本施工方案作为 PC 构件吊装、施工管理的依据，编制时对 PC 构件运输、施工部署、主要技术方案及措施、工程质量及施工安全保证措施、安全应急预案、施工现场平面布置、施工总进度计划控制等诸多因素进行充分考虑，突出其可操作性、科学性。

2. 编制依据

本项目的实施方案主要依据以下文件、资料进行编制：

采用的主要国家、行业及省规范、法规文件和图集见表 2-29。

主要参考法规明细   表 2-29

序号	类别	名称	编号
1	国标	《混凝土结构工程施工质量验收规范》	GB 50204—2015
2	国标	《建筑工程施工质量验收统一标准》	GB 50300—2013
3	国标	《建筑结构荷载规范》	GB 50009—2012
4	国标	《建筑施工安全技术统一规范》	GB 50870—2013
5	国标	《混凝土结构设计规范》	GB 50010—2010
6	国标	《建筑工程项目管理规范》	GB/T 50326—2017
7	行标	《装配式混凝土结构技术规程》	JGJ 1—2014
8	行标	《钢筋套筒灌浆连接应用技术规程》	JGJ 355—2015
9	行标	《预制带肋底板混凝土叠合楼板技术规程》	JGJ/T 258—2011
10	行标	《建筑施工安全检查标准》	JGJ 59—2011
11	行标	《施工现场临时用电安全技术规范》	JGJ 46—2005
12	行标	《建筑施工高处作业安全技术规范》	JGJ 80—2016
13	行标	《建筑机械使用安全技术规程》	JGJ 33—2012
14	行标	《建筑施工扣件式钢管脚手架安全技术规范》	JGJ 130—2011
15	行标	《建筑施工工具式脚手架安全技术规范》	JGJ 202—2010
16	省标	《预制装配整体式剪力墙结构体系技术规程》	DGJ 32/TJ 125—2011

序号	类别	名称	编号
17	省标	《江苏省民用建筑信息模型设计应用标准》	DGJ 32/TJ 210—2016
18	省标	《装配式混凝土建筑施工安全技术规程》	DB 32/T3689—2019
19	省标	《装配式混凝土结构现场连接施工与质量验收规程》	报批稿
20	省标	《装配整体式混凝土结构检测技术规程》	报批稿
21	省标	《装配式结构工程施工质量验收规程》	DGJ 32/J 184—2016
22	图集	《混凝土结构施工图平面整体表示方法制图规则和构造详图》	16G101-1~3
23	图集	《装配式混凝土结构连接节点构造》(2015)	G 310-1~2
24	图集	《桁架钢筋混凝土叠合板》(60mm 厚底板)	15G366-1
25	图集	《装配式混凝土结构表示方法及示例》(剪力墙结构)	15G107-1
26	规定	《危险性较大的分部分项工程安全管理规定》	住房城乡建设部〔2018〕37 号
27	规定	关于实施《危险性较大的分部分项工程安全管理规定》有关问题的通知	建办质〔2018〕31 号

2.10.3 施工计划

1. 施工进度计划

本工程开工日期为 2018 年 10 月 10 日,竣工日期为 2020 年 9 月 30 日。

根据本项目施工组织设计要求,按照主体结构先后顺序进行 PC 构件吊装,总体施工进度安排如下,首开区:18、17 号楼→1 号楼→5 号楼→19、16 号楼→3、2 号楼→二区:7、11、10 号楼→三区:6 号楼→9 号楼→12 号楼→四区:8 号楼→13 号楼→15 号楼。(施工总计划由于过大此处省略)。

各楼号 PC 构件施工时间节点见表 2-30(根据开始时间先后顺序进行)。

楼号 PC 构件施工时间节点　　　　　　　　　　表 2-30

楼号	开始时间	结束时间
18 号	2019.3.16	2019.9.9
1 号	2019.3.16	2019.6.29
17 号	2019.3.18	2019.9.11
3 号	2019.3.18	2019.7.1
2 号	2019.3.19	2019.7.2
19 号	2019.3.20	2019.9.13
5 号	2019.3.20	2019.7.3
16 号	2019.3.23	2019.9.16
7 号	2019.4.3	2019.8.13
11 号	2019.5.2	2019.8.15

楼号	开始时间	结束时间
10 号	2019.5.4	2019.8.17
6 号	2019.5.6	2019.8.19
9 号	2019.5.9	2019.8.22
12 号	2019.5.12	2019.8.25
8 号	2019.5.15	2019.8.28
15 号	2019.5.21	2019.11.14

标准层计划（同类户型的两栋楼施工段进行流水作业），一层 PC 吊装完成时间：7 天，具体进场时间以现场通知为准。标准层 PC 构件施工计划见表 2-31。

标准层 PC 构件施工计划　　　　　　　　　　　　表 2-31

施工过程	工作时间(d)
预制外墙板吊装	1
预制楼梯吊装	0.5
墙柱钢筋绑扎、模板安装	其他班组施工 3
叠合板支撑搭设、调平(与其他工种穿插)	2
叠合板吊装	2.5
水电管线预埋、板面筋绑扎	其他班组施工 1
预制外墙板支撑预埋、预制楼梯插筋预埋	0.5
混凝土浇筑	其他班组施工 1

2. 机械设备、工具、材料计划

根据施工组织设计，塔式起重机选择中联 QTZ250 型的 8 台，QTZ125 型的 1 台，施工电梯每栋住宅楼各一台。塔式起重机机械设备使用和性能参数见表 2-32。

塔式起重机机械设备使用及性能参数表　　　　　　表 2-32

QTZ250 型塔式起重机						
序号	塔式起重机型号	机号	服务范围	高度	大臂长度	安装位置	备注
1	QTZ250	1 号机	3、5 楼	60m	60m	3、5 号楼之间	部分覆盖 2 号楼
2		2 号机	1、2、6 号楼	45m	65m	1、6 号楼之间	
3		3 号机	7 号楼	50m	65m	7 号楼南侧	部分覆盖 6 号楼
4		4 号机	10、11 号楼	50m	60m	10、11 号楼之间	
5		5 号机	9、12 号楼	55m	65m	9、12 号楼之间	
6		6 号机	8、13 号楼	50m	60m	13 号楼南侧	部分覆盖 12 号楼
7		7 号机	17、18 号楼	70m	65m	18 号楼南侧	
8		9 号机	15、19 号楼	70m	65m	19 号南侧	

QTZ250 型塔式起重机								
序号	塔式起重机型号	机号	服务范围	高度	大臂长度	安装位置	备注	
9	QTZ125	8 号机	16 号楼	75m	65m	16 号南侧	部分覆盖 11、12 号楼	

60m 臂起重性能特性

幅度(m)		3～20		23.7	28	30	35	38	40
起重量 (t)	二倍率	6.00							
	四倍率	12.00		12	9.88	9.11	7.58	6.86	6.45
幅度(m)		43	45	50	53	55	58	60	
起重量 (t)	二倍率	6.00	5.74	5.04	4.69	4.47	4.18	4.00	
	四倍率	5.90	5.57	4.87	4.52	4.30	4.01	3.83	

65m 臂起重性能特性

幅度(m)		3～20		23.7	28	30	35	38	40
起重量 (t)	二倍率	6.00							
	四倍率	12.00		12	9.64	8.89	7.39	6.69	6.28
幅度(m)		45	50	53	55	58	60	63	65
起重量 (t)	二倍率	5.59	4.91	4.56	4.35	4.07	3.89	3.65	3.50
	四倍率	5.42	4.74	4.39	4.18	3.90	3.72	3.48	3.33

QTZ125 型塔式起重机	

55m 臂起重性能特性

幅度(m)		2.5～14.19	15	16	17	18	20	22	24	26	27
起重量 (t)	两倍率	5.00				7.78					
	四倍率	10	9.38	8.7	8.1	7.57	6.69	5.97	5.37	4.87	4.65
幅度(m)		28	30	32	35	38	40	42	45	48	50	52
起重量 (t)	两倍率	4.57	4.21	3.89	3.47	3.13	2.93	2.75	2.51	2.3	2.17	2.06
	四倍率	4.44	4.08	3.76	3.34	3.00	2.80	2.62	2.38	2.17	2.04	1.93
幅度(m)		54	55								
起重量 (t)	两倍率	1.95	1.90								
	四倍率	1.82	1.77								

60m 臂起重性能特性

幅度(m)		2.5～13.25	15	16	17	18	20	22	24	24.23	27
起重量 (t)	两倍率	5.00									4.39
	四倍率	10	8.65	8.02	7.47	6.98	6.15	5.48	4.93	4.87	4.26
幅度(m)		28	30	32	35	38	40	42	45	48	50	52
起重量 (t)	两倍率	4.2	3.85	3.56	3.18	2.86	2.67	2.5	2.28	2.08	1.97	1.86
	四倍率	4.07	3.73	3.43	3.05	2.73	2.54	2.37	2.15	1.95	1.84	1.73
幅度(m)		54	55	58	60						
起重量 (t)	两倍率	1.76	1.71	1.58	1.50						
	四倍率	1.63	1.58	1.45	1.37						

现场构件施工主要工具见表2-33。

构件施工主要工具表　　　　　　　表2-33

序号	材料名称		规格	单位	数量	备注
1	双腿链条		5m长,承重≥3.0t	根	5	带调节器和保险
2	双腿链条		3m长,承重≥3.0t	根	5	带调节器和保险
3	制作小扁担	双腿钢丝绳	φ19	根	10	
4		工字钢	3000mm	米	10	20号工字钢
5	吊装桁架				4	
6	斜支撑		φ48,热镀锌	根	若干	现场保证使用长度2.5m
7	卸扣		2t	个	若干	
8	膨胀螺栓		M16×100	个	若干	配套扳手
9	六角螺栓		8.8级,M16×50	个	若干	
10	2m靠尺			把	若干	
11	电锤			把	8	
12	钢钎			把	若干	
13	3mm厚垫片		3cm×3cm	个	若干	墙板下口用垫片
14	5mm厚垫片		3cm×3cm	个	若干	墙板下口用垫片
15	灌壶			个		根据现场需要配置
16	灌浆机		YPJ120注浆机	台		根据现场需要配置
17	输浆管		与YPJ120注浆机配套	米		根据现场需要配置
18	排浆口、注浆口橡胶堵头			个	若干	与JM钢筋灌浆套筒配套
19	防水堵缝料				若干	板墙下口堵缝用
20	活动扳手			把	若干	

现场施工主要材料见表2-34。

现场施工主要材料表　　　　　　　表2-34

序号	材料	规格型号	数量	需用时间	备注
1	木方	40×90	11508m	2018年10月20日	
2	木方	100×100	5860m	2018年10月20日	
3	钢管	48×3.0	32816m	2018年10月20日	
4	轮扣架	48×3.2	12200m	2018年10月30日	
5	胶合模板	1.5厚	5754M2	2018年11月10日	
6	扣件	直角	24220个	2018年10月20日	
7	扣件	转角	5460个	2018年10月20日	

注：具体数量根据现场施工实际确定。

2.10.4 预制构件的吊装

1. 构件的运输

（1）运输路线

PC工厂→＊＊路→＊＊大道→＊＊路→＊＊路→＊＊中路→＊＊路→项目所在地（从＊＊工厂出发，预计20min左右送达）。

（2）路线分析

经过实地研究考查，选出最佳运输路线如上，途经道路、桥梁的最小限载、限高等指标均可以满足车辆运输要求，只是在南京中路与长江南路路口，存在限行时段，运输方将在合理的时间段进行PC构件的运输。

（3）运输要求

预制件经检查合格后，方可从PC工厂运输至工地，如果预制件只能以某一特定方向搬运，则在施工图上做出清楚指示并在预制件上做出恰当标识。

用于运输预制件的卡车或手推车应该保持状态良好，确保手推车配有悬挂系统，以尽量减少装载时产生的冲击。

预制件的上载起吊或下载起吊要一次性完成；如果起吊后放的位置不对，要吊起并重新放置，而不能用杠杆来将其撬到正确位置。

运输预制件时，车启动应慢，车速应匀，转弯错车时要减速，防止倾覆。

（4）运输的方式

构件运输以立运为主，车上应设有特殊支架支撑预制件，防止受损和不利应力，且需要有可靠的稳定及保护措施。

1）墙板的运输

剪力墙构件运输采用A型靠放架：预制墙板采用靠放架运输，靠放架使用工字钢制作，具有足够的刚度和承载力，与地面倾斜角为75°；墙板对称靠放且外饰面朝外，构件上部采用木垫隔离；运输时使用链锁固定。墙板的运输如图2-15所示。

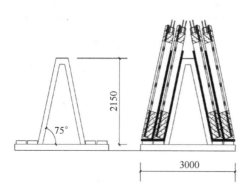

图2-15 墙板的运输示意图

2）叠合板、楼梯的运输

采用平放方式，如图 2-16 所示。

图 2-16　叠合板、楼梯的运输示意图

2. 构件的堆放

预制构件运至现场后，根据总平面布置进行构件存放。构件存放应设置在塔式起重机有效吊重覆盖范围半径内，并按照吊装顺序及流水段配套堆放，确保构件起吊方便、占地面积最小。预制构件存放时还应根据其受力情况合理设置支垫位置，防止预制构件发生变形损坏。

现场存放时，按吊装顺序和型号分区配套堆放，应布置在塔式起重机起吊范围内，尽量靠近塔机，堆垛之间宜设宽度为 0.8～1.2m 的通道。

叠合楼板水平分层堆放时，按型号码垛，每垛不准超过 6 块，根据各种板的受力情况选择支垫位置，最下边一层垫木必须通长，层与层之间垫平、垫实，各层垫木必须在一条垂直线上。

预制楼梯堆放场地应平整夯实，楼梯段每垛码不应超过 4 块，考虑集中荷载的效应，预制楼梯分散堆放，并在放置楼梯下面铺木枋，垫木应上下对正，放在同一垂线上，以增加受力面积及减少碰撞损坏。

墙板采用竖放，用槽钢、方钢制作满足刚度要求的支架，墙板搁支点应设在墙板底部两端处，堆放场地须平整、结实。搁支点可采用柔性材料，堆放好以后要采取临时固定，场地做好临时围挡措施。为防止因人为碰撞或塔式起重机机械碰撞倾倒，堆场内 PC 墙板形成多米诺骨牌式倒塌，堆场按吊装顺序交错有序堆放，板与板之间留出一定间隔。

构件堆放场地必须坚实稳固，排水良好，以防止构件产生裂纹和变形。

3. 堆放场地的地基处理

（1）非地库上堆场的地基处理

堆放场地须平整、结实，并做 100mm 厚 C20 混凝土垫层，堆放区域应严格按照施工现场平面布置图设置。

（2）地库上堆场部位的基础处理

地库上堆场部位在防水保护层上直接设置，车库顶板底部采用满堂扣件式支撑架进行加固，钢管型号 48×2.7，钢管纵横向间距为 800mm，水平杆步距不大于1.5m，设置普通型剪刀撑，必要时需设计计算复核。

4.构件吊装技术参数统计分析

（1）项目工程构件统计

项目工程构件统计情况见表 2-35。

各楼号构件统计表　　　　　　　　　　　　表 2-35

施工楼号	预制构件名称	每层预制构件数量（块）	层高（m）	总高（m）	构件最大重量（T）	户型	开始层数
1、8、13 号	叠合楼板底板	40			1.4	A	
	预制外围护墙板	26			3.3		
2、3 号	叠合楼板底板	44			1.2	B	
	预制外围护墙板	19			3.0		
5 号	叠合楼板底板	64			1.4	A、B	
	预制外围护墙板	33			3.3		
6 号	叠合楼板底板	66			1.2	B	
	预制外围护墙板	29			3.0		
7 号	叠合楼板底板	60	2.95	32.5	1.4	A	2 层
	预制外围护墙板	40			3.3		
9 号	叠合楼板底板	72			1.3	B、C	
	预制外围护墙板	29			3.1		
10 号	叠合楼板底板	68			1.4	A、C	
	预制外围护墙板	36			3.3		
11 号	叠合楼板底板	72			1.3	B、C	
	预制外围护墙板	29			3.1		
12 号	叠合楼板底板	68			1.4	A、C	
	预制外围护墙板	36			3.3		
15～19 号	叠合楼板底板	40	2.90	52.8	1.2	D、E	3 层
	预制外围护墙板	22			2.3		
	预制楼梯板	每层 2 块			2.0		4 层

（2）最重、最远 PC 构件吊装情况分析

根据平面布置图及塔式起重机布置位置，最重预制构件距塔式起重机起吊范围内起重分析如下：

1）1 号楼 PC 构件吊装分析见表 2-36。

2）2、3 号楼 PC 构件吊装分析见表 2-37。

1号楼 PC 构件吊装情况分析　　　　　　　　　　　　　表 2-36

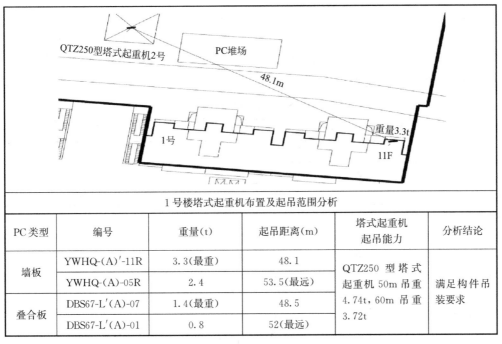

1号楼塔式起重机布置及起吊范围分析					
PC 类型	编号	重量(t)	起吊距离(m)	塔式起重机起吊能力	分析结论
墙板	YWHQ-(A)'-11R	3.3(最重)	48.1	QTZ250 型塔式起重机 50m 吊重 4.74t,60m 吊重 3.72t	满足构件吊装要求
	YWHQ-(A)-05R	2.4	53.5(最远)		
叠合板	DBS67-L'(A)-07	1.4(最重)	48.5		
	DBS67-L'(A)-01	0.8	52(最远)		

2、3号楼 PC 构件吊装情况分析　　　　　　　　　　　表 2-37

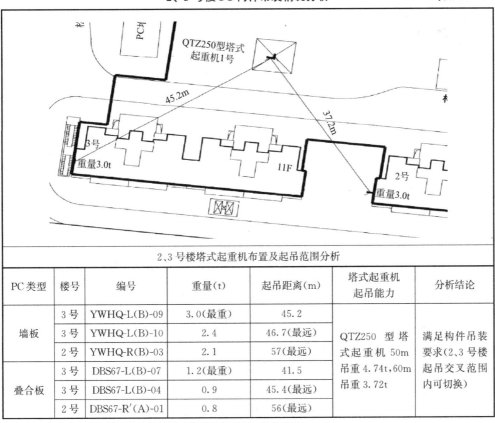

2、3号楼塔式起重机布置及起吊范围分析						
PC 类型	楼号	编号	重量(t)	起吊距离(m)	塔式起重机起吊能力	分析结论
墙板	3 号	YWHQ-L(B)-09	3.0(最重)	45.2	QTZ250 型塔式起重机 50m 吊重 4.74t,60m 吊重 3.72t	满足构件吊装要求(2、3 号楼起吊交叉范围内可切换)
	3 号	YWHQ-L(B)-10	2.4	46.7(最远)		
	2 号	YWHQ-R(B)-03	2.1	57(最远)		
叠合板	3 号	DBS67-L(B)-07	1.2(最重)	41.5		
	3 号	DBS67-L(B)-04	0.9	45.4(最远)		
	2 号	DBS67-R'(A)-01	0.8	56(最远)		

注：仅以以上楼栋号构件吊装情况分析进行所示，其他省略。

5.预制构件的吊装方法

构件吊装方式如下:

预制墙板采用二点起吊,叠合板吊装为四/六点起吊,预制楼梯为四点起吊,综合考虑工人操作水平、对工程结构的熟悉程度以及材料资源的配置,PC构件吊装时间按如下考虑,见表2-38。

单个PC构件吊装时间   表2-38

构件类型	单个构件吊装时间/min	单个构件卸车时间/min	起吊方式
预制板墙	15	6	二点起吊
预制叠合板	10	5	四/六点起吊
预制楼梯	20	5	四点起吊

预制墙板构件吊具:根据外护墙的长度,大墙选择5m双腿链条,小墙选择3m双腿链条钩住墙上的吊钩。预制墙板构件吊装示意如图2-17所示。

预制楼梯构件吊具:扁担做法同墙吊具,下方悬挂两根1.2m单腿链条(带抓眼钩),加工厂内预制楼梯预埋20螺栓套筒,现场抓眼钩钩住螺栓,配套使用。预制楼梯吊装示意见图2-18所示,其中X位置为螺栓预埋点,楼梯采用平吊方式。与外护墙不一样的在于楼梯需要两根扁担平行起吊。

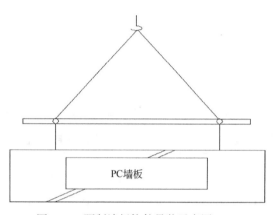

图2-17 预制墙板构件吊装示意图

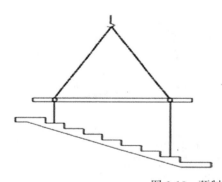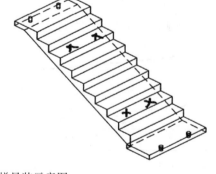

图2-18 预制楼梯吊装示意图

叠合板构件吊具:上方由加工厂提供四方形钢吊具,考虑到其自重,由四根3m双腿链条吊住,下方悬挂四根1.2m单腿链条,链条下带抓眼钩,单个最大承重1.4t。如图2-19所示。

6.标准层施工及构件吊装工艺流程

为统一构件的吊装施工管理,按各楼号施工进度及户型单元安排PC构件的吊装顺序。

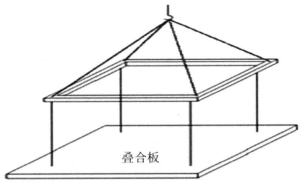

图 2-19 叠合板吊装示意图

A 户型单元预制墙板、叠合板吊装顺序图（按数字编号进行）如图 2-20、图 2-21 所示。

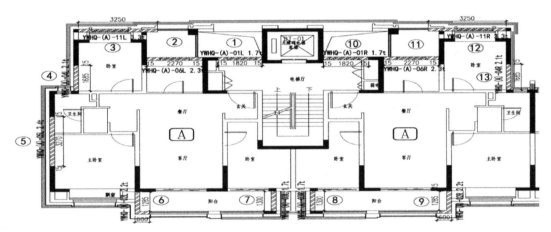

图 2-20 预制墙板吊装顺序

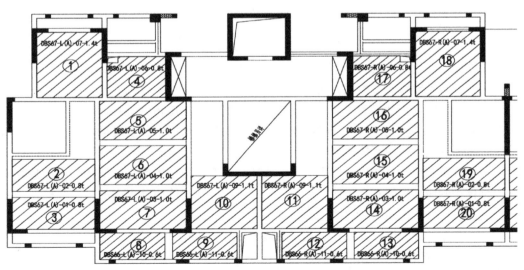

图 2-21 叠合板吊装顺序

注：其他户型省略。

项目 PC 构件吊装以预制墙板、叠合板为主，部分楼号有楼梯吊装，标准层施工及预制构件吊装流程如图 2-22 所示。

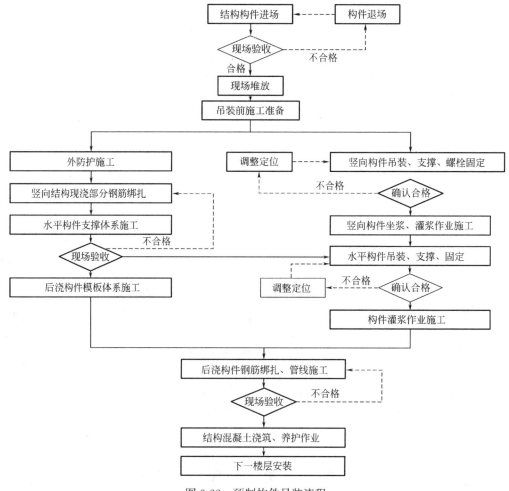

图 2-22　预制构件吊装流程

7. 测量控制方法

（1）外墙板测量控制方法

根据图纸上轴线关系放出外墙定位线，同时放出墙体安装控制线，控制线主要为两条，一条控制左右，一条控制墙体向里向外。保证墙体安装的精确度，在预制外墙上弹出墙体中心线。

在预制墙体上弹出墙体中心线，墙体吊装至指定位置后复核墙体上中线是否与墙体控制线（控制左右走向）一致，同时再用控制墙体内外走向的控制线检查墙体是否安放在了墙体内墙边线上。

根据设计图纸，仔细核对预制墙板编号与吊装孔是否对应。

（2）叠合板测量控制方法

根据楼层标高控制线，搭设满堂架及接缝区域模板，模板位置吊线控制其平面尺寸。叠合板安装完成后复测顶板极差，及时调整顶托。混凝土施工结束及初凝前，再对叠合板底部高度进行复测。确保板底平整度及净高满足设计要求。

（3）楼梯测量控制方法

吊装预制楼梯之前，在预定安装位置测量并弹出相应楼梯构件端部和侧边的控制线，并对安装控制线、平台梁标高进行复核，以节省吊装校准时间并保证安装质量。梯板侧面距剪力墙边线预留30mm的空隙，确保后续建筑抹灰面层的空间。在梯板两端梯梁的挑耳上铺设1：1水泥砂浆找平层（强度等级≥M15），找平层的标高同样要控制准确。

8.预制墙板吊装施工

（1）吊装流程简述

施工准备→基层处理→底部标高确定并放置垫块→预制构件起吊→就位完成，斜撑临时固定→吊装就位→支撑调整→螺栓固定/灌浆→做浆堵缝槽口

（2）试吊与检查

在进行预制构件正式吊装前，由地面指挥工发出指令，将预制构件缓慢调离地面约500mm高度，对起重机械、吊索具进行检查，确认无异常情况时，方可继续进行预制构件吊运。检查构件外观是否存在质量缺陷并对构件进行表面清理。

（3）结构找平

根据施工图纸，准确把握墙体预制构件拼缝的标高，采用垫片进行找平，在垫片找平前用墨斗在放铁片的位置进行标示，后对所有标示点进行超测记录，即混凝土浇筑完成后对轴线、平整度检查无误后，测量出墙体预制构件拼缝的标高，采用垫片进行精确找平，满铺1：2水泥砂浆进行板底坐浆。

（4）预制墙板就位

将预制墙板平稳运行至距楼面500mm左右时停止降落，操作人员手扶墙板引导降落同时观察构件底部是否清理干净，15～19号楼预制墙板检查螺纹盲孔与预埋钢筋是否对孔、盲孔内是否阻塞或有杂物，然后缓慢降落到垫片上后停止降落。复核墙体上中心线是否与墙体边线一致及标高是否与墙体定位线一致后安装斜支撑。待斜支撑固定受力后方可让塔式起重机脱钩。

（5）安装临时斜支撑精确调节

吊装完成后将斜支撑安装在墙板楼面上，斜支撑长螺杆、短螺杆长度预先设计，可调节长度为±500mm。

墙板安装精度调节，利用长短斜支撑调节杆，在垂直于墙板方向、平行于墙板方向以及墙板水平标高放线进行校正调节，调节要求按照预先控制线缓慢调节，具体调节校正措施如下：

1）平行墙板方向水平位置校正措施：通过在楼板面上弹出墙板控制线进行墙板位置校正，墙板按照位置线就位后。若水平位置有偏差需要调节时，则可利用小型千斤顶在墙板侧面进行微调。

2）垂直墙板方向水平位置校正措施：利用短斜撑调节杆进行微调，来控制墙板水平的位置。

3）墙板垂直度校正措施：待墙板水平就位调节完毕后，利用长斜撑调节杆，通过可调节装置对墙板顶部水平位移的调节来控制其垂直度。设计斜支撑示意如

图 2-23 所示，斜支撑调节示意如图 2-24 所示。

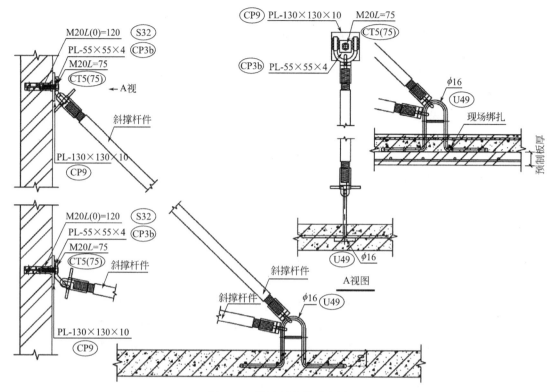

图 2-23 设计斜支撑示意图

图 2-24 斜支撑调节示意图

（6）钢筋绑扎

墙体钢筋绑扎时，严格控制钢筋绑扎质量，保证暗柱钢筋与预制墙体固定形成一体。

墙体钢筋绑扎前先对预留竖筋位置校正，校正之后再绑扎上部竖筋；水平筋绑扎时保证水平一条线。墙体的水平和竖向钢筋错开搭接，钢筋的相交点要全部绑牢。

现浇墙体钢筋纵向控制措施：竖向钢筋采用比墙筋大一型号的钢筋制作成梯子筋，间距1.2m布置；在每层墙筋之间其上、中、下三道短筋长度与墙体等宽顶模筋，端头采用切割机切割磨平并涂刷防锈漆。

墙体钢筋横向控制措施：在墙体上方设置一道水平梯子定位筋，该梯子筋位于顶板上皮100mm；这样还可以保证绑板筋及浇板混凝土时，墙筋根部不偏位。

机电线盒、线管埋设时为了防止位置偏移，采用定制新型线盒，这种线盒有两个穿钢筋套管，使用时利用已穿的附加定位钢筋与主筋绑扎牢固。

现浇节点钢筋绑扎，随墙板吊装穿插进行，在现浇节点内的线盒、穿墙管等需同步跟进，不能影响封模时间。

（7）预制墙板灌浆

1）灌浆料的性能指标及准备

项目钢筋采用金属半灌浆套筒高强灌浆料连接。金属半灌浆套筒连接选用高强80MPa灌浆料。

灌浆料制备前，仔细阅读使用说明书，打开灌浆料包装后，检查灌浆料有无受潮结块。确认可以使用后，严格按照使用说明书中的配合比进行称料。

灌浆前准备事项见表2-39。

灌浆前准备事项   表2-39

项次	准备项目	准备内容
1	技术准备	1. 项目技术负责人根据设计文件、现行标准规范和批准后的专项施工方案,向现场管理人员(质检员、栋号长)和灌浆班组所有人员进行技术交底,并完善交底签字手续。 2. 灌浆施工前,要求构件生产单位或接头供应单位提供所有规格钢筋接头的有效型式检验报告。 3. 灌浆施工前,对不同钢筋生产企业的进场钢筋进行接头工艺检验
2	材料准备	在灌浆施工前备齐相应所需材料、工器具
3	人员准备	所有施工人员应进行专项培训,合格后持证上岗
4	作业条件准备	1. 对预制构件中的每个灌浆套筒进行编号并作出标记,便于灌浆施工过程中的记录。 2. 逐个检查灌浆套筒以及灌浆管、出浆管内有无杂物,可采用空压机向灌浆套筒的灌浆孔吹气以吹出杂物。 3. 检查所有水平缝封缝质量。 4. 检查预制构件斜支撑的固定状态,防止在灌浆过程中发生移位。 5. 检查灌浆料搅拌设备和灌浆设备运作是否正常、无故障。 6. 检查灌浆所需的各类工具

2）封缝

根据图纸要求，对预制构件与现浇混凝土楼板面的缝隙进行封缝处理。

① 封堵前地面需清扫干净，洒水润湿；

② 封堵时需采用专用内衬条，内衬条规格尺寸需根据缝的大小合理选择，确保内衬有效；

③ 封堵时填塞厚度约深 1.5～2cm，一段封堵完后静置约 2min 后抽出内衬，抽出前需旋转内衬，确保不扰动封堵料。各面封缝要保证填抹密实，待封缝料干硬强度达手碰不软塌变形再进行后续工序施工。

3）坐浆

根据抄平高度，使用坐浆料坐浆。坐浆料铺填需饱满，略高于抄平垫片的高度。集束钢筋根部处坐浆料需做成锅底状，以防坐浆料过多进入灌浆套筒内。坐浆示意如图 2-25 所示。

铺浆　　　　　　　　　收边　　　　　　　　　成型

图 2-25　坐浆示意图

4）分仓

根据现行行业标准《钢筋套筒灌浆连接应用技术规程》JGJ 355 要求，连接灌浆区域内任意两个灌浆套筒间距离不宜超过 1.5m。间距超过 1.5m 的，需实行分仓，分仓材料可根据设计要求或相关方案确定，分仓示意如图 2-26 所示。

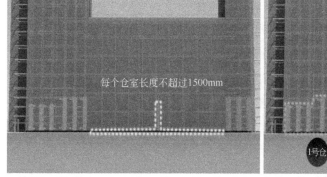 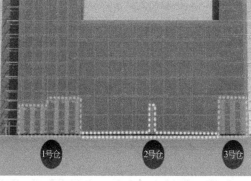

每个仓室长度不超过1500mm

1号仓　　2号仓　　3号仓

图 2-26　分仓示意图

5）灌浆料的拌合

灌浆料与水拌合，严格按照灌浆料出厂检验报告要求的水灰比进行计量，拌合水必须经称量后加入。为使灌浆料的拌合比例准确并且在现场施工时能够便捷地进行灌浆操作，现场使用量筒作为计量容器，根据灌浆料使用说明书加入拌合水。

搅拌枪、搅拌桶就位后，先将约80%的水倒入搅浆桶内再加灌浆料搅拌2～3min后，最后加剩余水，搅拌均匀后静置稍许，排气，然后进行灌浆作业。灌浆料通常可在5～40℃之间使用。应避开夏季一天内温度过高时间和冬季一天内温度过低时间，保证灌浆料现场操作时所需流动性，延长灌浆的有效操作时间。灌浆料初凝时间约为30min，夏季灌浆操作时要求灌浆班组在上午十点之前、下午三点之后进行，并且保证灌浆料及灌浆器具不受太阳光直射，在灌浆操作前，可将与灌浆料接触的构件洒水降温，改善构件表面温度过高、构件过于干燥的问题，并保证在最快时间完成灌浆；该灌浆料操作要求冬季室外温度高于5℃时才可进行灌浆操作，冬期搅拌用水，用加热过的温水搅拌，保证灌入温度高于5℃。

6）灌浆操作

灌浆操作时间：项目考虑现场实际支撑系统配置，每栋楼配置三层，待第二层现浇区施工完成作业后进行第一层的灌浆施工。

预制墙板就位后经过校正微调后方可开始灌浆操作，灌浆应根据灌浆分区分段同时先从灌浆孔处灌入，待灌浆料从溢流孔中冒出，表示预制墙板底20mm灌浆缝灌满。

压力灌浆时，当出浆孔流出圆柱体灌浆料时，应按浆料排出先后依次使用木塞或硬质胶塞封堵出浆孔，封堵时应保持灌浆压力，直至所有进出浆孔都出浆，同时回灌管内浆液上浮至指定位置。如有漏浆须立即从回灌管处补灌损失的浆料。

灌浆施工过程中，需制作同条件试块。灌浆料需留置同条件试块，每楼每层留置一组试块，每组3块，试块规格为16cm×4cm×4cm；原材料直接联系检测中心，送检即可。

灌浆完毕后立即清洗搅拌机、搅拌桶、灌浆桶等器具，以免灌浆料凝固，清理困难，注意灌浆需每灌注完成一次后清洗一次，清洗完毕后方可再次使用，每个班组灌浆操作时必须至少准备三把灌浆筒，其中一把备用。

9.预制楼梯的安装施工

（1）预制楼梯安装工艺流程

准备工作→弹出控制线→楼梯上下口放垫片及铺砂浆找平层→复核楼梯板起吊→楼梯板就位→校正→灌浆

（2）控制线

在楼梯洞口外的板面放样楼梯上、下梯段板控制线。在楼梯平台上划出安装位置（左右、前后控制线），在墙面上划出标高控制线。

（3）找平、标高复核

在梯段上下口梯梁处放置控制标高的垫块，铺水泥砂浆找平层，找平层标高要控制准确；弹出楼梯安装控制线，对控制线及标高进行复核，通过调手拉葫芦的尺寸控制安装标高。

（4）楼梯就位

楼梯起吊时，必须先进行试吊。如果楼梯没有水平，必须调整捆链尺寸，保证构件水平。就位时楼梯板要从上垂直向下安装，在作业层上空 100cm 左右处略作停顿，施工人员手扶楼梯板调整方向，将楼梯板的边线与梯梁上的安放位置线对准，放下时要停稳慢放，严禁快速猛放，以避免冲击力过大造成板面震折开裂。预制楼梯现场吊装示意如图 2-27 所示。

图 2-27　预制楼梯现场吊装示意图

（5）校正楼梯段与平台板连接部位施工

基本就位后用撬棍微调楼梯板，直到位置正确，搁置平实。安装楼梯板时，应特别注意标高正确，校正后再脱钩。

楼梯段校正完毕后，将梯段上口预留孔洞与平台预埋钢筋连接，孔洞内采用灌浆料进行灌浆。

10.叠合板的安装施工

（1）装配式叠合楼板安装工艺流程

测量放线→安装钢管排架支撑→标高调节→安装木方梁→吊装叠合楼板→叠合楼板连接

（2）控制线

测量出叠合板底部标高控制线及安装控制线。将叠合板底部标高控制线弹在周边墙体上，叠合板安装控制线弹在周边墙体或梁水平面上。

（3）钢管排架支撑搭设

根据叠合板平面布置方案，在楼板下部搭设钢管排架支撑，支撑立杆间距 900mm×900mm，支撑离地 200mm 设置扫地杆，中间水平钢管距离 1500mm，距墙边留置适当的操作空间。

排架支撑搭设完毕后，顶部安放 40mm×80mm 的木方两根，进行标高复核，调节标高至设计标高，使其在同一水平高度。叠合板排架搭设示意如图 2-28 所示。

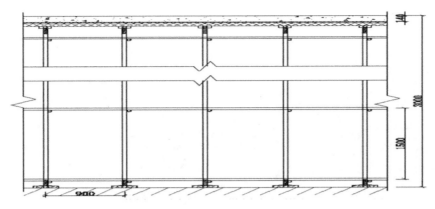

图 2-28 叠合板排架搭设示意图

（4）叠合板安装

叠合板起吊至设计位置后，在作业层上空 500mm 处略作停顿，施工人员手扶楼板调整方向，将板的边线与叠合板的控制线对准，注意避免叠合板上的预留钢筋与墙体钢筋打架，放下时要停稳慢放，严禁快速猛放，以避免冲击力过大造成板面震折裂缝。调整板位置时，要垫以小木块，不要直接使用撬棍，以避免损坏板边角，要保证搁置长度，其允许偏差不大于 5mm。

叠合板安装区域模板应铺装完成，要有足够的操作空间保证吊装安全，外墙边缘区域的外防护脚手架要紧跟到位。叠合板安装如图 2-29 所示。

图 2-29 叠合板安装示意图

（5）钢筋绑扎

叠合板安装完成后敷设穿插穿楼层水平管线，绑扎板面层钢筋。注意高低差部位面筋绑扎及打开箍筋的预埋保护层厚度。叠合板上层钢筋绑扎和管线敷设示意如图 2-30 所示。

11.质量控制要点

（1）构件运输

1）墙板构件运输采用竖直立放式运输以减少运输过程中构件损坏问题发生。

图 2-30　叠合板上层钢筋绑扎和管线敷设示意图

2）叠合梁运输与构件堆放一致，板车面垫置木方，木方上表面覆橡胶垫，达到成品保护效果。

3）叠合板、楼梯运输采用平放运输。运输叠合板时，叠合板底部采用木方上表面覆橡胶垫的方式垫置，可起到减震的作用，避免运输过程中发生损坏。

4）运输车辆可采用大吨位卡车或平板拖车。装车时先在车厢底板上铺两根 100mm×100mm 的通长木方，木方上垫 15mm 以上的硬橡胶垫或其他柔性垫，根据外墙板尺寸用槽钢制作人字形支撑架，人字形架的支撑角度控制在 80°左右。然后将外墙板带外墙瓷砖的一面朝外斜放在木方上。墙板在人字形架两侧对称放置，每摞可叠放 2 块，板与板之间需在 $L/5$ 处加垫 100mm×100mm×100mm 的木方和橡胶垫，以防墙板在运输途中因震动而受损。

5）装好车后，用两道带紧线器的钢丝带将外墙板捆牢。在构件的边角部位加防护角垫，以防磨损墙板的表面和边角。

（2）构件进场

1）根据出厂合格证及图纸要求逐块进行验收，并做好验收记录。

2）特别注意构件甩筋是否凿出、构件拼接处是否凿毛、梁口是否留置、构件上部薄壁是否放反、灌浆孔是否堵塞、灌浆套筒位置是否放反、外墙防水企口是否放反、放线洞及安装预留洞位置是否正确、构件截面尺寸特别是吊模部位截面宽度是否正确等。

3）对照发货单对构件编号、数量进行全数检查。

4）安排构件收料员，专门负责构件的需求对接工作，做好统计工作，此项工作十分关键。

（3）成品保护

1）构件在卸车堆放过程中注意成品保护。现场构件堆放同构件加工厂堆放要求一致。

2）现场堆放场地要求平整坚实。

3）对塔式起重机司机及信号工进行技术、安全方面培训，加强工人成品保护意识。

4）楼梯要及时做好踏步防护。

5）叠合板堆放就位后，禁止在其面上再堆放其他物品或人为踩踏，造成受力点不均，叠合板损坏。

6）要保证叠合梁和叠合板吊装的准确性，避免二次拆装，引起叠合板断裂。

7）构件厂起模时注意强度控制，防止构件因强度不足断裂。

8）构件拆模时，要注意棱角保护。

（4）构件吊装

1）构件吊装前准备工作到位，吊装人员全数到位，吊钩吊具准备妥当，清点构件编号，插架挂堆放构件编号牌。每次吊装前必须进行安全交底。

2）构件吊装要有条理性，技术人员对编号图进行吊装顺序编号，要合理吊装，以防吊装无法进行，吊装顺序很重要。

3）预制构件吊装应采用慢起、快升、缓放的操作方式，应避免小车由外向内水平靠放的作业方式和猛放急刹等现象。

4）预制外墙板就位应采用由上而下插入式安装，保证构件平稳放置。

5）构件吊装校正采用"起吊、就位、初步校正、精细调整"的作业方式，先粗放、再支撑、后精调，充分发挥吊装工效。

6）起吊应依次逐级增加速度，不应越档操作。构件吊装下降时，构件根部应系好缆风绳控制构件转动，保证构件就位平稳。

7）相邻墙板精调完成后应安排电焊工及时将墙板上预埋钢板焊接到位。

8）预制叠合梁板、楼梯支撑体系采用碗扣架支撑，支撑间距不大于2m。支撑距离墙板50cm。

9）墙板垫片标高用水准仪按设计标高进行找平。

10）墙板构件斜支撑与地平面夹角宜控制在60°左右。

11）应根据轴线、构件边线、测量控制线，用2m靠尺、塞尺对墙体轴线及竖向构件间平整度进行校正，确保墙体轴线、墙面平整度满足质量要求。

12）对于叠合梁、板采用平衡梁多点吊装。

13）水平构件吊装前，应清理连接部位的灰渣和浮浆；根据标高控制线，复核水平构件的支座标高，对偏差部位进行切割、剔凿或修补，以满足构件安装要求。

14）吊装水平构件时下方应放置临时支撑防止构件因挠度过大发生破坏。

15）有门洞构件吊装一定要注意挂钩，通过双腿链条调节器，使构件处于水平平衡状态，这样吊装时，构件不容易损坏。

（5）灌浆操作要点

在使用坐浆料前，先用清水润湿需坐浆封堵位置，再用坐浆封堵。坐浆料作业完成后不可扰动，抹压完成24h后，可进行构件连接灌浆作业。

气温高于25℃时，灌浆料应储存于通风、干燥、阴凉处，运输过程中应注意避免阳光长时间照射。夏季晴天时，由于阳光照射，预制构件表面温度远高于气温。

当表面温度高于 30℃时，应预先采取降温措施。拌合水水温应控制在 20℃以下，不得超过 25℃，尽可能现取现用。搅拌机和灌浆泵应尽可能存放在阴凉处，使用前应用水降温并润湿，搅拌时应避免阳光直射。

构件安装前，应把构件与灌浆料接触面润湿，并检查构件待连接钢筋的伸出长度，保证插入套筒的长度达到 8d（d 为钢筋公称直径）。

多个接头连通灌浆时，应按以下流程进行：

1）首先将所有注浆口塞堵打开，封堵所有排浆口；

2）从任一侧位于中间的接头灌浆口进行灌浆（禁止两个灌浆口同时灌浆）；

3）当某一注浆口溢出砂浆时应及时进行封堵，所有注浆口均完成封堵后，同时打开排浆口的塞堵；

4）逐一将溢出砂浆的排浆孔用塞堵塞住，待所有套筒排浆孔均有砂浆溢出时，停止灌浆。

使用灌浆枪或灌浆泵进行套筒灌浆，手动灌浆枪为针管状，靠人力将砂浆压入接头内部，适用于单个或少数接头逐一灌浆；电动灌浆泵适用于采用联通腔方式对多个接头一同灌浆。套筒排浆孔溢出均匀的砂浆后立即封堵注浆孔和排浆孔。

按照现场检验规定，使用同一班次同一批号的灌浆料应至少作一次流动度测试。

灌浆完毕，立即用水清洗搅拌机、灌浆泵和灌浆泵管等器具。灌浆后 1 天内，构件不可受到振动。

（6）模板支设

1）为了防止胀模，模板两侧开 3cm 宽 2mm 厚凹口。

2）模板与墙体拼缝处垂直、顺滑，粘贴海绵条，防止漏浆现象。

3）模板与混凝土交接处均匀涂刷脱模剂，确保拆模时混凝土外观质量良好。

4）浇筑混凝土前对模板垂直度、平整度进行验收。

5）模板拼缝方正。

6）叠合板与叠合板拼缝现浇节点处，模板两侧开 3cm 宽 2mm 厚凹口，调节可调支撑，保证板底标高。

7）模板拆除后，要清理模板面的浮浆。

8）模板封模前，将模板下口的垃圾，用吹风机吹干净，避免带来渗水隐患。

9）现浇节点支模部位，两边要求加工厂每边预留 10cm 保温板不贴，这样可以好支模且可以及早发现并处理渗漏点。不建议直接外挂保温封模施工。

10）如果墙板反打保温板，墙板下口和上口最好各留 15cm 保温不贴，这样可以保证水平缝封堵密实，且可以对水平缝处做防渗漏处理。

11）大房间叠合板之间会预留 20cm 拼缝，这样一定要保证拼接节点处的平整度和标高。

12）模板龙骨的刚度要保证，且支模要防漏浆。其实也可以考虑用铝模板，用在超高层比较经济，模板龙骨最好用 40mm×40mm 铝合金方钢。

12. 水电安装（简要说明）

（1）在绑扎板面筋前根据图纸要求铺设水电管线，注意水平方向与竖直方向水电接头位置控制。

（2）水电接头安装一定要在注浆前完成，防止因灌浆造成管线阻塞。

（3）竖向现浇节点如有防雷接地要求，安装必须在合模验收前完成。

（4）板面支撑点焊接前，技术交底电焊工注意对已完成水电管线的成品保护工作。

（5）现浇节点内，穿线和预埋线盒要在钢筋绑扎完成后，及时穿插施工。

13. 钢筋绑扎、校正（简要说明）

（1）钢筋绑扎必须按图纸设计要求间距开线。

（2）预制叠合梁底部钢筋间距及外伸长度，必须与图纸相符。

（3）叠合板外露钢筋长度一致，注意受力筋与分布筋的方向。

（4）预制墙板纵向主筋外露长度与注浆孔长度匹配。预制墙板水平筋和箍筋外露长度必须与现浇节点宽度一致，并考虑保护层厚度。

（5）现浇节点钢筋必须竖直，箍筋绑扎牢固，间距符合设计要求。

（6）下层墙板的纵向钢筋，在浇筑混凝土前用钢筋限位框固定到位，绑扎牢固。

（7）楼面混凝土浇筑完成后，应根据放好的钢筋位置定位线，进行校正。

（8）穿梁上部面筋时，箍筋的弯折要一次性到位，避免来回弯折。

（9）竖向节点内的箍筋不能改为拉钩。如遇特殊部位不好施工，则可选择用 2 个开口箍焊接，保证焊接搭接长度。

（10）现浇节点内的拉钩不能缺失。

14. 预埋件放置（简要说明）

（1）在面筋绑扎完成后，根据技术交底要求，将地埋螺栓固定就位，必须全数检查。

（2）地埋螺栓螺杆头用胶带包裹。

（3）构件预埋钢板位置及标高要与图纸相符。

（4）墙板上的黑头螺栓套筒，位置要检查，看是否与现浇节点支模冲突。

15. 混凝土浇筑（简要说明）

（1）控制好平仓板面标高。

（2）混凝土坍落度要检查。

（3）竖向现浇节点部位混凝土强度等级较原设计等级提高一个等级且不小于 C35。

（4）混凝土振捣要密实。

（5）外墙防水启口部位，收面要平整，外观质量较好。

（6）现浇节点部位除用振捣棒外，还应派专人敲击模板，确保混凝土流动性良好。

16. 外脚手架防护体系（简要说明）

本工程所有装配式住宅楼底部采用双排钢管扣件式落地脚手架，从地下室顶板搭设至六层，六层以上采用花篮螺栓固定式斜拉悬挑脚手架。

注：外脚手架防护工程另行编制详细的专项方案，悬挑钢梁设置在预制构件上的，需设计复核。

17. 质量检查要求（见第九章）

2.10.5 安全文明施工

1. 组织保证措施

成立以项目经理为组长的项目安全管理委员会，安全生产管理体系如图 2-31 所示。

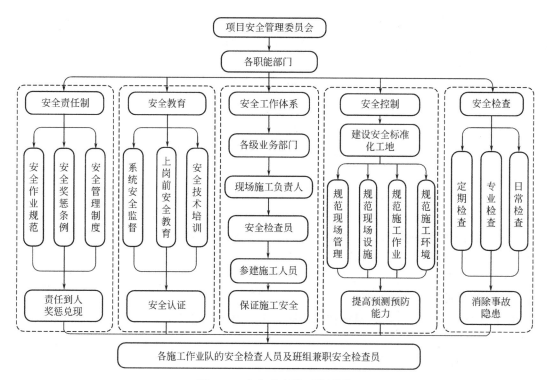

图 2-31 安全生产管理体系图

安全生产管理主要职责见表 2-40。

安全生产管理主要职责　　　　　　　　　　　　　　表 2-40

项目经理	工程项目安全生产第一责任人，对项目施工全过程的安全生产负全面领导责任
安全负责	项目安全责任人之一。全面负责现场安全管理，贯彻和宣传有关的安全生产法律法规，组织落实上级的各项安全施工管理规章制度，并监督检查执行情况。负责各专业工程施工的安全管理工作
技术负责人	对工程项目的安全负总的技术责任，严格审核安全技术方案、技术交底等，贯彻落实国家安全生产方针、政策，严格执行安全技术规程、规范、标准及上级安全技术文件
土建负责人 机电负责人	对各专业安全生产负直接责任，协助项目经理贯彻落实安全法律法规和各项规章制度。负责配合合约商务部组织考察专业承包的安全能力，在合同文件中对相关方提出安全方面的要求。协助项目经理贯彻落实安全法律法规和各项规章制度，协调与其他专业的安全管理工作
技术部门	负责施工技术管理中与安全生产相关的工作；负责编制各类主要技术方案中的安全内容

土建施工部门	负责土建结构和初装修工程安全工作,落实施工方案中安全措施;协助安全管理部进行现场安全管理和实施工作
机电安装部门	负责机电工程中安全工作,落实施工方案中安全措施;协助安全管理部进行现场安全管理和实施工作
安全管理部门	贯彻和宣传有关的安全法律法规,组织落实上级的各项安全施工管理规章制度,并监督检查执行情况,对现场安全进行全面的负责和管理
物资设备部门	负责对购置的物资材料、设备设施及安全防护用品的检查验收,采购前将产品合格证及有关技术资料交安全管理部审查,进行实物检验,严禁伪劣产品进入现场
行政管理部门	掌握现场施工人员的综合状况信息,特别是特种作业人员的情况,并提出管理意见,协调安全管理部进行安全管理
预算部门	落实与安全生产相关的资金,协助安全管理部工作。组织考察专业承包的安全能力。在合同文件中对相关方提出安全生产方面的要求

2.结构施工阶段重大危险源的识别

按照职业健康安全管理体系思路,结合本工程施工的特点、施工工艺,针对结构施工阶段进行重大危险源识别,制定针对性的控制措施,有效地控制和降低现场的安全风险。施工阶段重大危险源识别见表 2-41。

施工阶段重大危险源识别   表 2-41

序号	重大危险源名称	可能导致的事故	控制措施	所处施工阶段
1	塔式起重机安装、使用	设备倾覆、人员伤亡	编制安装方案,旁站监控	主体
2	群塔作业	塔机受损、人员伤亡	编制群塔作业方案,严格实施	主体
3	吊装作业	高处坠落、物体打击	编制专项方案,旁站监控	主体
4	施工用电	随地拖线、人员触电	编制用电方案,合理布设,禁止随意走线	主体
5	交叉作业	物体打击	从时间、空间上尽量避开,并采取防护隔挡措施	主体
6	模板工程	模板支撑架坍塌	编制专项方案,详细交底,严格过程控制、验收	主体
7	现场火灾	工程受损、人员伤亡	消防安全教育 消防设施配备	主体

针对以上识别出的重大危险源制定控制措施,施工过程中严格执行,确保受控。重大危险源控制措施见表 2-42。

项目重大危险源控制措施   表 2-42

重大危险源一:塔式起重机安装、使用	
控制目标	杜绝起重设备事故,保证设备正常运转

重大危险源一:塔式起重机安装、使用	
控制措施	1)编制塔式起重机基础施工方案,塔式起重机装拆方案,并严格评审。 2)安装前开展专项安全技术交底,并签名备查。 3)严格按方案选用汽车式起重机,并进场查验,合格方可投入安装。 4)确定汽车式起重机的站位,与方案所设定的工作半径、初装高度进行复核,确保汽车式起重机的使用安全。 5)按塔式起重机使用说明书的安装顺序逐次安装,并紧固牢靠。 6)顶升到群塔作业所设定的高度,形成高低差,检测合格并经过验收后方可投入使用

重大危险源二:群塔作业	
控制目标	杜绝交叉碰撞事故,保证设备正常运转
控制措施	1)编制群塔作业施工方案,并严格进行评审。 2)塔式起重机安装高度必须统一规划设计,错开一定的高度,保证群塔作业施工安全。 3)选派有实际工作经验、责任心强的指挥人员担任现场信号指挥工作。 4)塔机指挥中心在保证安全生产的前提下,本着就快不就慢的原则,根据工程进度,统一确定塔机顶升高度和到位时间。各塔机必须按塔机指挥中心确定的高度、时间,如期完成顶升,不得提前或延时

重大危险源三:吊装作业	
控制目标	防止高处坠落、物体打击事故发生
控制措施	1)进行安全交底,按交底内容做好安全防护措施。 2)严格按方案进行吊装、固定。 3)未经过相关人员审批,严禁拆除支撑。 4)吊索吊具必须符合规范要求,合理使用。 5)所有吊装设备必须完好,定期检查。 6)特殊工种持证上岗

重大危险源四:交叉作业	
控制目标	防止物体打击事故发生
控制措施	1)进行安全交底,按交底内容做好安全防护措施。 2)从时间、空间上尽量避开,并采取防护隔挡措施。 3)进出现场部位设置专用安全通道。 4)工完场清,避免操作工具、材料以及废料放置在危险地带,坠落伤人

重大危险源五:施工用电	
控制目标	杜绝触电事故的发生,保证用电安全
控制措施	1)编制临时用电专项施工方案,严格履行方案审批手续。 2)施工现场临时用电采用三相五线制,做到一机一闸一保护。 3)严格执行现场过程管理,认真落实方案中的各项措施,并指派专业电工24小时对现场进行巡视监控检查,杜绝违章用电。 4)对电工进行培训,并定期检查维护

重大危险源六:模板支撑工程	
控制目标	杜绝支撑体系坍塌造成人员伤亡事故

重大危险源六:模板支撑工程	
控制措施	1)编制《模板专项施工方案》,严格履行论证和方案审批手续。 2)进场的钢管、木枋、模板等材料必须具备有效的质量证明,进场后由相应部门组织现场检验,严禁不合格材料的使用。 3)模板吊装时,预先根据每块模板的重心设置吊点,防止模板掉落。 4)对方案进行逐级交底,专业工长在施工现场指导,严格控制满堂架立杆、横杆及剪刀撑的间距,加强过程控制。 5)高处脚手架搭设及模板施工时必须拉设水平安全兜网。 6)对搭设好的支撑架由相关部门组织进行验收。 7)混凝土浇筑时,应及时摊开,避免集中堆放,对模板产生过大荷载,并派专业木工看模,处理混凝土浇筑时出现的模板问题。 8)模板拆除时,混凝土强度必须满足拆模要求,模板及支撑架应按顺序拆除
重大危险源七:现场火灾	
控制目标	杜绝重大火灾事故
控制措施	1)严格按照国家及地方消防要求进行现场消防平面布置。 2)定期进行消防安全教育,提高全员防火意识。 3)进行消防应急预案演练。 4)焊接等需动火作业严格执行审批制度,火花不能飞溅,必须设围挡,避免伤人或引起火灾;作业现场配置消防器材,跟踪监控检查。 5)电气焊设备、配电箱等按规程布置并状态良好,操作工人要有专业上岗证书

3.安全技术措施

(1)参加起重吊装作业人员,包括司机、起重工、信号指挥(对讲机须使用独立对讲频道)、电焊工等均应接受过专业培训和安全生产知识考核教育培训,取得相关部门的操作证和安全上岗证,并经体检确认方可进行高处作业。

(2)复合外墙板堆场区域内应设封闭围挡和安全警示标志,非操作人员不准进入吊装区,构件起吊前,操作人员应认真检验吊具各部件,详细复核构件型号,做好构件吊装的事前工作。起吊时,堆场区及起吊区的信号指挥与塔式起重机司机的联络通信应使用标准、规范的普通话,防止因语言误解产生误判而发生意外。起吊与下降的全过程应始终由专职信号工统一指挥,严禁他人干扰。

(3)构件起吊至安装位置上空时,操作人员和信号指挥应严密监控构件下降过程。防止构件与竖向钢筋或立杆碰撞。下降过程应缓慢进行,降至可操控高度后,操作人员迅速扶正挂板方向,导引至安装位置。在构件安装斜拉杆、脚码前,塔式起重机不得有任何动作及移动。

(4)起吊用吊梁、吊索等工具应使用符合设计和国家标准,经相关部门批准的指定系列专用工具。

(5)所有参与吊装的人员进入现场应正确使用安全防护用品,戴好安全帽。在2m以上(含2m)没有可靠安全防护设施的高处施工时,必须戴好安全带。高处作业时,不能穿硬底和带钉易滑的鞋施工。

（6）吊装施工时，在其安装区域内行走应注意周边环境是否安全。临边洞口、预留洞口应做好防护，吊运路线上应设置警示栏。

（7）使用手持电钻进行楼面螺丝孔钻孔工作时，应仔细检查电钻线头和插座是否破损。配电箱应有防触电保护装置，操作人员须戴绝缘手套。电焊工、氧气乙炔气割人员操作时应开具"（）级动火证"并有专人监护。

（8）操作人员不得以自保温复合外墙板的预埋连接筋作为攀登工具，应使用合格的标准梯。在自保温复合外墙板与结构连接处的混凝土强度达到设计要求前，不得拆除临时固定的斜拉杆、脚码。施工过程中，斜拉杆上应设置警示标志，并专人监控巡视。

（9）施工层吊装前，外围防护架需提前搭设完成，超出施工楼层一层高度。

（10）吊装过程中安全员应全程监护，确保吊装过程安全、合规。

4. 文明、绿色施工措施

文明施工是建筑业和社会的需要。文明施工管理的水准是反映一个现代企业的综合管理水平和竞争能力的重要特征。按照江苏省住房和城乡建设厅颁发的《江苏省建设工程现场文明施工管理办法》，对派驻工程的一切人员进行教育，提高文明素质，提高管理水平，要以崭新的精神面貌展现给社会各方面，把文明施工作为维护企业形象、企业信誉的基本工作。

（1）现场围栏设计

工地现场设置连续、密闭的砖砌围墙，高度不低于 2.5m，牢固完整，整齐美观，围墙外部做简易装饰，色彩与周围环境协调。场地出入口庄重美观，大门口设门卫室和升降栏杆。

（2）现场工程标识牌

设计应参照公司项目形象标准体系制作。

（3）现场场地和道路

场内道路要平整、坚实、畅通。主要场地应全部硬底化，并设置相应的安全防护设施和安全标志。施工现场内有完善的排水措施，不允许有积水存在。

（4）噪声控制

1）尽量采用低噪声的施工工艺和方法。

2）禁止在夜间 10 点至早上 6 点进行产生噪声的建筑施工作业。若由于施工不能中断的技术原因和其他特殊情况，确需在该时段连续施工作业的，应向建设行政主管部门和环保部门申请，核准后才能开工。

（5）运输车辆

1）运输车辆必须冲洗干净后才能离场上路行驶。

2）装运建筑材料、土石方、建筑垃圾及工程渣土的车辆，应采取有效措施，保证行驶途中不污染道路和环境。

（6）现场卫生管理

1）明确施工现场各区域的卫生责任人。

2）食堂必须符合卫生标准，生、熟食操作应分开，熟食操作时应有防蝇间或防蝇罩。禁止使用塑料制品作熟食容器，炊事员和茶水工需持有效的健康证明上岗。

3）施工现场应设置卫生间，并有水源供冲洗，同时设简易化粪池或集粪池，加盖并定期喷药，每日有专人负责清洁。

4）设置足够的垃圾池和垃圾桶，定期搞好环境卫生、清理垃圾，施药除"四害"。

5）建筑垃圾必须集中堆放并及时清运，做到工完场清。

6）工地应设茶水亭和茶水桶，做到有盖、加锁和有标识。

7）夏季施工应有防暑降温措施。

8）配备保健药箱，购置必要的急救、保健药品。

（7）现场安全、保卫

1）建立健全安全、保卫制度，落实治安、防火。计划生育管理责任人。

2）施工现场配备专职保卫人员，昼夜值班，做好进入施工现场人员的登记手续，防止外来人员随便进入施工现场。施工现场的车辆必须登记进场，在场内要服从现场人员的调度安排。

3）施工现场的管理人员、作业人员必须佩戴工作卡，标明相片、姓名、单位、工种或职务，管理人员和作业人员的工作卡应分颜色区别。

4）现场不准留宿家属及闲杂人员。

（8）文明施工教育

施工现场要利用黑板报和其他形式对员工进行法纪宣传教育工作，使施工现场各类施工人员知法、懂法并自觉遵守和维护国家的法律法令，提高员工的法纪观念，防止和杜绝盗窃、斗殴及进行黄、赌、毒等非法活动的发生。

5.结构支撑系统稳定性监控措施

（1）构件安装过程中要严格按照技术规范施工，所有锚固件、支撑系统必须安装牢固，搁置长度必须满足设计要求，安装班组自检合格后，项目质检组联合安全组联合验收，并形成书面文件。

（2）相邻叠合板板面桁架筋点焊拉通，确保现浇楼面的整体稳定性。

（3）布料机底部按专项方案进行加固处理，不得随意移动布料机位置。

（4）钢管支架支撑系统使用前检查基础是否平整坚实，立杆与基础间无松动、悬空现象，底座、支垫应符合规定；搭设的架体三维尺寸应符合设计要求，搭设方法和斜杆、钢管剪刀撑等设置应符合规程规定；可调托座和可调底座伸出水平杆的悬臂长度应符合设计限定要求；水平杆扣接头与立杆连接盘的插销应击紧至所需插入深度的标志刻度。

（5）严格控制实际施工荷载不超过设计荷载，对出现超过最大荷载的情况要有相应的控制措施，钢筋等材料不得在支架上方堆放。

（6）钢管支架支撑系统在搭设、预制构件吊装、混凝土振捣过程中及混凝土终凝前后，安排专职人员动态监测支撑体系位移情况，发现异常情况，及时采取措施确保支撑系统安全。交叉支撑、水平加固杆等不得随意拆卸，因施工需要临时局部拆卸时，施工完毕后应立即恢复。

2.10.6 施工管理及作业人员配备和分工

1.项目部组织措施

项目部组织构架如图 2-32 所示。

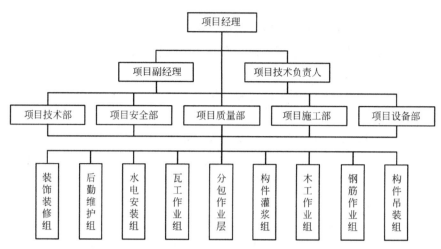

图 2-32 项目部组织构架图

项目部主要岗位责任分解见表 2-43。

项目部主要岗位责任分解表 表 2-43

部门	对应工作内容
项目经理	全面负责施工现场生产计划及管理工作,负责生产任务的下达,组织施工,编制并督促进度、计划、质量、安全等规章制度的执行,解决现场生产、构件安装等各环节需要协调的问题,确保工程顺利进行并达到规定标准
项目副经理	协助项目经理负责整个工程施工产生的管理工作,对工程施工进度、质量和安全负责。受项目经理委托,处理具体的分包商的资格审查及招标工作,并主持分包商协调会,落实各项工作和管理指令
项目技术负责人	1.协助项目经理全面负责工程技术工作,组织工人进场前的技术培训以及安全教育,熟悉装配式混凝土建筑施工技术各个环节,负责施工技术方案及措施的制定和编制。 2.收集各项与工程施工有关的技术资料,组织相关人员进行分析,针对工程的特点对现场技术管理人员进行施工前的技术交底
技术部	负责对接 PC 构件厂的构件深化设计、生产方案审核、生产及进场计划报送、相关资料整理等相关技术问题处理及对劳务班组的安全技术交底工作
安全部	负责构件到场后的卸车、堆放、吊装等的安全管理
质量部	负责构件进场的质量检验,及吊装过程中的质量检查控制
施工部	1.负责工程项目的具体施工任务,装配式建筑各个施工环节的施工顺序及工艺,组织协调、合理安排各施工工序。 2.做好零配件、预埋件翻样及加工制作计划,编制好成品、半成品、低值易耗品等用量计划,及时做好货源组织工作
设备部	负责构件到场后的设备资源协调,道路交通运输、垂直运输等相关事宜,总体负责现场所有施工设备的正常运转,满足构件到场的卸车、堆放、吊装工作

部门	对应工作内容
各相关班组	服从项目经理部的协调部署,负责各班组自身施工任务的质量、安全、进度满足项目要求

2.特种作业人员及其余作业人员劳动力安排

施工劳务人员是工程施工的直接操作者,是装配式结构工程质量、进度、安全的直接 保证者,为保证施工顺利进行,对劳务人员进行如下准备:

(1) 施工前选择有经验的劳务管理人员,熟悉整体吊装流程及细部构造。

(2) 施工前选择有丰富施工经验的吊装队伍进行吊装,特别是选定参加过装配式结构 吊装及相关结构工程的队伍,施工前对吊装人员进行相应的培训。

(3) 施工前选择有吊装经验的塔式起重机司机及塔式起重机指挥并对其进行 PC构件吊装培训,培训合格后方可上岗,保证构件吊装过程中进度及安全得到 保障。

劳动力使用安排见表2-44。

栋号楼劳动力使用情况 表2-44

吊装工	8人	木工	20人	塔司	2人	卸构件人员派专
灌浆工	4人	混凝土工	8人	信号工	2人	有班组负责,采取
钢筋工	14人	电焊工	2人	普工	2人	"两班倒"作业。

3.专职安全生产管理人员

专职安全员配置见表2-45。

专职安全员配置表 表2-45

序号	姓名	岗位	备注
1	***	安全主管	安全总负责
2	**	专职安全员	
3	***	安全员	PC吊装负责人
4	**	专职安全员	
5	**	专职安全员	

2.10.7 验收要求

验收内容见第三章和第九章。

2.10.8 应急处置措施

1.应急机构设置

(1) 为防止突发事件,能迅速有效地采取正确措施,最大限度地减少突发事件 对施工的影响,保证工程施工质量,特制定本应急准备和响应预案。

(2) 项目部成立应急救援小组,负责施工应急工作的指挥和协调,应急组织的分工及人数应根据事故现场需要灵活调配。

（3）应急救援小组成立抢险救援组、医疗救护组、紧急疏散组、后勤保障组、事故调查组、善后处理组、通信联络组等。

（4）项目部应急救援小组构架如图 2-33 所示。

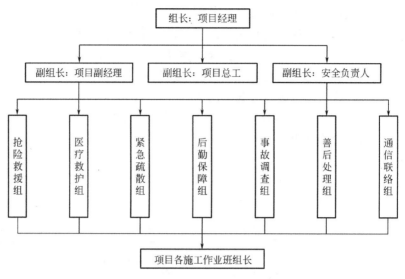

图 2-33　应急组织机构图

（5）应急组织机构主要责任人联系方式：

项目负责人：＊＊＊　　　　手机：＊＊＊＊＊＊＊＊＊＊＊

项目安全员：＊＊＊　　　　手机：＊＊＊＊＊＊＊＊＊＊＊

（6）应急组织机构分工职责见表 2-46。

组织机构分工职责　　　　　　　　　　　　　表 2-46

小组名称	责任人	职责
小组总指挥	＊＊＊	现场事故救援协调指挥、应急处理
抢险救援组	＊＊＊	负责实施应急抢险救援抢救、转运伤员；事故现场的清理和危险源的排除工作，控制事态的发展；协助外部进行抢险行动；及时向项目施工现场应急指挥小组汇报抢险进展情况
医疗救护组	＊＊＊	负责伤员临时救护，做好伤员伤情登记，协助外部医疗机构进行救援
紧急疏散组	＊＊＊	负责现场警戒，组织、引导人员疏散，阻止非抢险救援人员进入事故区域，负责现场抢险道路疏通，维护现场治安秩序
后勤保障组	＊＊＊	负责及时提供抢救物资车辆、资金等
事故调查组	＊＊＊	负责事故现场保护和图纸的测绘；查明事故原因，提出防范措施；提出对事故责任者的处理意见
善后处理组	＊＊＊	负责做好对遇难者家属的安抚工作；协调落实遇难者家属抚恤金和受伤人员住院问题；做好其他善后事宜
通信联络组	＊＊＊	负责事故现场通信联络，以及第三方救援，及时与伤员家属取得联系

2. 应急救援工作处置程序

工地如突发因工重伤、死亡事故，各项目部必须立即组织抢救伤员，保护现场，并以最快方式向公司领导和公司工程管理科报告简要情况，应急救援工作处置程序如图 2-34 所示。

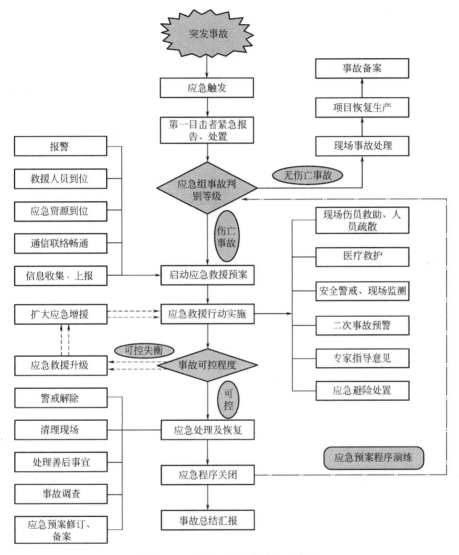

图 2-34　应急救援工作处置程序图

3. 救援方法

（1）高空坠落应急救援方法

1）现场只有 1 人时应大声呼救；2 人以上时应有 1 人或多人拨打"120"急救电话及马上报告应急救援领导小组抢救。

2）仔细观察伤员的神志是否清醒、是否存在昏迷、休克等现象，并尽可能了解伤员落地的身体着地部位，和着地部位的具体情况。

3）如果是头部着地，同时伴有呕吐、昏迷等症状，很可能是颅脑损伤，应该迅速送医院抢救。如发现伤者耳朵、鼻子有血液流出，千万不能用手帕棉花或纱布去堵塞，以免造成颅内压增高或诱发细菌感染，危及伤员的生命安全。

4）如果伤员腰、背、肩部先着地，有可能造成脊柱骨折，下肢瘫痪，这时不能随意翻动，搬运时要三个人同时同一方向将伤员平直抬于木板上，不能扭转脊柱，运送时要平稳，否则会加重伤情。

（2）物体打击应急救援方法

1）当物体打击伤害发生时，应尽快将伤员转移到安全地点进行包扎、止血、固定伤肢，应急以后及时送医院治疗。

2）止血：根据出血种类，采用加压包止血法、指压止血法、堵塞止血法和止血带止血法等。

3）对伤口包扎：以保护伤口、减少感染，压迫止血、固定骨折、扶托伤肢，减少伤痛。

4）对于头部受伤的伤员，首先应仔细观察伤员的神志是否清醒，是否昏迷、休克等，如果有呕吐、昏迷等症状，应迅速送医院抢救，如果发现伤员耳朵、鼻子有血液流出，千万不能用手巾、棉花或纱布堵塞，因为这样可能造成颅内压增高或诱发细菌感染，会危及伤员的生命安全。

5）如果是轻伤，在工地简单处理后，再到医院检查；如果是重伤，应迅速送医院拯救。

（3）预备应急救援物资

预备应急救援物资见表2-47。

应急救援物资　　　　　　　　　　　　　　　　表2-47

序号	器材或设备	数量	主要用途	备注
1	支撑架	若干	支撑加固	库房储备
2	模板、木枋	若干	支撑加固	库房储备
3	担架	4个	用于抢救伤员	库房储备
4	止血急救包	8个	用于抢救伤员	库房储备
5	手电筒	5个	用于停电时照明求援	库房储备
6	应急灯	4个	用于停电时照明求援	库房储备
7	爬梯	2樘	用于人员疏散	库房储备
8	对讲机	6台	联系指挥求援	库房储备
9	药箱	2个	用于抢救伤员	库房储备
10	起重机	1台	用于调运堆压材料	事发时与租赁联系
11	汽车	1台	用于运输伤员	自备

4.急救电话及医院

本项目地理位置东至＊＊路，南至＊＊路，北至＊＊路。距离项目最近的综合医院为＊＊人民医院，最短距离4.2公里，预计车程8分钟，具体行车路线如图2-35所示。医院：＊＊人民医院；联系电话：＊＊＊＊-＊＊＊＊＊＊＊＊；求助热线：＊＊＊＊＊＊＊＊＊＊＊。

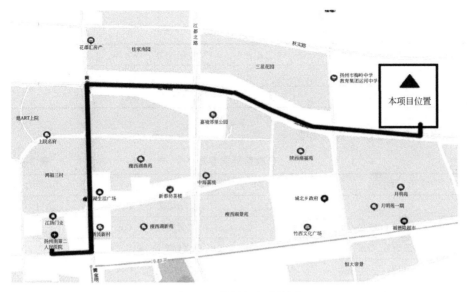

图 2-35　救援行车路线图

2.10.9　计算书及其他内容

1. 自制扁担梁验算

（1）计算依据

《钢结构设计标准》GB 50017-2017；

《起重吊装计算及安全技术》。

（2）基本参数

假设最重构件为 3.3t，外形如图 2-36 所示。

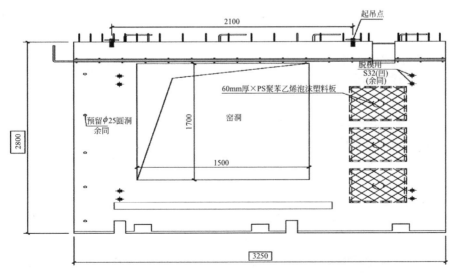

图 2-36　预制板墙示意图

计算验算 PC 板墙参数见表 2-48。

预制板墙参数　　　　表 2-48

最重板墙型号	YWHQ-(A)-11L、R	尺寸(m):宽×高×厚	3.25×2.8×0.2
吊点距离 l_0(m)	2.1	构件自重 P_{gk}(kN)	33
永久荷载的分项系数 γ_g	1.3	可变荷载的分项系数 γ_q	1.5

扁担梁截面参数见表 2-49。

自制扁担梁参数　　　　表 2-49

截面类型	工字钢	截面型号	20a 号工字钢
材质	Q235	X 轴塑性发展系数 γ_x	1.05
截面面积 A(cm²)	35.5	截面惯性矩 I_x(cm⁴)	2370
截面抵抗矩 W_x(cm³)	237	自重标准值 g_k(kN/m)	0.273
抗弯强度设计值 $[f]$(N/mm²)	215	抗剪强度设计值 τ(N/mm²)	125
回转半径 i_x(cm)	8.17	挠度控制	1/250
弹性模量 E(N/mm²)	206000	长细比允许值 $[\lambda]$	150

（3）计算简图

计算简图如图 2-37 所示。

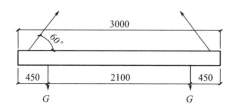

图 2-37　计算简图

扁担梁长细比验算

$\lambda = l_0/i_x = 210/8.17 = 25.7 <$ ［λ］＝150　满足要求。

（4）扁担梁稳定性验算

1）扁担梁内力计算（考虑附加动力系数 1.2）

$g_{总} = g_k \times 1.2 = 0.273 \times 1.2 = 0.328kN/m= 0.33$N/mm

2）由扁担梁自重产生的跨中弯矩：

$$M_x = \frac{1}{8} g_{总} l_0^2 = \frac{0.33 \times 2100^2}{8} = 181912.5 \text{N/mm}$$

3）侧向弯矩：

$$M_y = \frac{1}{10} M_x = 18191.25 \text{N/mm}$$

4）吊重对扁担梁的轴向压力 N

$$N = \frac{0.5G \times 1.5}{\tan\alpha} = \frac{0.5 \times 33 \times 1.5}{\tan 60} = 14.29 \text{kN}$$

5）整体稳定性

$\sigma = N/A + M_x/(\gamma W_x) + M_y/(\gamma W_y)$

$= 14290/3550 + 181912.5/(1.05 \times 237000) + 18191.25/(1.2 \times 31500)$

$= 4.03 + 0.73 + 0.48 = 5.24 \text{N/mm}^2 \leqslant [f] = 215 \text{N/mm}^2$ 满足要求。

2. 吊绳计算书

本工程选用 6×19，$\phi 18.5\text{mm}$ 钢丝绳作为扁担梁起吊用钢丝绳进行验算，吊装过程中以最不利的板墙吊装来进行验算，选择钢丝绳。

（1）计算依据

《建筑施工起重吊装工程安全技术规范》JGJ 276—2012；

《建筑施工计算手册》江正荣编著；

《建筑材料规范大全》。

（2）钢丝绳容许拉力计算

钢丝绳容许拉力可按式（2-1）计算：

$$[F_g] = aF_g/K \tag{2-1}$$

式中：$[F_g]$——钢丝绳的容许拉力；

F_g——钢丝绳的钢丝破断拉力总和，取 $F_g = 180.00\text{kN}$；

α——考虑钢丝绳之间荷载不均匀系数，$\alpha = 0.85$；

K——钢丝绳使用安全系数，取 $K = 6 \sim 8$；

经计算得 $[F_g] = 180.00 \times 0.85/7 = 21.86\text{kN}$。

（3）钢丝绳的复合应力计算

钢丝绳在承受拉伸和弯曲时的复合应力按式（2-2）计算：

$$\sigma = F/A + d_0 E_0/D \tag{2-2}$$

式中：σ——钢丝绳承受拉伸和弯曲的复合应力；

F——钢丝绳承受的综合计算荷载，取 $F = 49.5\text{kN}$（$\gamma_Q \times 33 = 49.5$）；

A——钢丝绳钢丝截面面积总和，取 $A = 245.00\text{mm}^2$；

d_0——单根钢丝的直径（mm），取 $d_0 = 1.00\text{mm}$；

D——滑轮或卷筒槽底的直径，取 $D = 343.00\text{mm}$；

E_0——钢丝绳的弹性模量，取 $E_0 = 20000.00\text{N/mm}^2$。

经计算得 $\sigma = 49500.00/245.00 + 1.00 \times 20000.00/343.00 = 260.35\text{N/mm}^2$。

（4）钢丝绳的冲击荷载计算

钢丝绳的冲击荷载可按式（2-3）计算：

$$F_s = Q[1 + (1 + 2EAh/QL)^{1/2}] \tag{2-3}$$

式中：F_s——冲击荷载；

Q——静荷载，取 $Q = 49.5\text{kN}$；

E——钢丝绳的弹性模量，取 $E = 20000.00\text{N/mm}^2$；

A——钢丝绳截面面积，取 $A = 111.53\text{mm}^2$；

h——钢丝绳落下高度，取 $h = 250.00\text{mm}$；

L——钢丝绳的悬挂长度，取 $L = 5000.00\text{mm}$。

经计算得

$$F_s = Q\left[1 + (1+2EAh/QL)^{\frac{1}{2}}\right]$$
$$= 49500.00 \times \{1 + [1+2 \times 20000.00 \times 111.53 \times$$
$$250.00/(49500.00 \times 5000.00)]^{1/2}\}$$
$$= 165653.86N \approx 166kN$$

考虑本工程最大构件最不利情况进行分析：最重构件 3.3T≈33kN

本工程选用钢丝绳的容许拉力 27.82kN×2＝55.6 kN＞33kN　　　满足要求。

注：计算书不限于以上内容，应根据工程项目具体情况考虑具体验算，如吊耳的验算、地下室临时支撑验算、构件斜支撑平面外稳定性验算、叠合楼板支撑架验算等，本次计算略。

3.平面布置图及相关图纸（略）

2.11　本章小结

本章共 10 个小节，全面介绍了装配式建筑专项施工方案编制需要包含的基本内容和要求，重点阐述了装配式建筑施工的主要工艺流程和施工工期总体筹划。

结合案例工程项目，阐述在施工管理中要注重项目施工进度管理、施工现场平面布置、施工现场临时道路布置、施工现场构件堆场布置管理、劳动力组织管理、机械设备管理、施工吊装、灌浆连接的基本要点和要求。

第三章 预制构件及材料进场验收

本章导图

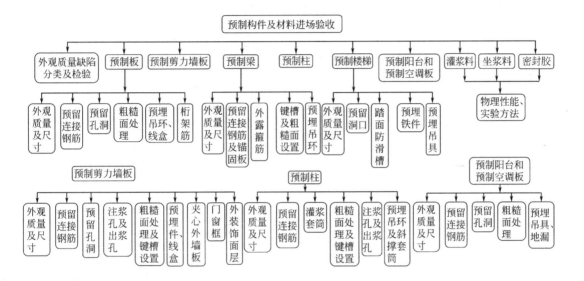

3.1 一般规定

3.1.1 现场验收程序

1.预制构件进场验收程序应按图 3-1 进行验收或检验：

2.应制定首件验收制度，严格执行各项验收要求，避免出现批量性质量事故。

3.预制构件结构性能检验的检验要求和试验方法应符合《混凝土结构工程施工质量验收规范》GB 50204—2015 附录 B 的规定。

4.大型构件一般是指跨度大于 18m 的构件。

5.可靠应用经验是指该单位生产的标准构件在其他工程已多次应用，如预制楼梯、预制空心板、预制双 T 板等。

6.使用数量较少一般是指数量在 50 件以内，近期完成的合格结构性能检验报告可作为可靠依据。

7.无驻厂监督时，对预制构件实体检验可按下列原则进行：

（1）实体检验宜采用非破损方法，也可采用破损方法，非破损方法采用专业仪器并符合国家现行相关标准的有关规定。

（2）检查数量可根据工程情况由各方商定。一般情况下，可按不超过 1000 个

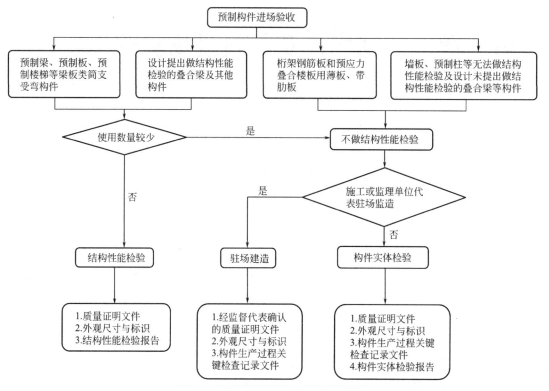

图 3-1　预制构件进场验收程序图[3-1]

同类型预制构件为一批，每批抽取构件数量的 2% 且不少于 1 个构件。

8. 对所有进场时不做结构性能检验的预制构件，施工单位或监理单位代表应驻厂监督制作过程。

9. 预制构件进场后，施工单位应对构件外观质量和尺寸偏差进行检查，并在检验批验收表格中记录。存在缺陷的构件应制定技术处理方案，并应按其进行处理，重新检查验收。构件运输时应有成品保护措施，出现裂缝、严重缺棱掉角等缺陷应作退厂处理。

10. 结构实体强度检验

（1）同条件养护试件的留置方式和取样数量，应由监理（建设）、施工等各方共同选定，并应符合下列规定：

1）对混凝土结构工程中的各混凝土强度等级，均应留置同条件养护试件；

2）同一强度等级的同条件养护试件，其留置的数量应根据混凝土工程量和重要性确定，不宜少于 10 组，且不应少于 3 组，每连续两层楼取样不得少于 1 组；

3）同条件养护试件的留置宜均匀分布于工程施工周期内，两组试件留置之间浇筑的混凝土量不宜大于 1000m³；

4）同条件养护试件拆模后，应放置在靠近相应结构构件或结构部位的适当位置，并应采取相同的养护方法。

（2）同条件养护试件的强度代表值应根据强度试验结果按现行国家标准《混凝

土强度检验评定标准》GB/T 50107 的规定确定后，除以 0.88 后使用。

（3）当同条件养护试件强度的检验结果符合现行国家标准《混凝土强度检验评定标准》GB/T 50107 的有关规定时，混凝土强度应判为合格。

11. 钻芯法检测实体混凝土强度

混凝土强度应按不同等级、不同类型进行检验。构件应随机抽取，具体应由监理（建设）、施工等各方共同选定，并应符合下列规定：

1）构件应包括墙、柱、梁；

2）对混凝土结构工程中的各混凝土强度等级，均应抽取相应的构件；

3）同一强度等级、同一类型的构件，抽取数量不宜小于表 3-1 的规定；

4）构件的抽取应均匀分布在房屋建筑中，每一楼层均应抽取构件。

结构构件实体检测的最小样本容量[3-3]　　　　　　　表 3-1

构件总数	3～8	9～15	16～25	26～50	51～90	91～150	151～280
抽取构件数	2	2	3	5	5	8	13
构件总数	281～500	501～1200	1201～3200	3201～10000	10001～35000	35001～150000	150001～500000
抽取构件数	20	32	50	80	125	200	315

注：本表结构构件实体检测最小样本容量摘自《建筑结构检测技术标准》GB/T 50344—2019 表 3.3.10 中检测类别为 A 的规定，适用于墙、柱、梁构件的混凝土强度实体检测。

12. 回弹法检测实体混凝土强度

对于被抽检的构件，应按照《回弹法检测混凝土抗压强度技术规程》JGJ/T 23 中对单个构件的检测规定，进行测区布置、回弹值测量及测区平均回弹值的计算。回弹仪的技术指标应符合《回弹法检测混凝土抗压强度技术规程》JGJ/T23 的规定。

3.1.2　相关资料的检查要求

1. 预制构件的资料应与产品生产同步形成、收集和整理，归档资料宜包括以下内容：

（1）预制混凝土构件加工合同；

（2）预制混凝土构件加工图纸、设计文件、设计洽商、变更或交底文件；

（3）生产方案和质量计划等文件；

（4）原材料质量证明文件、复试试验记录和试验报告；

（5）混凝土试配资料；

（6）混凝土配合比通知单；

（7）混凝土开盘鉴定；

（8）混凝土强度报告；

（9）钢筋检验资料、钢筋接头的试验报告；

（10）模具检验资料；

（11）预应力施工记录；

（12）混凝土浇筑记录；

（13）混凝土养护记录；

（14）构件检验记录；

（15）构件性能检验报告；

（16）构件出厂合格证；

（17）质量事故分析和处理资料；

（18）其他与预制混凝土构件生产和质量有关的重要文件资料。

2.预制构件交付的产品质量证明文件应包括以下内容：

（1）出厂合格证；

（2）混凝土强度检验报告；

（3）钢筋套筒等其他构件钢筋连接类型的工艺检验报告；

（4）合同要求的其他质量证明文件。

3.其他要求

按照江苏省政府主管部门要求，预制构件使用质量追溯系统（埋置 RFID 芯片），并在装配式建筑产业信息服务平台进行相关资料信息的上传输入[3-2]。

3.2 外观质量缺陷分类及检验

预制构件运达施工现场时，首先应对预制构件的外观质量进行全数目测检查，对已经出现的严重缺陷应制定技术处理方案进行处理并重新验收合格，对出现的一般缺陷应进行修整并达到合格要求。预制构件不应有影响结构性能、安装和使用功能的质量缺陷，对严重缺陷中影响结构性能和安装、使用功能的部位应制定经原设计单位认可的技术处理方案并进行处理，重新检查验收。

预制构件常见的外观质量缺陷有：露筋、蜂窝、孔洞、夹渣、疏松、裂缝、连接部位缺陷、外形缺陷、外表缺陷等。预制构件外观质量缺陷根据其影响表观质量、安装和使用功能的严重程度，可按表 3-2 划分为严重缺陷和一般缺陷。预制构件外观质量缺陷分类参见表 3-2[3-3]。

预制构件外观质量缺陷分类[3-3] 表 3-2

缺陷名称	现象	严重缺陷	一般缺陷
露筋	构件内钢筋未被混凝土包裹而外露	纵向受力钢筋有露筋	其他钢筋有少量露筋
蜂窝	混凝土表面缺少水泥砂浆而形成石子外露	构件主要受力部位有蜂窝	其他部位有少量蜂窝
孔洞	混凝土中空穴深度和长度均超过保护层厚度	构件主要受力部位有孔洞	其他部位有少量孔洞
夹渣	混凝土中夹有杂物且深度超过保护层厚度	构件主要受力部位有夹渣	其他部位有少量夹渣
疏松	混凝土中局部不密实	构件主要受力部位有疏松	其他部位有少量疏松

缺陷名称	现象	严重缺陷	一般缺陷
裂缝	裂缝从混凝土表面延伸至混凝土内部	构件主要受力部位有影响结构性能或使用性能的裂缝	其他部位有少量不影响结构性能或使用功能的裂缝
连接部位缺陷	构件连接处混凝土缺陷及连接钢筋、连结件松动，插筋严重锈蚀、弯曲、灌浆套筒堵塞、偏位、灌浆孔堵塞、偏位、破损等缺陷	连接部位有影响结构传力性能的缺陷	连接部位有基本不影响结构传力性能的缺陷
外形缺陷	缺棱掉角、棱角不直、翘曲不平、飞出凸肋等，装饰面砖粘结不牢、表面不平、砖缝不顺直等	清水或具有装饰的混凝土构件内有影响使用功能或装饰效果的外形缺陷	其他混凝土构件有不影响使用功能的外形缺陷
外表缺陷	构件表面麻面、掉皮、起砂、沾污等	具有重要装饰效果的清水混凝土构件有外表缺陷	其他混凝土构件有不影响使用功能的外表缺陷

3.3　预制板

3.3.1　外观质量及尺寸

预制板的外观质量检验参见表3-2。

预制板的外形尺寸检查包括：规格尺寸（长度、宽度、厚度）、对角线差、外形（内外表面平整度、楼板侧向弯曲、扭翘）等，应根据设计文件对所有构件全数检查，其检验的尺寸允许偏差及检验方法见表3-3[3-2]。

预制板的外形尺寸允许偏差及检验方法[3-2]　　　　　　表3-3

项次	检查项目			允许偏差(mm)	检验方法
1	规格尺寸	长度	<12m	±5	用尺量两端及中间部位,取其中偏差绝对值较大值
			≥12m且<18m	±10	
			≥18m	±20	
2		宽度		±5	用尺量两端及中间部位,取其中偏差绝对值较大值
3		厚度		±5	用尺量板四角和四边中部位置共8处,取其中偏差绝对值较大值
4	对角线差			6	在构件表面,用尺量测两对角线的长度,取其绝对值的差值

项次	检查项目			允许偏差(mm)	检验方法
5	外形	表面平整度	内表面	4	用2m靠尺安放在构件表面上,用楔形塞尺量测靠尺与表面之间的最大缝隙
			外表面	3	
6		楼板侧向弯曲		$L/750$ 且 $\leqslant 20mm$	拉线,钢尺量最大弯曲处
7		翘曲		$L/750$	四对角拉两条线,量测两条线交点之间的距离,其值的2倍为扭翘值

同时,预制板外观及尺寸检查时,应检查因施工要求而留设的预留洞口,如悬挑式脚手架预留洞口和放线预留洞口等,其位置的偏差需控制在施工使用的允许范围以内。

3.3.2 预留连接钢筋

预制板的受力形式分为单向板和双向板。单向板的预留连接钢筋为受力方向出筋锚入梁,非受力方向不出筋;双向板两方向均为受力钢筋,均出筋锚固。

单向板受力方向出筋长度$\geqslant 5d$(d为受力钢筋直径)且过梁中线;双向板与梁连接部位受力钢筋出筋长度$\geqslant 5d$(d为本方向受力钢筋直径),板与板之间出筋长度l_a且末端带有45°弯钩,弯钩平直段长度不小于$5d$[3-5]。

预制板的连接钢筋出筋应按设计要求全部出筋处理,位置和规格应不小于结构施工图中的规定。

预制板连接钢筋的位置和外露长度误差允许值及检验方法见表3-4。

预制板连接钢筋的位置和外露长度允许偏差及检验方法[3-2]　　　表3-4

项次	检查项目		允许偏差(mm)	检验方法
1	预留连接钢筋	中心位置偏移	3	用尺量侧纵横两个方向尺寸的中心线位置,取其中较大值
		外露长度	±5	尺量检测

3.3.3 预留孔洞

预制板的预留孔洞可分为垂直水管预留孔和楼层放线预留洞等,预留孔洞的规格、数量、位置等应根据设计要求全部检查。

预制板的预留孔洞位置和尺寸允许偏差和检验方法见表3-5。

项次	检查项目		允许偏差(mm)	检验方法
1	预留孔	中心线位置偏移	5	用尺量测纵横两方向的中心线位置,取其中较大值
		孔尺寸	±5	用尺量测纵横两方向尺寸,取其最大值
2	预留洞	中心线位置偏移	5	用尺量测纵横两方向的中心线位置,取其中较大值
		洞口尺寸、深度	±5	用尺量测纵横两方向尺寸,取其最大值

3.3.4 粗糙面处理

1. 预制构件粗糙面的处理质量,关系到预制构件与后浇混凝土之间的密实,影响装配式建筑成型后的整体质量,尤其是水平作用下的抗剪能力以及与处于室外环境下构件的防水能力。

2. 预制板与后浇混凝土结合面包括预制楼板叠合面、单向板受力方向板端侧面和双向板四周侧面,其粗糙深度不小于 4mm。

3. 预制板与后浇混凝土结合面的粗糙处理应全数检查,检查方法为观察和量测,当预制板有粗糙面时,与预制楼板(预制桁架板)粗糙面相关的尺寸允许偏差可放宽 1.5 倍。

4. 在关键受力和关键防水部位的粗糙面处理,宜采用水洗工艺,水洗后的粗糙面应表面无浮浆,骨料密实无松动[3-2]。

3.3.5 预埋吊环

预制板预埋吊环应根据其受力情况,经计算确定,进场验收时应对吊环的规格、数量位置及成型质量等全数检查,检查方法为观察和量测,对吊环处混凝土有松动等影响受力的缺陷时,应采取有效的处理措施,保证起吊和安装时的安全。

3.3.6 预埋线盒

1. 预制板的预埋线盒的规格、数量、位置应根据机电施工图全数检查,同时对预埋线盒的材质和锁母贯通情况进行检查。

2. 预制板的预埋线盒位置允许偏差及检验方法见表 3-6。

预制板预埋电盒位置允许偏差及检验方法[3-2]   表 3-6

项次	检查项目		允许偏差(mm)	检验方法
1	预埋电盒	构件平面的水平方向中心线位置偏差	10	尺量检测
		与构件表面混凝土的高差	0,−5	尺量检测

3.3.7 桁架筋

预制板桁架筋的位置、间距、高度根据设计要求全数检验，桁架钢筋应与钢筋网片上层钢筋处于同一位置，桁架筋的间距应满足距侧边不大于300mm，桁架筋之间的间距应满足不大于600mm的要求；桁架筋的高度应满足上弦筋下部穿管和上部钢筋网片的保护层要求且偏差不大于＋5mm，同时桁架筋出预制面高度应严格控制，确保后浇混凝土中上层面筋的保护层厚度[3-5]。

3.4 预制剪力墙板

3.4.1 外观质量及尺寸

预制剪力墙板的外观质量检验参见表3-2。

预制剪力墙板的外形尺寸检查包括：规格尺寸（高度、宽度、厚度）、对角线差、外形（内外表面平整度、侧向弯曲、扭翘）等，应根据设计文件对构件全数检查，其检验的尺寸允许偏差及检验方法见表3-7。

预制剪力墙板外形尺寸允许偏差及检验方法[3-2]   表 3-7

项次	检查项目			允许偏差(mm)	检验方法
1	规格尺寸		高度	±4	用尺量两端及中间部位,取其中偏差绝对值较大值
2			宽度	±4	用尺量两端及中间部位,取其中偏差绝对值较大值
3			厚度	±3	用尺量板四角和四边中部位置,共8处,取其中偏差绝对值较大值
4	对角线差			5	在构件表面,用尺量测两对角线的长度,取在构件表面,用尺量检测两者之差的绝对值
5	外形	表面平整度	内表面	4	用2m靠尺安放在构件表面上,用楔形塞尺量测靠尺与表面之间的最大缝隙
6			外表面	3	
7		侧向弯曲		$L/1000$ 且≤20mm	拉线,钢尺量最大弯曲处
8		扭翘		$L/1000$	四对角拉两条线,量测两线交点之间的距离,其值的2倍为扭翘值

同时，预制板外观及尺寸检查时，应检查因施工要求而留设的预留洞口，如脚手架预留洞口、施工电梯洞口、附墙式塔式起重机空口等，其位置的偏差需控制在施工使用的允许范围以内[3-2]。

3.4.2 预留连接钢筋

预制剪力墙板预留连接钢筋分为竖向连接钢筋和水平连接钢筋,其规格、数量、位置应按照设计文件全数检查,预制剪力墙板预留钢筋的长度和位置应符合设计要求,尺寸超出允许偏差且影响安装时,必须采取有效的纠偏措施,严禁擅自切割钢筋。

预制剪力墙板预留钢筋的锚固形式一般为套筒灌浆连接(全灌浆套筒、半灌浆套筒)和浆锚连接;当连接方式为套筒灌浆连接时,钢筋套筒的规格质量应符合设计要求,检验方法为检查钢筋套筒的质量证明文件,预制剪力墙板的预埋钢筋套筒应按要求全数检查。当连接方式为浆锚连接时,注浆预留孔道长度应大于构件预留的锚固钢筋长度,预留孔,预留孔管内径应比钢筋直径大 15mm。检查方法可采用观察和尺量检查,检查数量应不小于 10%。预留连接钢筋及灌浆套筒允许偏差及检验方法见表 3-8。

预制剪力墙板预留连接钢筋及灌浆套筒的允许偏差及检验方法[3-2]　　表 3-8

项次	检查项目		允许偏差(mm)	检验方法
1	预留水平连接钢筋	中心线位置偏移	3	用尺量测纵横两个方向的中心线位置,取其中较大值
		外露长度	±5	尺量检测
2	预留竖向连接钢筋	中心线位置偏移	2	用尺量测纵横两个方向的中心线位置,取其中较大值
		外露长度	+10,0	尺量检测
3	灌浆套筒	灌浆套筒中心线位置	2	用尺量测纵横两个方向的中心线位置,取其中较大值
4	预埋内插钢筋锚固长度		−5	混凝土浇筑之前,用尺量测

3.4.3 预留孔洞

预制剪力墙板的预留孔洞分为门窗洞口、悬挑脚手架辅助性洞口、水电施工洞口、模板对穿孔等,应根据设计文件全数检查,检查方法可采用观察和量测。

预制剪力墙板预留孔洞的允许偏差及检验方法见表 3-9。

预制剪力墙板预留孔洞允许偏差及检验方法[3-2]　　表 3-9

项次	检查项目		允许偏差(mm)	检验方法
1	预留洞	中心线位置偏移	5	用尺量测纵横两个方向的中心线位置,取其中较大值
		洞口尺寸、深度	±5	用尺量测纵横两个方向尺寸,取其最大值
2	预留孔	中心线位置偏移	3	用尺量测纵横两个方向的中心线位置,取其中较大值

3.4.4 注浆孔及出浆孔

预制剪力墙板的注浆孔、出浆孔的位置、数量应根据设计文件全数检查，注浆孔及出浆孔的方向应全部朝向室内施工界面，其位置偏差在不影响注浆施工的前提下可适当放宽。

同时需检查注浆孔和出浆孔的通畅情况，在构件整理清洁后，对灌浆套筒的灌浆口和出浆口进行透光检查，并清理灌浆套筒内的杂物，保证灌浆施工的顺利进行[3-2,3-4]。

3.4.5 粗糙面处理及键槽设置

预制剪力墙板与后浇混凝土连接处的粗糙面处理位于墙板上下端和左右端，应按设计文件要求全数检查预制剪力墙板粗糙面的粗糙度情况，当设计要求水洗处理时，还应检查水洗面是否存在浮浆和粗骨料松动的情况，如存在以上情况应采取有效措施处理后方可接收。当预制剪力墙板有粗糙面时，与预制剪力墙板粗糙面相关的尺寸允许偏差可放宽 1.5 倍。

当预制剪力墙板左右两端设置键槽时，应按设计文件检查键槽的尺寸和深度，键槽的允许偏差及检验方法见表 3-10。

预制剪力墙板键槽尺寸允许偏差及检验方法[3-2]　　　　　表 3-10

项次	检查项目		允许偏差(mm)	检验方法
1	键槽	中心线位置偏移	5	用尺量测纵横两个方向的中心线位置，取其中较大值
		长度、宽度	±5	尺量检测
		深度	±5	尺量检测

3.4.6 预埋件

预制剪力墙板的预埋吊具一般分为吊钉、吊环和提升套筒，脱模及临时支撑预埋件一般采用提升套筒；应根据设计文件规定对预制剪力墙板吊具的规格、数量、位置进行全数检查，检查方法可采用观察和量测，预制剪力墙板吊具尺寸的允许偏差及检验方法见表 3-11。检查预制剪力墙板预埋吊具规格、数量、位置的同时，应检查预埋位置是否存在疏松、孔洞等连接部位的质量缺陷，如存在连接部位质量缺陷，应采取有效措施处理后方可验收。

预制剪力墙板吊具尺寸允许偏差及检验方法[3-2]　　　　　表 3-11

项次	检查项目		允许偏差(mm)	检验方法
1	吊具	中心线位置偏移	10	用尺量测纵横两个方向的中心线位置，取其中较大值
		与构件表面混凝土高差	0，−10	尺量检测

3.4.7 预埋线盒

预制剪力墙板预埋的规格数量、位置等应根据设计文件要求全数检查，检查方法可采用观察和量测，同时应检查与预埋电盒相接的预埋线管和锁母等配件的通畅情况，如有堵塞情况，应采取措施疏通后方可验收。

3.4.8 夹心外墙板

1.夹心外墙板的内外叶墙板之间的拉结连结件类别、数量、使用位置及性能应符合设计要求。检查时可按同一工程、同一工艺的预制构件分批抽样检验；检查方法可采用检查试验报告单、质量证明文件及隐蔽工程检查记录的方式。

2.夹心保温外墙板用的保温材料类别、厚度、位置及性能应满足设计要求。检查时应按批检查。检查方法可采用观察、量测，检查保温材料质量证明文件及检验报告。

3.4.9 门窗框

预制剪力墙板的门窗框应按施工图中门窗表的相关规定进行检查检验，检查方法可用观察和量测。

3.4.10 外装饰面层

1.预制剪力墙板外装饰面层的粘结强度应符合现行行业标准《建筑工程饰面砖粘结强度检验标准》JGJ/T 110 和《外墙饰面砖工程施工及验收规程》JGJ 126 的有关规定。

2.检查时可按同一工程、同一工艺的预制构件分批抽样检验；检验方法可采用检查实验报告单的方式[3-2,3-4]。

3.5 预制梁

3.5.1 外观质量及尺寸

1.预制梁的外观质量检验参见表 3-2。

2.预制梁的外形尺寸检验包括：规格尺寸（长度、宽度、高度）、表面平整度、侧向弯曲。应根据设计文件对其进行全数检查，预制梁的外形尺寸检验可参照表 3-12。

预制梁的外形尺寸允许偏差及检验方法[3-2]　　　　　　表 3-12

项次	检查项目			允许偏差(mm)	检验方法
1	规格尺寸	长度	<12m	±5	用尺量测两端及中间部位，取其中偏差绝对值较大者
			≥12m 且<18m	±10	
			≥18m	±20	
2		宽度		±5	用尺量测两端及中间部位，取其中偏差绝对值较大者

项次	检查项目		允许偏差(mm)	检验方法
3	规格尺寸	高度	±5	用尺量板四角和四边中部位置共8处,取其中偏差值绝对值较大者
4	表面平整度		4	用2m靠尺安放在构件表面上,用楔形塞尺量测靠尺与表面之间的最大缝隙
5	侧向弯曲		$L/750$且$\leq 20mm$	拉线,钢尺量最大弯曲处

3.5.2 预留连接钢筋及锚固板

预制梁预留连接钢筋的规格、数量、位置、锚固形式应按照设计文件全数检查。其中预制梁伸出钢筋为部分伸出时,应取得设计单位的认可;预制梁伸出钢筋的长度和位置应符合设计要求,尺寸超出允许偏差范围且影响安装时,应采取有效纠偏措施,当预制梁伸出钢筋与柱主筋或其他预制梁伸出钢筋碰撞且影响安装时,应会同设计单位,按设计单位出具的技术措施处理。预制梁预留连接钢筋允许偏差及检验方法见表3-13。

预制梁连接钢筋允许偏差及检验方法[3-2]　　　　　　　　　表 3-13

项次	检查项目	允许偏差(mm)	检验方法
1	中心线位置偏移	3	用尺量测纵横向两个方向的中心线位置,取其中较大值
	外露长度	±5	尺量检测

钢筋锚固板的现场检验包括工艺检验、抗拉强度检验、螺纹连接锚固板的钢筋丝头加工质量检验和拧紧扭矩检验、焊接锚固板的焊缝检验。

3.5.3 外露箍筋

预制梁外露箍筋的高度、间距、规格、封闭形式应按照设计文件全数检查,其中外露箍筋的高度应不影响预制梁叠合成型后的保护层厚度;间距应不大于结构施工图中相应位置的规定间距;封闭形式应满足抗震相关要求。检查方法可采用观察和量测等方法。

3.5.4 键槽及粗糙面设置

1.预制梁与后浇混凝土连接处的键槽设置于预制梁两端及次梁企口内侧,粗糙面设置于预制梁两端及叠合面,应按设计文件要求全数检查预制梁的键槽及粗糙面粗糙度情况,当设计要求水洗处理时,还应检查水洗面是否存在浮浆和粗骨料松动的情况,如存在以上情况应采取有效措施处理后方可接收。当预制梁有粗糙面时,与预制梁粗糙面相关的尺寸允许偏差可放宽1.5倍[3-5]。

2.当预制梁左右两端设置键槽时,应按设计文件检查键槽的尺寸和深度,键槽的允许偏差及检验方法见表 3-14。

预制梁键槽尺寸允许偏差及检验方法[3-2]　　　　表 3-14

项次	检查项目		允许偏差(mm)	检验方法
1	键槽	中心线位置偏移	5	用尺量测纵横两个方向的中心线位置,取其中较大值
		长度、宽度	±5	尺量检测
		深度	±5	尺量检测

3.5.5　预埋吊环

　　预制梁预埋吊环的规格、数量、位置及成型质量应按照设计文件进行全数检查,检查方法可采用观察和量测的方式,预制吊环尺寸的允许偏差及检验方法见表 3-15。同时,<u>应检查预埋位置是否存在疏松、孔洞等连接部位缺陷,如存在连接部位缺陷,应采取有效措施处理后方可验收。</u>

预制梁预埋吊环的允许偏差及检验方法[3-2]　　　　表 3-15

项次	检查项目		允许偏差(mm)	检验方法
1	吊环	中心线位置偏移	10	用尺量测纵横两个方向的中心线位置,取其中较大值
		与构件表面混凝土高差	0,−10	尺量检测

3.6　预制柱

3.6.1　外观质量及尺寸

　　1. 预制柱的外观质量检验参见表 3-2。

　　2. 预制柱的外形尺寸检验包括:规格尺寸(长度、宽度、高度)、表面平整度、侧向弯曲。应根据设计文件对其全数检查,预制梁的外形尺寸检验可参照表 3-16。

预制柱的外形尺寸允许偏差及检验方法[3-2]　　　　表 3-16

项次	检查项目			允许偏差(mm)	检验方法
1	规格尺寸	长度	<12m	±5	用尺量测端及中间部位,取其中偏差绝对值较大者
			≥12m 且<18m	±10	
			≥18m	±20	
2		宽度		±5	用尺量测两端及中间部位,取其中偏差绝对值较大者
3		高度		±5	用尺量测板四角和四边中部位置共 8 处,取其中偏差绝对值较大者

项次	检查项目	允许偏差(mm)	检验方法
4	表面平整度	4	用 2m 靠尺安放在构件表面上,用楔形塞尺量测靠尺与表面之间的最大缝隙
5	侧向弯曲	$L/750$ 且≤20mm	拉线,钢尺量最大弯曲处

3.6.2 预留连接钢筋

预制柱预留连接钢筋的规格、数量、位置、锚固形式应按照设计文件全数检查。其中预制柱外伸钢筋的长度和位置应符合设计要求,尺寸超出允许偏差范围且影响安装时,应采取有效纠偏措施,当预制柱伸出钢筋与预制梁伸出钢筋碰撞且影响安装时,应会同设计单位,按设计单位出具的技术措施处理。预制柱预留连接钢筋允许偏差及检验方法见表3-17。

预制柱连接钢筋允许偏差及检验方法[3-2]　　　　　　表 3-17

项次	检查项目	允许偏差(mm)	检验方法
1	中心线位置偏移	2	用尺量测纵横向两个方向的中心线位置,取其中较大值
	外露长度	+10,0	尺量检测

3.6.3 灌浆套筒

灌浆套筒进场时,应抽取灌浆套筒检验外观质量、标识和尺寸偏差,检验结果应符合现行行业标准《钢筋连接用灌浆套筒》JG/T 398 及《钢筋套筒灌浆连接应用技术规程》JGJ 355 的有关规定[3-5]。

除了上述内容,灌浆套筒进场时,应抽取灌浆套筒并采用与之匹配的灌浆料制作对中连接接头试件,并进行抗拉强度检验,检验结果应符合现行行业标准《钢筋套筒灌浆连接应用技术规程》JGJ 355 的有关规定。

预制柱垂直方向的钢筋连接采用套筒灌浆连接,灌浆套筒的规格、数量、位置应符合设计要求,当灌浆套筒位置偏差超过允许范围且影响安装时,应采取有效措施处理。灌浆套筒检验方法为观察法和检查钢筋套筒的质量证明文件,灌浆套筒允许偏差及检验方法见表3-18。

预制柱灌浆套筒的允许偏差及检验方法[3-2]　　　　　　表 3-18

项次	检查项目		允许偏差(mm)	检验方法
1	灌浆套筒/预留连接钢筋	灌浆套筒中心线位置	2	用尺量测纵横两个方向的中心线位置,取其中较大值

3.6.4 粗糙面处理及键槽设置

1.预制柱与后浇混凝土连接处的粗糙面及键槽设置于柱上下端,应按设计文件要求全数检查预制梁的键槽及粗糙面粗糙度情况。当设计要求水洗处理时，还应检查水洗面是否存在浮浆和粗骨料松动的情况，如存在以上情况应采取有效措施处理后方可接收。当预制柱设有粗糙面时，与预制柱粗糙面相关的尺寸允许偏差可放宽1.5倍[3-5]。

2. 当预制柱上下端设置键槽时，应按设计文件检查键槽的尺寸和深度，键槽的允许偏差及检验方法见表 3-19。

预制柱键槽尺寸允许偏差及检验方法[3-2]　　　　　　　　　表 3-19

项次	检查项目		允许偏差（mm）	检验方法
1	键槽	中心线位置偏移	5	用尺量测纵横两个方向的中心线位置，取其中较大值
		长度、宽度	±5	尺量检测
		深度	±5	尺量检测

3.6.5　注浆孔及出浆孔

1. 预制柱的注浆孔、出浆孔的位置、数量应根据设计文件全数检查，注浆孔及出浆孔的方向应全部朝向室内施工界面，其位置偏差在不影响注浆施工的前提下可适当放宽。

2. 预制柱注浆孔、出浆孔的位置和数量经检查符合要求后，仍需检查注浆孔和出浆孔的通畅情况，保证灌浆施工的顺利进行。

3. 当需要补浆时，可采用微重力补浆工艺，控制要点如下：

（1）采用透明塑料弯管接头和透明锥斗组成补浆观察装置，补浆观察装置应与所对应的出浆孔道紧密连接。

（2）对于分仓连通腔灌浆的预制剪力墙，应在距注浆孔最远的套筒出浆孔口设置补浆观察装置。

（3）对于连通腔灌浆的预制柱，应在最高位的出浆观察孔口设置补浆观察装置。

（4）对于单套筒灌浆的预制剪力墙或预制柱，应在每个套筒的出浆孔口设置补浆观察装置。

（5）连通腔灌浆过程中，逐一封堵除设置补浆观察装置的注浆口和出浆口，灌浆应至少保证弯联管充满灌浆料。

（6）单套筒灌浆过程中，则保持补浆装置的出浆口不封堵，灌浆应至少保证弯联管充满浆料[3-6]。

3.6.6　预埋吊环及斜撑套筒

预制柱预埋吊环及斜撑套筒的规格、数量、位置及成型质量应按照设计文件进行全数检查，检查方法可采用观察和量测，预制吊环尺寸的允许偏差及检验方法见表 3-20。检查预制柱预埋吊环及斜撑套筒的规格、数量、位置的同时，应检查预埋位置是否存在疏松、孔洞等连接部位缺陷，如存在连接部位缺陷，应采取有效措施处理后方可验收。

预制柱预埋吊环及斜撑套筒的允许偏差及检验方法[3-2]　　表 3-20

项次	检查项目		允许偏差(mm)	检验方法
1	吊环及斜撑套筒	中心线位置偏移	10	用尺量测纵横两个方向的中心线位置,取其中较大值
		与构件表面混凝土高差	0,—10	尺量检测

3.7　预制楼梯

3.7.1　外观质量及尺寸

1.预制楼梯的外观质量检验参见表 3-2。

2.预制楼梯的构件外形尺寸包括高、宽、跨、踏步高、宽,应根据设计文件要求全数检查,检查方法可采用观察和量测。

3.图集《预制钢筋混凝土板式楼梯》15G367-1 规定裂缝的控制等级为三级,最大裂缝宽度限值为 0.3mm,《混凝土结构工程施工质量验收规范》GB 50204—2015 的附录 B.2.9 条规定裂缝宽度宜采用精度为 0.05mm 的刻度放大镜等仪器进行观测,也可采用满足精度要求的裂缝检验卡进行观测[3-3]。

3.7.2　预留洞口

1.预制楼梯预留洞口为楼梯上下端连接的销键孔,其位置、大小、形状应根据设计文件要求全数检查,检查方法可采用观察和量测。

2.预制楼梯预留洞口位置、大小、形状的偏差允许值和检查检验方法见表 3-21。

预制楼梯预留洞口位置的偏差允许值和检查检验方法[3-2]　　表 3-21

项次	检查项目		允许偏差(mm)	检验方法
1	预留孔洞	中心线位置偏移	3	用尺量测纵横两个方向的中心线位置,取其中较大值
		孔洞尺寸及形状	3	用尺量

3.7.3　踏面防滑槽

当预制楼梯无二次石材或饰面砖铺贴装饰时,应设置踏面防滑槽,防滑槽的宽度、深度及成型质量应根据设计文件要求抽查,抽查数量不小于 10％,检查方法可采用观察和量测[3-3]。

3.7.4　预埋铁件

预制楼梯预埋铁件一般为楼梯栏杆预埋铁件,当设计文件中有明确要求时,应按设计文件要求全数检查预埋铁件的位置、数量、规格等；当设计文件未作明确要求时，按已确定的楼梯专业分包单位或按《预制装配式住宅楼梯设计图集》苏 G-26 内相关规定。

楼梯构件的主要受力钢筋的数量、规格、间距应满足结构设计的相关要求，可通过施工单位或监理单位代表驻厂监督生产的方式进行质量控制，质量证明文件应经监督代表确认，当无驻厂代表监督时，应对主要受力钢筋的数量、规格、间距、保护层厚度等进行扫描检验或实体检验。

3.7.5 预埋吊具

预制楼梯的预埋吊具一般分为吊钉、提升套筒；应根据设计文件规定对预制楼梯吊具的规格、数量、位置进行全数检查，检查方法可采用观察和量测，预制楼梯吊具尺寸的允许偏差及检验方法见表 3-22。同时，应检查预埋位置是否存在疏松、孔洞等连接部位缺陷，如存在连接部位缺陷，应采取有效措施处理后方可验收。

预制楼梯吊具尺寸允许偏差及检验方法[3-2] 表 3-22

项次	检查项目		允许偏差（mm）	检验方法
1	吊具	中心线位置偏移	10	用尺量测纵横两个方向的中心线位置，取其中较大值
		与构件表面混凝土高差	0，−10	尺量检测

3.8 预制阳台和预制空调板

3.8.1 外观质量及尺寸

预制阳台和预制空调板的外形尺寸检验可将预制阳台和预制空调板视为预制梁和预制板的结合，分别对其梁形部分和板形部分按照预制梁和预制板的允许偏差和检查检验方法进行检验。预制阳台和预制空调板的外观质量检验参见表 3-2。

3.8.2 预留连接钢筋

预制阳台和预制空调板预留连接钢筋的品种、级别、规格、数量、位置、长度、间距、锚固形式应按照设计文件全数检查。预制阳台和预制空调板伸出钢筋的长度和位置应符合设计要求，尺寸超出允许偏差范围且影响安装时，应采取有效纠偏措施。预制阳台和预制空调板预留连接钢筋允许偏差及检验方法见表 3-23。

预制阳台和预制空调板连接钢筋允许偏差及检验方法[3-2] 表 3-23

项次	检查项目	允许偏差（mm）	检验方法
1	中心线位置偏移	3	用尺量测纵横向两个方向的中心线位置，取其中较大值
	外露长度	±5	尺量检测

3.8.3　预留孔洞

预制阳台和预制空调板的预留孔洞为垂直水管预留孔，预留孔洞的规格、数量、位置等应根据设计要求全数检查。

预制阳台和预制空调板的预留孔洞位置和尺寸允许偏差和检验方法见表 3-24。

预制阳台和预制空调板预留孔洞位置和尺寸允许偏差值及检验方法[3-2]　表 3-24

项次	检查项目		允许偏差(mm)	检验方法
1	预留孔	中心线位置偏移	5	用尺量测纵横两方向的中心线位置,取其中较大值
		孔尺寸	±5	用尺量测纵横两方向尺寸,取其最大值
2	预留洞	中心线位置偏移	5	用尺量测纵横两方向的中心线位置,取其中较大值
		洞口尺寸、深度	±5	用尺量测纵横两方向尺寸,取其最大值

3.8.4　粗糙面处理

预制阳台和预制空调板与后浇混凝土连接处的粗糙面处理位于预制阳台和预制空调板与主体结构的连接处，可分为梁式连接方式和板式连接方式，应按设计文件要求全数检查预制阳台和预制空调板粗糙面粗糙度的情况，如设计要求水洗处理时，还应检查水洗面是否存在浮浆和粗骨料松动的情况，如存在以上情况应采取有效措施处理后方可接收。当预制阳台和预制空调板有粗糙面时，与预制阳台和预制空调板粗糙面相关的尺寸允许偏差可放宽 1.5 倍[3-5]。

3.8.5　预埋吊具

预制阳台和预制空调板的预埋吊具一般分为吊钉、吊环及提升套筒；应根据设计文件规定对预制阳台和预制空调板吊具的规格、数量、位置进行全数检查，检查方法可采用观察和量测，预制阳台和预制空调板吊具尺寸的允许偏差及检验方法见表 3-25。检查预制阳台和预制空调板预埋吊具规格、数量、位置的同时，应检查预埋位置是否存在疏松、孔洞等连接部位缺陷，如存在连接部位缺陷，应采取有效措施处理后方可验收。

预制阳台和预制空调板吊具尺寸允许偏差及检验方法[3-2]　表 3-25

项次	检查项目		允许偏差(mm)	检验方法
1	吊具	中心线位置偏移	10	用尺量测纵横两个方向的中心线位置,取其中较大值
		与构件表面混凝土高差	0,-10	尺量检测

3.8.6　预埋地漏

设计文件中要求预制阳台和预制空调板的排水采用成品地漏预埋时，应根据设计文件对预埋地漏的规格、数量、位置等全数检查，同时检查预埋地漏处的混凝土是否存在疏松、孔洞等缺陷，如存在缺陷应采取有效处理措施。检查方法可采用观察法和量测法[3-3]。

3.9 灌浆料

灌浆料进场时，应对灌浆料拌合物 30min 流动度、泌水率及 3d 抗压强度、28d 抗压强度、3h 竖向膨胀率、24h 竖向膨胀率、24h 与 3h 竖向膨胀率差值进行检验[3-6]。

3.9.1 物理性能

灌浆料根据连接方式不同分为套筒灌浆料和钢筋浆锚搭接连接接头用灌浆料，其中，套筒灌浆料又可以分为常温型和低温型套筒灌浆料两种。常温型、低温型套筒灌浆料和钢筋浆锚搭接连接接头用灌浆料的性能要求见表 3-26～表 3-28。

常温型套筒灌浆料的性能要求[3-6]　　　　表 3-26

检测项目		性能指标	
		Ⅰ型	Ⅱ型
流动度（mm）	初始	≥300	
	30min	≥260	
抗压强度（MPa）	1d	≥35	≥40
	3d	≥60	≥70
	28d	≥85	≥100
竖向膨胀率（%）	3h	≥0.02	
	24h 与 3h 差值	0.02～0.2	
自干燥收缩（28d）		≤450$\mu\varepsilon$	
氯离子含量（%）		≤0.03	
SO₃ 含量（%）		≤3	
泌水率（%）		0	

低温型套筒灌浆料的性能要求[3-6]　　　　表 3-27

检测项目		性能指标
流动度（mm）	初始	≥300
	30min	≥260
抗压强度（MPa）	1d	≥35
	3d	≥60
	28d	≥85
竖向膨胀率（%）	3h	≥0.02
	24h 与 3h 差值	0.02～0.2

检测项目	性能指标
自干燥收缩(28d)	$\leqslant 450\mu\varepsilon$
氯离子含量(%)	$\leqslant 0.03$
SO_3 含量(%)	$\leqslant 4$
泌水率(%)	0

钢筋浆锚搭接连接接头用灌浆料性能要求[3-6]　　　表 3-28

检测项目		性能指标
流动度(mm)	初始	$\geqslant 200$
	30min	$\geqslant 150$
抗压强度(MPa)	1d	$\geqslant 35$
	3d	$\geqslant 55$
	28d	$\geqslant 80$
竖向膨胀率(%)	3h	$\geqslant 0.02$
	24h与3h差值	$0.02\sim 0.5$
氯离子含量(%)		$\leqslant 0.06$
泌水率(%)		0

环境温度较低的情况下灌浆工作是个难点，现阶段尚未出现通用性较强的解决方案，目前江苏各个研究机构对于低温灌浆的研究可体现在外部加热和新材料研发，如以下两点：

1. 灌浆施工时采用电伴热预热的措施，可以保证灌浆套筒内部和构件边缘温度达到浆料使用温度，避免灌浆料浇筑后温失过快或在套管壁形成冰膜夹层，影响灌浆套筒质量；

2. 采用适应低温灌浆的专用灌浆料或相关激发剂，改善低温环境下灌浆料的工作性、强度、膨胀性等关键性能[3-6]。

3.9.2　实验方法

1. 常温型套筒灌浆料试件成型时的实验室温度应为 20 ± 2℃，相对湿度应大于 50%，养护室的温度应为 20 ± 1℃；低温型套筒灌浆料试件成型和养护时实验室温度应为 -3 ± 2℃，相对湿度应大于 90%；养护水的温度应为 20 ± 1℃。成型时，水泥基灌浆材料和拌合水的温度应与实验室的环境温度一致。

2. 以每层为一个检验批，每工作班应制作 1 组且每层应不少于 3 组尺寸为 $40mm\times40mm\times160mm$ 的长方体试件，标准养护 28d 后进行抗压强度试验[3-5]。

3. 10　坐浆料

坐浆料进场时，应对其稠度以及 1d 和 28d 的抗压强度进行检测。

3.10.1　物理性能

装配式建筑用坐浆料以胶凝材料，级配细骨料，外加剂及其他材料组成的干粉砂浆加水搅拌，具有早强、高强、微膨胀等功能。其外观应为粉状，无结块。其物理性能见表3-29。

装配式建筑用坐浆料的物理性能要求[3-6]　　　　　　　表 3-29

项目		要求	
		Ⅰ型	Ⅱ型
稠度/mm		60~90	60~90
抗压强度/MPa	1d	≥30	≥15
	28d	≥45	≥45

3.10.2　实验方法

采用砂浆强度试验方法测得坐浆料抗压强度，其中龄期1d和28d的强度试块应放在20±1℃，相对湿度不低于90%的标准养护箱中养护[3-6]。

3.11　密封胶

1.装配式建筑密封胶目前常用类型有：STP-E改性硅烷、MS改性硅烷、PU聚氨酯、SR硅酮，性能对比见表3-30。

装配式建筑密封胶性能对比　　　　　　　　表 3-30

品种	STP-E 改性硅烷	MS 改性硅烷	PU 聚氨酯	SR 硅酮
混凝土粘结性	优	良	中	差
耐候性	良	良	中	优
可涂刷性	优	优	优	差
耐污性	良	良	良	差
储存稳定性	良	良	差	优
施工性能	优	优	差	优
最高位移能力级别	25级	25级	25级	50级

2.密封胶分为单组分（Ⅰ）和多组分（Ⅱ）两个品种，密封胶应为细腻、均匀膏状物或黏稠液体，不应有气泡、结皮或凝胶。

3.密封胶的颜色与供需双方商定的样品相比，不得有明显差异。多组分密封胶各组分的颜色应有明显差异。

4.密封胶适用期和表干时间指标由供需双方商定。

3.11.1 物理性能

建筑密封胶的物理力学性能应满足表3-31要求。

建筑密封胶的物理力学性能[3-7,3-8]   表 3-31

序号	项目			技术指标						
				25LM	25HM	20LM	20HM	12.5E	12.5P	7.5P
1	流动性	下垂度 (N型)mm	垂直	≤3						
			水平	≤3						
		流平性(S)		光滑平整						
2	弹性恢复率/%			≥80		≥60		≥40	<40	<40
3	挤出性(mL/min)			≥80						
4	拉伸粘结性	拉伸模量/MPa	23℃	≤0.4	>0.4	≤0.4	>0.4	——		
			−20℃	≤0.6	>0.6	≤0.6	>0.6	——		
		断裂伸长率/%		——					≥100	≥20
5	定性粘结性			无破坏				——		
6	浸水后定伸粘结性			无破坏				——		
7	热压、冷拉后粘结性			无破坏				——		
8	拉伸-压缩后粘结性			——				无破坏		
9	浸水后断裂伸长率/%			——					≥100	≥20
10	质量损失率/%			≤10				——		
11	体积收缩率			≤25				≤25		

3.11.2 实验方法

1.组批与抽样规则

（1）以同一品种、同一类型、同一级别的产品每2t为一批进行检验，不足2t也作为一批。

（2）支装产品在该批产品中随机抽取3包装箱，从每件包装中随机抽取2～3个样品，共取6～9支，总体积不少于2700mL或净质量不少于3.5kg。

（3）单组分产品、多组分产品随机取样，样品总量为4kg，取样后应立即密封包装。

2.实验内容

试验检验内容包括：外观、表干时间、流动性（下垂度、流平性）、挤出性、适用期、弹性恢复率、拉伸粘结性（拉伸模量、断裂伸长率）、定伸粘结性、浸水后定伸粘结性、热压冷拉后粘结性、浸水后断裂伸长率、质量损失率和体积损失率。

3.实验结果单项判定

（1）对照建筑密封胶物理性能对建筑密封胶实验结果进行单项判定。

（2）表干时间、下垂度、定伸粘结性、浸水后定伸粘结性、热压冷拉后的粘结性、拉伸压缩后的粘结性试验，每个试件均符合规定，则判定该项合格。

（3）挤出性、适用期试验，每个试样均符合规定，则判定该项合格。

（4）恢复率、断裂伸长率、浸水后断裂伸长率、质量损失率、体积收缩率试验，每组试件的平均值符合规定，则判定该项合格。

（5）低模量（LM）产品在23℃和−20℃的拉伸模量均符合表3-31中低模量指标规定时，判定该项合格（以修约值判定）。

（6）高模量（HM）产品在23℃和−20℃时的拉伸模量有1项符合表3-31中指标规定时，则判定该项合格（以修约值判定）[3-7,3-8]。

3.12 本章小结

本章共11个小节，全面介绍了预制构件及材料的进场验收的程序和方法，同时对检查检验的方法及偏差允许值作了较详尽的论述和引用。

本章结合现行国家标准《装配式混凝土建筑技术标准》GB/T 51231和《混凝土结构工程施工质量验收规范》GB 50204对预制构件检查检验的相关规定，分析了外观质量及尺寸、预留连接钢筋、预留孔洞、预埋件和粗糙面处理等预制构件进场验收指标，并列出了数据化参考要求。介绍了坐浆料、灌浆料和密封胶的种类、物理性能和实验方法，为装配式建筑施工中常用材料的性能检测提供了依据。

整体来看，应严格把控预制构件及材料检查和验收，保证装配式建筑部品部件的高质量和高品质，为装配式建筑的整体质量和安全提供保障。

第四章 预制构件安装与连接

本章导图

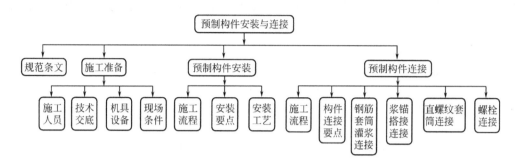

装配式建筑施工应有合理的施工组织设计，结合现场的实际情况，严格按照施工方案、工艺和操作规程的要求做好人、机、料的各项准备，牢牢抓住施工过程中的质量控制和安全控制，预制构件的安装与连接是整个工程质量控制的重点，本章从规范入手，针对常见预制构件现场施工安装和连接的施工流程、施工要点以及施工工艺进行了详细的梳理。

4.1 规范条文

在装配式建筑施工方面，国家层面的现行指导性规范和技术规程主要有国家现行标准《装配式混凝土建筑技术标准》GB/T 51231、《混凝土结构工程施工规范》GB 50666 以及《装配式混凝土结构技术规程》JGJ 1，针对预制构件安装与连接施工方面进行了详细规定，见表 4-1。

现行标准对预制构件安装与连接的相关规定[4-1,4-2,4-3]   表 4-1

规范	条款
GB/T 51231	10 施工安装 10.1 一般规定 10.2 施工准备 10.3 预制构件安装 10.4 预制构件连接 10.5 部品安装 10.6 设备与管线安装 10.7 成品保护 10.8 施工安全与环境保护
GB 50666	9 装配式结构工程 9.5 安装与连接

规范	条款
JGJ 1	**12 结构施工** 12.1 一般规定 12.2 安装准备 12.3 安装与连接

4.2 施工准备

和传统现浇式混凝土结构相比，装配式建筑在施工方式上有很大的改变，其中最根本的变化在于其有着大量的现场吊装工作，吊装过程中的安全隐患较大，再加上施工精度要求的提高，因此预制构件在安装前必须要做好全面完善且细致的准备工作。准备工作应包括施工组织设计和施工方案的制定，组织设计应符合现行国家标准《建筑施工组织设计规范》GB/T 50502 中的规定，施工方案应包括人员、技术、设备及项目的现场条件。

4.2.1 施工人员

装配式建筑施工人员应接受相应的操作训练和安全培训，包括吊装司机、吊装工、信号工等，主要工作可分为以下 4 点：

1. 应根据施工组织设计在吊装作业前对危险区域进行划定，并在相应的地点设置安全警示标志，现场应配备专门的安全员加强危险区域警戒，禁止无关人员进入危险区域，在施工环境较紧凑的情况下，还应防止由于高空交叉作业时造成的坠物伤人事故。

2. 施工单位或施工总承包单位应负责对项目的管理人员与安装操作工人进行系统的培训和相关施工作业的交底。

3. 特种作业人员必须持证上岗，并按照规定进行体检和考核。

4. 应选用经验丰富的吊装工和信号工，并保证身体健康和心理健康，不得安排有恐高类疾病的工人进行安装施工操作。

4.2.2 技术交底

1. 应参照《混凝土结构工程施工规范》GB 50666—2011 中的 9.2 节进行施工验算。

2. 应根据所编制的专项施工方案并按设计文件的要求对施工作业班组进行交底。

3. 应对所参与的各项工作人员进行安全交底。

4. 合理安排吊装顺序，主要应根据项目的特征和现场的形势进行规划，绘制施工流程图，保证项目开展的有序性和经济性。

4.2.3 机具设备

1. 在进行吊装机械操作前应阅读说明书并了解相应的参数，如最大起吊重量、起吊高度等，在操作前应仔细检查机具性能，防止在起吊过程中由于机具的损坏而发生高空坠物等重大安全事故。

2. 在选择吊具时，应考虑预制构件的形状特征、重量以及吊装方式，在吊装过程中，吊索水平夹角不宜小于 60°，不应小于 45°，且应保证吊具及缆风绳等相应的辅助工具完好无损，避免由于吊钩卡环或绳子损坏而产生安全问题。

3. 起吊形状尺寸较为复杂或重量较重的预制构件时，应合理选择设置分配梁或分配桁架的吊具，并应保证吊具与构件的重心在同一条竖直线上。

4. 提前准备好其他必要的工具和材料，如灌浆料、灌浆泵以及搅拌机等。

4.2.4 现场条件

1. 将连接部位的杂物及灰尘清理干净，应检查灌浆套筒是否堵塞，并及时清理。

2. 对于竖向预制构件，应检查斜支撑的相关部件和预埋件，安装好调整标高的支垫；对于水平预制构件，应架立好竖向支撑。

3. 安装前应复核测量放线及安装定位标志。

4. 为了利于质量控制，所有预制构件在吊装前均应标明截面控制线，方便吊装过程中的调整和检验。

4.3 预制构件安装

4.3.1 施工流程

目前的装配式混凝土建筑施工中，常见的预制构件有预制墙板、预制柱、预制梁、预制楼板、预制外挂墙板、预制楼梯等，预制构件的施工流程详见表 4-2。

常见预制构件的施工流程   表 4-2

项次	预制构件	施工流程
1	预制墙板	基础清理及定位放线→封浆条及垫片安装→吊运→预留钢筋插入就位→调整校正→临时固定→砂浆塞缝→节点钢筋绑扎→套筒灌浆→连接节点封模→连接节点浇筑混凝土→接缝防水施工
2	预制柱	标高找平→校正预留钢筋→吊装→安装及校正→套筒灌浆
3	预制梁	测量放线→设置梁底支撑→吊装→就位微调→接头连接
4	预制楼板	测量放线→搭设板底独立支撑→吊装→就位→校正
5	外挂墙板	复核标高→预埋件复检→吊装→安装临时承重铁件及斜撑→调整位置、标高、垂直度→安装永久连接件→吊钩解钩

项次	预制构件	施工流程
6	预制楼梯	测量放线→垫片及坐浆料施工→吊装→校正→固定
7	预制阳台板、空调板	测量放线→临时支撑搭设→起吊→落位→位置、标高确认→解除吊具

4.3.2 安装要点

由于各预制构件的施工工艺不同，其相应的安装要点也不尽相同，详见表4-3。

常见预制构件的安装要点[4-4] 表4-3

项次	预制构件	安装要点
1	预制墙板	1.预制墙板安装应设置临时斜撑，每件预制墙板安装过程的临时斜撑应不少于2道，临时斜撑宜设置调节装置，支撑点位置距离板底板不宜大于板高的2/3，且不应小于板高的1/2，斜支撑的预埋件安装、定位应准确。 2.预制墙板安装时应设置底部限位装置，每件预制墙板底部限位装置不少于2个，间距不宜大于4m。 3.临时固定措施的拆除应在预制构件与结构可靠连接，且装配式混凝土结构能达到后续施工要求后进行。 4.预制墙板安装过程应符合下列规定： (1)构件底部应设置可调整接缝间隙和底部标高的垫块； (2)钢筋套筒灌浆连接、钢筋锚固搭接连接灌浆前应对接缝周围进行封堵； (3)墙板底部采用坐浆时，其厚度不宜大于20mm； (4)墙板底部应分区灌浆，分区长度1~1.5m。 5.预制墙板校核与调整应符合下列规定： (1)预制墙板安装垂直度应以满足外墙板面垂直为主； (2)预制墙板拼缝校核与调整应以竖缝为主，横缝为辅； (3)预制墙板阳角位置相邻的平整度校核与调整，应以阳角垂直度为基准
2	预制柱	1.预制柱安装前应校核轴线、标高以及连接钢筋的数量、规格、位置。 2.预制柱安装就位后在两个方向应采用可调斜撑作临时固定，并进行垂直度调整以及在柱子四角缝隙处加塞垫片。 3.预制柱的临时支撑，应在套筒连接器内的灌浆料强度达到设计要求后拆除，当设计无具体要求时，混凝土或灌浆料应达到设计强度的75%以上方可拆除
3	预制梁	1.梁吊装顺序应遵循先主梁后次梁，先低后高的原则。 2.预制梁安装就位后应对水平度、安装位置、标高进行检查。根据控制线对梁端和两侧进行精密调整，误差控制在2mm以内。 3.预制梁安装时，主梁和次梁伸入支座的长度与搁置长度应符合设计要求。 4.预制次梁与预制主梁之间的凹槽应在预制楼板安装完成后，采用不低于预制梁混凝土强度等级的材料填实。 5.梁吊装前柱核心区内先安装一道柱箍筋，梁就位后再安装两道柱箍筋，否则，柱核心区质量无法保证。 6.梁吊装前应将所有梁底标高进行统计，有交叉部分梁吊装方案根据先低后高进行安排施工

项次	预制构件	安装要点
4	预制楼板	1.构件安装前应编制支撑方案,支撑架体宜采用可调工具式支撑系统,首层支撑架体的地基必须坚实,架体必须有足够的强度、刚度和稳定性。 2.板底支撑间距不应大于2m,每根支撑之间高差不应大于2mm,标高偏差不应大于3mm,悬挑板外端比内端支撑宜调高2mm。 3.预制楼板安装前,应复核预制板构件端部和侧边的控制线以及支撑搭设情况是否满足要求。 4.预制楼板安装应通过微调垂直支撑来控制水平标高。 5.预制楼板安装时,应保证水电预埋管(孔)位置准确。 6.预制楼板吊至梁、墙上方30～50cm后,应调整板位置使板锚固筋与梁箍筋错开,根据梁、墙上已放出的板边和板端控制线,准确就位,偏差不得大于2mm,累计误差不得大于5mm。板就位后调节支撑立杆,确保所有立杆全部受力。 7.预制楼板吊装顺序依次铺开,不宜间隔吊装。在混凝土浇筑前,应校正预制构件的外露钢筋,外伸预留钢筋伸入支座时,预留筋不得弯折。 8.相邻预制楼板间拼缝及预制楼板与预制墙板位置拼缝应符合设计要求并有防止开裂的措施。施工集中荷载或受力较大部位应避开拼接位置
5	外挂墙板	1.构件起吊时要严格执行"333制",即先将预制外挂板吊起距离地面300mm的位置后停稳30s,相关人员要确认构件是否水平,如果发现构件倾斜,要停止吊装,放回原来位置重新调整,以确保构件能够水平起吊。另外,还要确认吊具连接是否牢靠,钢丝绳有无交错等。确认无误后,所有人员远离构件3m,方可起吊。 2.构件吊至预定位置附近后,缓缓下放,在距离作业层上方500mm处悬停。吊装人员用手扶预制外挂板,配合起吊设备将构件水平移动到构件吊装位置。就位后缓慢下放,吊装人员通过地面上的控制线,将构件尽量控制在边线上。若偏差较大,需重新吊起距地面50mm处,重新调整后再次下放,直至满足吊装位置要求。 3.构件就位后,需要进行测量确认,测量指标主要有高度、位置、倾斜。调整顺序建议是按"先高度再位置后倾斜"进行调整
6	预制楼梯	1.预制楼梯安装前应复核楼梯的控制线及标高,并做好标记。 2.预制楼梯支撑应有足够的承载力、刚度及稳定性,楼梯就位后调节支撑立杆,确保所有立杆全部受力。 3.预制楼梯吊装应保证上下高差相符,顶面和底面平行,便于安装。 4.预制楼梯安装位置准确,采用预留锚固钢筋方式安装时,应先放置预制楼梯,再与现浇梁或板浇筑连接成整体,并保证预埋钢筋锚固长度和定位符合设计要求。当预制楼梯与现浇梁或板之间采用预埋件焊接或螺栓杆连接时,应先进行现浇梁或板施工,再搁置预制楼梯进行焊接或螺栓孔灌浆连接
7	预制阳台板、空调板	1.预制阳台板安装要求 (1)预制阳台板安装前,测量人员根据阳台板宽度,放出竖向独立支撑定位线,并安装独立支撑,同时在预制楼板上,放出阳台板控制线; (2)当预制阳台板吊装至作业面上空500mm时,减缓降落,由专业操作工人稳住预制阳台板,根据叠合板上控制线,引导预制阳台板降落至独立支撑上,根据预制墙体上水平控制线及预制叠合板上控制线,校核预制阳台板水平位置及竖向标高情况,通过调节竖向独立支撑,确保预制阳台板满足设计标高要求;通过撬棍(撬棍配合垫木使用,避免损坏板边角)调节预制阳台板水平位移,确保预制阳台板满足设计图纸水平位置要求; (3)预制阳台板定位完成后,将阳台板钢筋与叠合板钢筋连接固定,预制构件固定完成后,方可摘除吊钩; (4)同一构件上吊点高度不同的,低处吊点采用捯链进行拉接,起吊后调平,落位时采用捯链调整标高。 2.预制空调板安装要求 (1)预制空调板吊装时,板底应采用临时支撑措施; (2)预制空调板与现浇结构连接时,预留锚固钢筋应伸入现浇结构中,并应与现浇结构连成整体; (3)预制空调板采用插入式吊装方式时,连接位置应设预埋连接件,并应与预制外挂板的预埋连接件连接,空调板与外挂板交接的四周防水槽口应嵌填防水密胶

4.3.3 安装工艺

采用构件安装与现浇作业同步进行的方式，如预制墙板与现浇墙体同步施工，预制墙板与现浇墙体同步施工，预制墙体安装后采用套筒灌浆连接方式保证钢筋以及墙板的受力性能，并通过现浇节点浇筑形成整体；叠合构件安装与楼板现浇同步施工，通过叠合层混凝土浇筑形成整体[4-5]。常见预制构件的安装工艺见表 4-4。

常见预制构件的安装工艺[4-4]   表 4-4

项次	预制构件	安装工艺	示意图
1	预制墙板	1.定位放线 在楼板上根据图纸及定位轴线放出预制墙体定位边线及 200mm 控制线,同时在预制墙体吊装前,在预制墙体上放出墙体 500mm 水平控制线,便于预制墙体安装过程中精确定位	 200mm控制线 500mm水平控制线
		2.偏位钢筋调整 预制墙体吊装前,为了便于预制构件快速安装,使用定位框检查竖向连接钢筋是否偏位,用钢筋套管对偏位的钢筋进行校正,便于后续预制墙体安装	
		3.预制墙体吊装就位 预制墙板吊装时,为了保证墙体构件整体受力均匀,采用专用吊梁(即模数化通用吊梁),专用吊梁由 H 型钢焊接而成,根据各预制构件吊装时不同尺寸,不同的起吊点位置,设置模数化吊点,确保预制构件吊装时吊装钢丝绳的竖直。专用吊梁下方设置专用吊钩,用于悬挂吊索,进行不同类型预制墙体的吊装。 预制墙体吊装过程中,距楼板面 1000mm 处减缓下落速度,由操作人员引导墙体降落,操作人员观察连接钢筋是否对孔,直至钢筋与套筒全部连接(预制墙体按顺时针依次安装,先吊装外墙板后吊装内墙板)	

项次	预制构件	安装工艺	示意图
1	预制墙板	4.安装斜向支撑及底部限位装置 预制墙体吊装就位后,先安装斜向支撑,斜向支撑用于固定调节预制墙体,确保预制墙体安装垂直度;再安装预制墙体底部限位装置七字码,用于加固墙体与主体结构的连接,确保后续灌浆与暗柱混凝土浇筑时不产生位移。 墙体垂直度通过靠尺校核,如有偏位,调节斜向支撑,确保构件的水平位置及垂直度均在允许误差5mm之内,相邻墙板构件平整度允许误差±5mm,此施工过程中要同时检查外墙面上下层的平齐情况,允许误差不超过 3mm,如果超过允许误差,要以外墙面上下层错开3mm为准重新进行墙板的水平位置及垂直度调整,最后固定斜向支撑及七字码	
2	预制柱	1.标高找平 预制柱安装施工前,通过激光扫平仪和钢尺检查楼板面平整度,用铁制垫片使楼层平整度控制在允许偏差范围内	
		2.竖向预留钢筋校正 根据所弹出柱线,采用钢筋限位框,对预留插筋进行位置复核,对有弯折的预留插筋应用钢筋校正器进行校正,以确保预制柱连接的质量	
		3.预制柱吊装 预制柱吊装采用慢起、快升、缓放的操作方式。塔式起重机缓缓持力,将预制柱吊离存放架,然后快速运至预制柱安装施工层。在预制柱就位前,应清理柱安装部位基层,然后将预制柱缓缓吊运至安装部位的正上方	

项次	预制构件	安装工艺	示意图
2	预制柱	4. 预制柱的安装及校正 塔式起重机将预制柱下落至设计安装位置,下一层预制柱的竖向预留钢筋与预制柱底部的套筒全部连接,吊装就位后,立即加设不少于2根的斜支撑对预制柱临时固定,斜支撑与楼面的水平夹角不应小于60°。 根据已弹好的预制柱的安装控制线和标高线,用2m靠尺、吊线锤检查预制柱的垂直度,并通过可调斜支撑微调预制柱的垂直度,预制柱安装施工时应边安装边校正	
3	预制梁	1. 定位放线 用水平仪测量并修正柱顶与梁底标高,确保标高一致,然后在柱上弹出梁边控制线。 预制梁安装前应复核柱钢筋与梁钢筋位置、尺寸,对梁钢筋与柱钢筋安装有冲突的,应按经设计部门确认的技术方案调整。梁柱核心区箍筋安装应按设计文件要求进行 2. 支撑架搭设 梁底支撑采用钢立杆支撑+可调顶托,可调顶托上铺设100mm×100mm方木或铝合金工字梁,预制梁的标高通过支撑体系的顶丝来调节。 临时支撑位置应符合设计要求;设计无要求时,长度小于或等于4m时应设置不少于2道垂直支撑,长度大于4m时应设置不少于3道垂直支撑。 梁底支撑标高调整宜高出梁底结构标高2mm,应保证支撑充分受力并撑紧支撑架后方可松开吊钩。 叠合梁强度达到设计要求后方可拆除支撑架	

项次	预制构件	安装工艺	示意图
3	预制梁	3.预制梁吊装 预制梁一般用两点吊,预制梁两个吊点分别位于梁顶两侧距离梁端 0.2L 梁长位置,由构件生产厂家预留。 采用双腿锁具或专用吊梁吊住预制梁两个吊点,逐步移向拟定位置,通过预制梁顶绳索人工辅助就位	
		4.预制梁微调定位 当预制梁初步就位后,借助柱上的梁定位线将梁精确校正。梁的标高通过支撑体系的顶丝来调节,调平同时需将下部可调支撑上紧,这时方可松去吊钩	
4	预制楼板	1.定位放线 预制墙体安装完成后,由测量人员根据预制叠合板宽放出独立支撑定位线,并安装独立支撑,同时根据叠合板分布图及轴网,利用经纬仪在预制墙体上放出板缝位置定位线,板缝定位线允许误差±10mm	
		2.板底支撑架搭设 支撑架体应具有足够的承载能力、刚度和稳定性,应能可靠地承受混凝土构件的自重和施工过程中所产生的荷载及风荷载,支撑立杆下方应铺 50mm 厚木板或铝合金工字梁。 确保支撑系统的间距及距离墙、柱、梁边的净距符合系统验算要求,上下层支撑应在同一直线上。 在可调节顶撑上架设方木,调节方木顶面至板底设计标高,开始吊装预制楼板	

项次	预制构件	安装工艺	示意图
4	预制楼板		
		3.预制楼板吊装就位 为了避免预制楼板吊装时因受集中应力而造成开裂,预制楼板吊装宜采用专用吊架。 预制楼板吊装过程中,在作业层上空500mm处减缓降落,由操作人员根据板缝定位线,引导楼板降落至独立支撑上。及时检查板底与预制叠合梁或剪力墙的接缝是否到位,预制楼板钢筋深入墙长度是否符合要求,直至吊装完成	
		4.预制板校正定位 根据预制墙体上水平控制线及竖向板缝定位线,校核叠合板水平位置及竖向标高情况,通过调节竖向独立支撑,确保叠合板满足设计标高要求;通过撬棍(撬棍配合垫木使用,避免损坏板边角)调节叠合板水平位移,确保叠合板满足设计图纸水平分布要求	

项次	预制构件	安装工艺	示意图
5	外挂墙板	1.安装临时承重件 预制外挂板吊装就位后,在调整好位置和垂直度前,需要通过临时承重铁件进行临时支撑,铁件同时还起到控制吊装标高的作用。 2.安装永久连接件 预制外挂板通过预埋铁件与下层结构连接起来,连接形式为焊接及螺栓连接	
6	预制楼梯	1.放线定位 楼梯间周边梁板叠合层混凝土浇筑完工后,测量并弹出相应楼梯构件端部和侧边的控制线 2.预制楼梯吊装 一般采用四点吊,配合捯链下落就位调整索具铁链长度,使楼梯段休息平台处于水平位置,试吊预制楼梯板,检查吊点位置是否准确,吊索受力是否均匀等,试起吊高度不应超过1m。 预制楼梯吊至梁上方300~500mm后,调整预制楼梯位置使上下平台锚固筋与梁箍筋错开,板边线基本与控制线吻合。 将构件根据控制线精确就位,先保证楼梯两侧准确就位,再使用水平尺和捯链调节楼梯水平	

项次	预制构件	安装工艺	示意图
7	预制阳台板、空调板	1. 安装前，应检查支座顶面标高及支撑面的平整度。 2. 吊装完成后，应对板底接缝高差进行校核，如板底接缝高差不满足设计要求，应将构件重新起吊，通过可调托座进行调节。 3. 就位后，应立即调整并固定。 4. 待后浇混凝土强度达到设计要求后，方可拆除临时支撑	

注：表中部分图片来自张文荣、李凯的《装配式建筑学习总结》PPT。

4.4 预制构件连接

预制构件的连接形式丰富，主要包括套筒灌浆连接、直螺纹套筒连接、钢筋浆锚连接以及螺栓连接等，目前的装配式预制构件连接施工中多使用套筒灌浆连接。需要注意的是，预制构件节点的钢筋连接应满足现行行业标准《钢筋机械连接技术规程》JGJ 107 中 I 级接头的性能要求，并应符合国家行业有关标准的规定，且应对连接件、焊缝、螺栓或铆钉等紧固件在不同设计状况下的承载力进行验算，并应符合现行国家标准《钢结构设计标准》GB 50017 和《钢结构焊接规范》GB 50661 等规定。

4.4.1 施工流程

在目前的装配式混凝土建筑施工中，比较常见的预制构件连接方式有钢筋套筒灌浆连接、直螺纹套筒连接、浆锚搭接、螺栓连接，这些连接方式的施工流程图详见表 4-5。

常见连接方法的施工流程   表 4-5

项次	预制构件	施工流程
1	钢筋套筒灌浆连接	清理并润湿界面→分仓及封堵→温度记录→灌浆料制备→流动度检测→试块制作→注浆孔封堵→注浆→出浆孔封堵→现场清理并填写注浆记录表
2	直螺纹套筒连接	钢筋端面平头→剥肋滚压螺纹→丝头质量自检→戴帽保护→丝头质量抽检→存放待用→用套筒对接钢筋→用扳手拧紧定位→检查质量验收
3	浆锚搭接	注浆孔清理→预制构件封模→搅拌注浆料→注浆料检测→浆锚注浆→构件表面清理

项次	预制构件	施工流程
4	螺栓连接	准备工作→安装螺栓→矫正→初拧→检查→终拧→施工记录

注：1. 在进行套筒灌浆施工时，应全程录像并留下影像记录，在进行灌浆料流动度检测时，若是不合格，需要重新制备并再次进行流动度检测。

2. 在进行螺栓连接施工时，初拧和终拧阶段之间需进行检查，若是检查结果不符合设计要求，应重新矫正。

4.4.2 构件连接要点

常见预制构件连接方式包括钢筋套筒灌浆连接、直螺纹套筒连接、浆锚搭接以及螺栓连接，其要点详见表 4-6。

构件连接要点[4-4,4-6]　　　　　　　　　　　　　　　表 4-6

项次	预制构件	连接要点
1	钢筋套筒灌浆连接	1.灌浆前应制定钢筋套筒灌浆操作专用的专项质量保证措施,套筒内表面和钢筋表面应洁净,被连接钢筋偏离套筒中心线的角度不应超过 7°,灌浆操作全过程应由监理人员旁站; 2.应由经培训合格的专业人员按灌浆料配置要求计量灌浆材料和水的用量,搅拌均匀后测定其流动度,满足设计要求后方可灌注; 3.浆料应在制备后 30min 内用完,灌浆作业应采取压浆法从下口灌注,当浆料从上口流出时应及时封堵,持压 30s 后再封堵下口,灌浆后 24h 内不得使构件和灌浆料层受到振动、碰撞; 4.灌浆作业应及时做好施工质量检查记录,并按要求每工作班应制作 1 组且每层不应少于 3 组 40mm×40mm×160mm 的长方体试件,标准养护 28d 后进行抗压强度试验; 5.灌浆施工时环境温度不应低于 5℃;当连接部位温度低于 10℃时,应对连接处采取加热保温措施; 6.灌浆作业应留下影像资料,作为验收资料
2	直螺纹套筒连接	1.钢筋先调直再下料,切口端面与钢筋轴线垂直,不得有马蹄形或挠曲,不得用气割下料。 2.钢筋下料及螺纹加工时需符合下列规定: (1)设置在同一个构件内的同一截面受力钢筋的位置应相互错开,在同一截面接头百分率不应超过 50%; (2)钢筋接头端部距钢筋受力弯点长度不得小于钢筋直径的 10 倍; (3)钢筋连接套筒的混凝土保护层厚度应满足现行国家标准《混凝土结构设计规范》GB 50010 中的相应规定且不得小于 15mm,连接套筒之间的横向净距不宜小于 25mm; (4)钢筋端部平头使用钢筋切割机进行切割,不得采用气割。切口断面应与钢筋轴线垂直; (5)按照钢筋规格所需的调试棒调整好滚丝头内控最小尺寸; (6)按照钢筋规格更换涨刀环,并按规定丝头加工尺寸调整剥肋加工尺寸; (7)调整剥肋挡块及滚扎行程开关位置,保证剥肋及滚扎螺纹长度符合丝头加工尺寸的规定; (8)丝头加工时应用水性润滑液,不得使用油性润滑液。当气温低于 0℃时,应掺入15%～20%亚硝酸钠,严禁使用机油做切割液或不加切割液加工丝头; (9)钢筋丝头加工完毕经检验合格后,应立即戴上丝头保护帽或拧上连接套筒,防止装卸钢筋时损坏钢筋丝头

项次	预制构件	连接要点
3	浆锚搭接	1. 灌浆前应对连接孔道及灌浆孔和排气孔全数检查,确保孔道通畅,内表面无污染。 2. 竖向构件与楼面连接处的水平缝应清理干净,灌浆前24h连接面应充分浇水润湿,灌浆前不得有积水; 3. 竖向构件的水平拼缝应采用与结构混凝土同强度或高一等级强度的水泥砂浆进行周边坐浆密封,1d以后方可进行灌浆作业; 4. 灌浆料应采用电动搅拌器充分搅拌均匀,搅拌时间从开始加水到搅拌结束应不少于5min,然后静置2~3min;搅拌后的灌浆料应在30min内使用完毕,每个构件灌浆总时间应控制在30min以内; 5. 浆锚节点灌浆必须采取机械压力注浆法,确保灌浆料能充分填充密实; 6. 灌浆应连续、缓慢、均匀地进行,直至排气孔排出浆液后,立即封堵排气孔,持压不小于30s,再封堵灌浆孔,灌浆后24h内不得使构件和灌浆层受到振动、碰撞; 7. 灌浆结束后应及时将灌浆孔及构件表面的浆液清理干净,并将灌浆孔表面抹压平整; 8. 灌浆作业应及时做好施工质量检查记录,并按要求每工作班组应制作1组且每层不应少于3组40mm×40mm×160mm的长方体试件,标准养护28d后进行抗压强度试验; 9. 灌浆作业应留下影像资料,作为验收资料
4	螺栓连接	1. 螺栓连接为干连接,适用于外挂墙板和楼梯等非主体结构构件的连接; 2. 螺栓连接是全装配式混凝土结构的主要连接方式,可以连接结构柱、梁。非抗震设计或低抗震设防烈度设计的低层或多层建筑,当采用全装配式混凝土结构时,可用螺栓连接主体结构; 3. 普通螺栓作为永久性连接螺栓时应符合下列要求[4-7]: (1)对一般的螺栓连接,螺栓头和螺母下面应放置平垫圈,以增加承压面积; (2)螺栓头下面放置的垫圈一般不应多于2个,螺母下的垫圈一般不应多于1个; (3)对于设计有要求防松动的螺栓、锚固螺栓应采用防松动装置的螺母或弹簧垫圈,或用人工方法采取防松措施; (4)对于承受动荷载或重要部位的螺栓连接,应按设计要求放置弹簧垫圈,弹簧垫圈必须设置在螺母一侧; (5)对于工字钢、槽钢类型钢应尽量使用斜垫圈,使螺母和螺栓头部的支承面垂直于螺栓

4.4.3 钢筋套筒灌浆连接

套筒灌浆连接技术是通过灌浆料的传力作用将钢筋与套筒连接形成整体,套筒灌浆连接分为全灌浆套筒连接和半灌浆套筒连接,套筒设计符合现行行业标准《钢筋连接用灌浆套筒》JG/T 398 要求,接头性能达到现行行业标准《钢筋机械连接技术规程》JGJ 107 规定的最高级,即Ⅰ级。钢筋套筒灌浆料应符合现行行业标准《钢筋连接用套筒灌浆料》JG/T 408 规定。

1. 灌浆前准备

灌浆作业前应编制相应的专项施工方案,管理人员应及时对施工班组进行技术交底。灌浆前应检查灌浆套筒的数量、规格、位置以及深度,应检查灌浆料使用保质期、外观是否受潮等,应检查施工机具是否满足该项目的施工条件。

套筒灌浆施工是影响装配式构件连接质量的关键因素,其控制要点主要有三点，即人员、材料和施工机具，首先施工人员必须为专业操作工人，且在操作前应进行培训，施工时严格按照国家现行相关规范执行；灌浆料应为合格品，且灌浆套筒和灌浆料需是同一厂家生产，根据设计要求及套筒规格、型号选择配套的灌浆料，施工过程中严格按照厂家提供的配置方法进行灌浆料制备，不允许随意更换；施工机具应为一套完整的设备，且均为合格品，包括电子地秤、搅拌桶、电动搅拌机、电动灌浆泵、手动注浆枪和管道刷，详见表4-7。

套筒灌浆施工机具 表 4-7

序号	设备名称	规格型号	用途	示意图
1	电动灌浆泵		压力法灌浆	
2	电子地秤	30～50kg	量取水和灌浆料	
3	手持式搅拌器	≥120r/min	拌制浆料	
4	搅拌桶	25L	盛水、浆料拌制	

序号	设备名称	规格型号	用途	示意图
5	塑料杯	2L	定量取水	
6	手动注浆枪		应急用注浆	
7	筛网		过滤浆料	
8	管道刷		清理套筒内表面	
9	堵孔塞		浆料溢出时堵孔	

2.冬季灌浆施工

冬季灌浆施工时的环境温度宜在5℃以上，若环境温度不满足要求时，不宜进行灌浆作业；若受工序关系影响必须进行作业时，应根据现行行业标准《钢筋连接用套筒灌浆料》JG/T 408 中的规定拌制低温灌浆料，且各项指标必须符合标准。另可采取热水（水温 20～30℃）拌制灌浆料（确保灌浆料温度不低于 15℃），每次拌制的灌浆料必须在 20min 内用完，每个连接区域灌浆完成后对连接处采取覆盖保温措施，养护时间不少于 48h，确保浆料强度达到 35MPa，方能进行下一道工序。在采取热水拌制仍不能满足温度条件时，可采用电伴热预热和使用低温灌浆料或添加相应外加剂等措施。

3. 套筒灌浆连接工艺

套筒灌浆连接工艺包括灌浆料的制备、灌浆料的检验、灌浆区内外封堵、灌浆区域的分仓处理以及接缝封堵及灌浆孔封堵等步骤，具体见表 4-8。

套筒灌浆连接工艺[4-6] 表 4-8

项次	工艺步骤	示意图
1	灌浆料制备： 打开包装袋，检验灌浆料外观及包装上的有效期，将干料混合均匀，无受潮结块等异常后，方可使用。 拌和用水应符合现行行业标准《混凝土用水标准》JGJ 63 的有关规定。 灌浆料需按产品质量证明文件注明的用水量进行拌制，也可按加水率（加水率＝加水重量/干料重量×100%）进行拌制。 为使灌浆料的拌和比例准确，使用量筒作为计量容器。 搅拌机、搅拌桶就位后，将水和灌浆料倒入搅拌桶内进行搅拌。先加入 80% 水量搅拌 3～4min 后，再加剩余的水，搅拌均匀后静置 2min 排气，然后进行灌浆作业。灌浆料搅拌完成后，不得加水	
2	灌浆料的检验： 强度检验 灌浆料强度按批检验，以每层楼为一个检验批；每工作班组应制作一组且每层不应少于 3 组 40mm×40mm×160mm 的试件，标准养护 28 天后进行抗压强度试验。 流动度及实际可操作时间检验 每次灌浆施工前，需对制备好的灌浆料进行流动度检验，同时需做实际可操作时间检验，保证灌浆施工时间在产品可操作时间内完成。灌浆料搅拌完成初始流动度应≥300mm，以 260mm 为流动下限。 浆料流动时，用灌浆机循环灌浆的形式进行检测，记录流动度降为 260mm 时所用时间；浆料搅拌后完全静止不动，记录流动度降为 260mm 时所用时间；根据时间数据确定浆料实际可操作时间，并要求在此时间内完成灌浆	

项次	工艺步骤	示意图
3	灌浆区内外侧封堵： 预制构件安装校正固定稳妥后,使用风机清理预留板缝,并用水将封堵部位润湿,周边的缝隙用1:2.5水泥砂浆填塞密实、抹平,砂浆内掺加水泥用量10%的108胶。当缝隙宽大于3cm时,应用C20细石混凝土浇筑密实。塞缝作业时应注意避免堵塞注浆孔及灌浆连通腔	
4	灌浆区域的分仓措施： 若灌浆面积大、灌浆料多、灌浆操作时间长,而灌浆料初凝时间较短,故需对一个较大的灌浆区域进行人为的分区操作,保证灌浆操作的可行性。分仓应采用坐浆料或封浆海绵条进行分仓,分仓长度不应大于规定的限值,分仓时应确保密闭空腔,不应漏浆	
5	灌浆作业： 在正式灌浆前,应逐个检查各灌浆孔和出浆孔通道是否有影响浆料流动的杂物并及时清理,必要时可采用清水预灌浆,检查灌浆通路的畅通性。将灌浆孔和出浆孔上橡胶塞拔出,并留在原地准备封堵。施工现场应采用专用电动灌浆泵进行压力灌浆,具体灌浆过程为：每仓选择一个灌浆孔作为进浆口(建议选择最外侧),用灌浆枪口插入进浆口,调整灌浆速度和压力开始灌浆。待下侧其余灌浆孔和上侧出浆孔依次出浆后(圆柱状稳定流出),用橡胶塞一一封堵。待所有灌浆孔和出浆孔均堵塞后,浆料从上部排气观察孔流出,此时拔出灌浆枪并立刻封堵进浆口。宜每隔5min观察浆料回流情况,并及时进行查漏和补浆。待灌浆料凝固后(30~45min),可拔出出浆孔橡胶塞,检查孔内灌浆料是否回落与形成空腔	

4. 微重力流补浆工艺

微重力流补浆工艺可有效解决钢筋连接套筒或浆锚搭接连接预留孔道内灌浆料拌合物在静置过程中因排气自密实和轻微塞封封堵不严引起的液面下降问题,同时,也可作为施工过程灌浆质量控制的有效手段,即通过观察透明补浆装置内灌浆料拌合物液面的下降情况判断套筒内是否已饱满，若装置内液面不稳定且不断下降则套筒内灌浆料拌合物仍未饱满，若装置内液面稳定则可认为套筒内灌浆料拌合物已饱满。微重力流补浆工艺示意如图 4-1 所示。

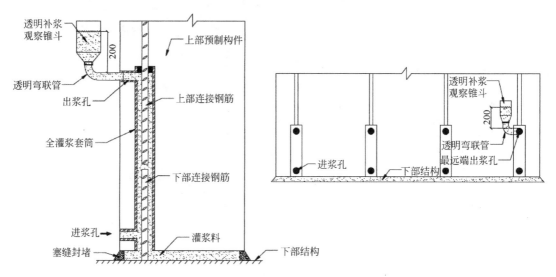

(a) 预制剪力墙分仓灌浆微重力流补浆锥斗设置示意图

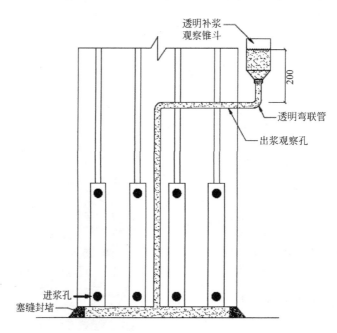

(b) 预制柱灌浆微重力流补浆锥斗设置示意图

图 4-1 微重力流补浆工艺示意图

采用微重力流补浆观察管有以下优点[4-8]：

（1）灌浆料与大气连通，利于灌浆腔内部及灌浆料自身气体排出，提高灌浆腔密实性；

（2）能够实时观察灌浆料高度及灌浆料下沉情况，并及时发现施工中出现的灌浆腔渗漏等问题。当灌浆套筒出浆孔道液面下降时，利用灌浆浆液提高段微重力完成自我补浆。当灌浆液面下降到出浆孔上切面以下时，方便进行人工二次补浆操作，确保灌浆饱满度；

（3）微重力流补浆观察管设置方便，不需要额外的仪器设备，且灌浆完成后可及时清理，达到循环利用的效果，几种常见的微重力补浆观察管如图 4-2 所示。

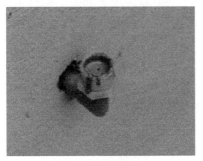
(a) 透明塑料弯管接头

(b) 弯管接头加开关阀

(c) 弯管接头加透明管

(d) 弯管接头加漏斗

图 4-2　微重力流补浆观察管形式

微重力流补浆施工工艺的特点体现在观察管的连接施工，具体如下[4-8]：

（1）上排出浆孔全部或部分使用补浆观察管连接，当浆液充满补浆观察管时，一一顺序封堵，但最后一个出浆孔对应的补浆观察管不封堵，此时停止注浆，封堵灌浆孔，再将出浆孔上的补浆观察管橡胶塞全部拔出，便于内部气体排出。根据每个补浆观察管实时观察浆料液面下降情况，并及时补浆；

（2）可采用橡胶塞直接封堵补浆观察管口。安装开关阀的可使用阀门封堵。不封堵的补浆观察管为了便于补浆，可以采用漏斗接头；

（3）控制灌浆液面高度，使其保持在出浆孔上切面以上。灌浆完成后约 15～25min（灌浆料基本无流动），拔出补浆观察管，检查出浆孔处浆料饱满度。若出浆孔浆料仍能流动，重新塞回补浆观察管直至浆料基本无流动。

4.4.4　浆锚搭接连接

1. 基本原理[4-4]

浆锚连接是一种安全可靠、施工方便、成本相对较低的可保证钢筋之间力的传递的有效连接方式。在预制柱内插入预埋专用螺旋棒，在混凝土初凝之后旋转取出，形成预留孔道，下部钢筋插入预留孔道，在孔道外侧钢筋连接范围外侧设置附加螺旋箍筋，下部预留钢筋插入预留孔道，然后在孔道内注入微膨胀高强灌浆料形成的连接方式。

纵向钢筋采用浆锚搭接连接时，对预留孔成孔工艺、孔道形状和长度、构造要求、灌浆料和被连接的钢筋，应进行力学性能以及适用性的实验验证。直径大于20mm的钢筋不宜采用浆锚搭接连接，直接承受动力荷载构件的纵向钢筋不应采用浆锚搭接连接。

2. 浆锚搭接连接工艺[4-6]

（1）拼缝模板支设

1）外墙外侧上口预先采用20mm厚挤塑条，用胶水将挤塑板固定于下部构件上口外侧，外墙内侧采用木模板围挡，用钢管加顶托顶紧。

2）墙板与楼地面间缝隙使用木模将两侧封堵密实。

（2）注浆管内喷水湿润

1）选用生活饮用水或经检验可用的地表水及地下水。

2）拌和用水不应影响注浆材料的和易性、强度、耐久性，且不应腐蚀钢筋。

3）对金属注浆管内和接缝内洒水应适量，洒水后应间隔2h再进行灌浆，防止积水。

（3）搅拌灌浆料

1）拌和用水不应影响注浆材料的和易性、强度、耐久性，且不应腐蚀钢筋。

2）注浆料宜选用成品高强灌浆料，应具有流动性大、无收缩、早强高强等特点。抗压强度要求：1d≥20MPa，3d≥40MPa，28d≥60MPa；初凝时间应大于30min，终凝时间应在2~4h。

3）一般要求配料比例控制为：一包灌浆料20kg用水3.5kg，流动度≥270mm。

4）搅拌时间为60s以上，应充分搅拌均匀，选用手持式电动搅拌机搅拌过程中不得将叶片提出液面，防止带入气泡。

5）一次搅拌的注浆料应在20min内用完。

（4）注浆管内孔注浆

1）可采用高位自重流淌灌浆或采用压力注浆。高位自重流淌注浆即选用料斗放置在高处，利用注浆料自重流淌灌入；压力注浆，注浆压力应保持在0.2~0.5MPa。

2）采用高位自重流淌注浆方法时注意先从高位注浆管口注浆，待注浆料接近低位注浆口时，注入第二高位注浆口，以此类推。待注浆料终凝前分别对高、低位注浆管口进行补浆，这样确保注浆材料的密实性和连续性。

3）注浆应逐个构件进行，一块构件中的注浆孔或单独的拼缝应一次性连续注浆直至注满。

（5）构件表面清理

构件注浆后应及时清理沿灌浆口溢出的注浆料，随注随清，防止污染构件表面。

（6）注浆管口表面填实压光

1）注浆口填实压光应在注浆料终凝前进行。

2）注浆管口应抹压至与构件表面平整，不得凸出或凹陷。

3）注浆料终凝后应洒水养护，每天 3～5 次，养护时间不得少于 7d。

4.4.5 直螺纹套筒连接

1.基本原理[4-4]

直螺纹套筒连接接头施工，其工艺原理是将钢筋待连接部分剥肋后滚压成螺纹，利用连接套筒进行连接，使钢筋丝头与连接套筒连接为一体，从而实现了等强度钢筋连接。直螺纹套筒连接的种类主要有冷镦粗直螺纹、热镦粗直螺纹、直接滚压直螺纹、挤压肋滚压直螺纹。

2.施工机具

直螺纹套筒加工的工具主要包括钢筋直螺纹剥肋滚丝机、牙型规、卡规，详见表 4-9。

直螺纹套筒加工工具　　　　　　　　　　表 4-9

序号	名称	用途	图示
1	钢筋直螺纹剥肋滚丝机	钢筋车丝	
2	牙型规	检查车丝	
3	卡规	检查车丝外径	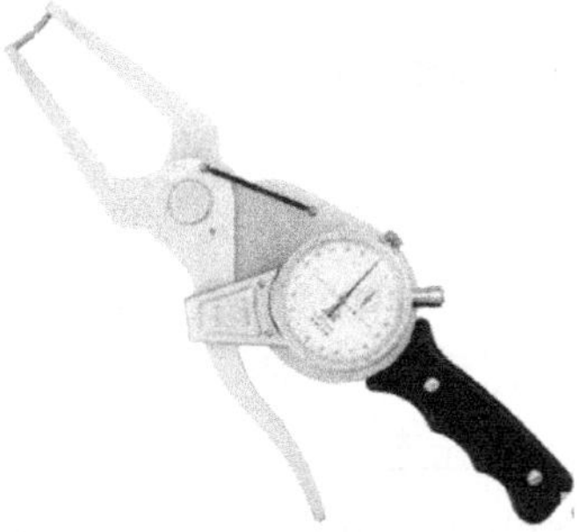

3. 直螺纹套筒连接工艺[4-4]

（1）连接钢筋时，钢筋规格和连接套筒规格应一致，并确保钢筋和连接套的丝扣干净、完好无损。

（2）连接钢筋时应对准轴线将钢筋拧入连接套中。

（3）必须用力矩扳手拧紧接头。力矩扳手的精度为±5％，要求每半年用扭力仪检定一次，力矩扳手不使用时，将其力矩值调整为零，以保证其精度。

（4）连接钢筋时应对正轴线将钢筋拧入连接套中，然后用力矩扳手拧紧。接头拧紧值应满足表4-10规定的力矩值，不得超拧，拧紧后的接头应作上标记，防止钢筋接头漏拧。

（5）钢筋连接前要根据所连接直径的需要将力矩扳手上的游动标尺刻度调定在相应的位置上。即按规定的力矩值，使力矩扳手绕钢筋轴线均匀加力。当听到力矩扳手发出"咔嚓"声响时即停止加力，否则会损坏扳手。

（6）连接水平钢筋时必须依次连接，从一头往另一头，不得从两边往中间连接，连接时两人需面对站立，一人用扳手卡住已连接好的钢筋，另一人用力矩扳手拧紧待连接钢筋，按规定的力矩值进行连接，这样可避免损坏已连接好的钢筋接头。

（7）使用扳手对钢筋接头拧紧时，只要达到力矩扳手调定的力矩值即可，拧紧后按表4-10检查。

（8）接头拼接完成后，应使两个丝头在套筒中央位置相互顶紧，套筒的两端不得有一扣以上的完整丝扣外露，加长型接头的外露扣数不受限制，但有明显标记，以检查进入套筒的丝头长度是否满足要求。

直螺纹钢筋接头拧紧力矩值如表4-10所示。

直螺纹钢筋接头拧紧力矩值　　　　　　　　　　　　　　表4-10

序号	钢筋直径(mm)	拧紧力矩值(N·m)
1	≤16	100
2	18～20	200
3	22～25	260
4	28～32	320
5	36～40	360
6	50	460

4.4.6 螺栓连接

1. 基本原理[4-4]

螺栓连接是用螺栓和预埋件将预制构件与主体结构进行连接，在装配整体式混凝土结构中，螺栓连接主要用于外挂墙板和楼梯等非主体结构构件的连接，属于干式连接，外挂墙板的节点螺栓连接示意图如图4-3所示，楼梯与主体结构的螺栓连接示意图如图4-4所示。

2. 螺栓连接工艺

（1）接头组装：连接处的钢板或型钢应平整，板边、孔边无毛刺；接头处有翘曲、变形必须进行校正。

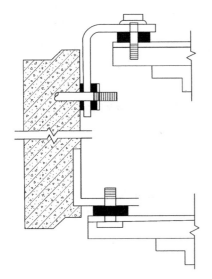

图 4-3 外挂墙板螺栓连接示意图

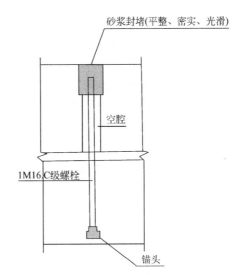

图 4-4 楼梯螺栓连接示意图

（2）遇到安装孔有问题时，不得用氧-乙炔扩孔，应用铰刀扩孔。

（3）安装螺栓：组装时先用冲钉对准孔位，在适当位置插入螺栓，用扳手拧紧。

（4）为使螺栓群中所有螺栓均匀受力，初拧、终拧都应按照一定顺序进行。

1）一般接头：应从螺栓群中间顺序向外侧进行紧固。

2）从接头刚度大的地方向不受约束的自由端进行。

3）从螺栓群中心向四周扩散的方式进行。

4.4.7 连接问题的检测和预防

预制构件连接是装配式建筑施工过程中的一个重要部分，预制构件节点连接直接影响到建筑的使用情况以及抗震性能。通常在检测过程中会发现的工程质量的问题有套筒灌浆不饱满、混凝土结合面未清理、灌浆料强度偏低、保温连接件锚固能力不足、埋置钢筋截断灌浆接头产品质量不合格、预留钢筋位置偏差较大、预制构件吊装运输产生裂缝、墙板拼缝开裂等。以上问题中，大部分都与节点连接问题有关。由此可见节点连接是装配式建筑质量的关键性问题，它会影响到装配式建筑的使用性能和安全性能。下面重点介绍最常见的三种连接问题的检测方法和防治措施。

1. 灌浆饱满度检测

套筒在装配式建筑中经常会用到，该配件主要用于构件连接，因此对于装配式建筑的质量有着重要的意义。目前，对于套筒灌浆饱满度检验的方法主要有：预埋检测法、无损检测法和局部破损检测法；预埋检测法有预埋传感器法和预埋钢丝拉拔方法等；无损检测法有超声波、冲击回波、X 射线、工业 CT 等；局部破损检测法主要为钻芯法[4-9]；在施工过程中可使用微重力流补浆工艺进行监测。

2. 结合面、浆锚搭接质量检测

结合面和浆锚搭接的质量检测一般采用冲击回波法。该方法是在混凝土的表面通过机械冲击发出具有低频冲击的弹性波，当波传播到结构内部时，波会被构件底面或缺陷表面反射回来。冲击弹性波在构件表面、内部缺陷的表面或者构件底面的边界之间来回反射，这样就能够产生瞬态共振。通过快速傅立叶变换，可以得出波形的频率和对应振幅的关系图，这样就能够辨别波的瞬态共振频率。最后通过瞬态共振频率就可以确定内部缺陷的深度和构件的厚度。冲击回波法特别适用于叠合构件的检测，能够对混凝土结合面处的脱空层、孔洞、不密实等缺陷进行详尽的排查[4-9]。

3. 套筒连接错位预防措施

预制钢筋与现场钢筋孔洞对位问题一直是预制装配式建筑现场施工的重点难点。建议在满足规范要求的前提下，适当增大钢筋对位孔洞，这样可以使对位钢筋的入孔率增多，从而使钢筋的纵向整体性增强，有效连接增加；或者，可以增加现场施工与构件加工厂的沟通，增加构件加工厂生产准确性以及现场钢筋绑扎的规范性，减少错误构件的产生[4-10]。

4.5　本章小结

本章共 4 个小节，第 1 节介绍了现行国家规范中与预制构件安装与连接施工相关的条文规定；第 2 节根据装配式建筑的施工特点，分别对施工人员配置、技术交底内容、机具设备的操作及现场施工条件进行了介绍；第 3 节总结了常见预制构件的施工流程，对各类预制构件的安装要点进行了详细介绍，梳理了各类预制构件的安装工艺；第 4 节全面介绍了预制构件的四种连接方式及各连接方式的施工流程和技术要点。

本章针对装配式建筑的施工特点，分析了现行规范和技术规程中的相关条文，分别从施工准备、预制构件安装和预制构件连接三个方面进行详细说明。本章中针对各类预制混凝土构件安装与连接施工的技术参数、工艺流程、施工方法、操作要求及质量保证措施的全面梳理和详细介绍，可作为装配式建筑施工时的参考依据，指导预制构件安装与连接现场施工中的各个环节，但尚应根据具体工程使用的设计规范，技术规程等编制专项方案。

第五章　结构后浇区施工

本章导图

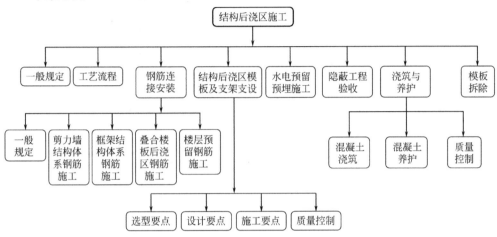

5.1　一般规定

结构后浇区施工主要包括框架梁柱节点现浇部位、剪力墙边缘构件及交接处现浇部位和叠合构件叠合现浇等部位的混凝土现场浇筑施工。

根据国家及地方设计标准规定，装配式混凝土结构需采用现浇混凝土施工的部位见表 5-1。

采用现浇混凝土施工部位的规定　　　　　　　　　　　　表 5-1

分类	带转换层的装配整体式结构	高层装配整体式混凝土结构	楼盖结构
强制采用现浇混凝土	部分框支剪力墙结构底部框支层及相邻上一层	/	/
宜采用现浇混凝土	部分框支剪力墙以外结构中的转换梁、转换柱	地下室	结构转换层
		剪力墙结构底部加强部位的剪力墙	平面复杂或开洞较大的楼层
		抗震设防烈度为 8 度时,高层装配整体式剪力墙结构中的电梯井筒	作为上部结构嵌固部位的地下室楼层
		框架结构首层柱	屋面层

其他部位如采用预制结构构件施工，根据不同的结构体系，结构后浇区主要包

括梁端、柱顶连接部位、剪力墙竖向连接部位及叠合板连接等部位,详见表 5-2。

各类预制结构体系后浇部位分类(部分示例)　　　　　表 5-2

1—后浇区;2—后浇混凝土叠合层; 3—预制叠合梁	1—预制板;2—梁或墙;3—后浇区
(a)叠合梁(端部连接)示意图	(b)带后浇带叠合板节点示意图
(c)叠合梁柱后浇连接节点	(d)梁中后浇连接
框架预制梁、柱带后浇区示意图	
1—预制墙板;2—现浇部分	
(e)T形节点构造　　　　(f)一字形节点构造　　　　(g)L形节点构造	
剪力墙(边缘构件后浇,非边缘构件预制)节点图	

5.2 工艺流程

采用装配式方式施工的结构构件吊装并验收合格后，方可进行结构后浇区的施工，施工工艺流程如图 5-1[5-1]。其中后浇区钢筋绑扎、模板支设、混凝土浇筑及养护三个环节的施工质量的优劣会对装配式结构的整体性造成重大影响，需重点管控，本章也将重点阐述，与常规现浇施工相同部分的施工技术可参照现浇混凝土施工相关手册。

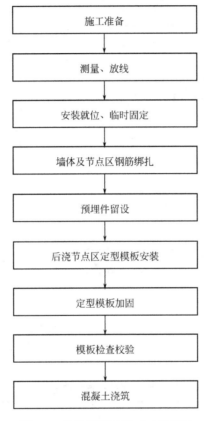

图 5-1　结构后浇区施工工艺流程

5.3 钢筋连接安装

5.3.1 一般规定

本节重点介绍结构后浇区连接节点形式及施工要点，具体构造要求详见设计篇相关连接节点章节。

5.3.2 剪力墙结构体系钢筋施工

预制剪力墙板后浇区连接主要包括一字形、L形、T形连接节点，边缘构件现浇区域甩出箍筋采用开口和闭口两种形式，具体连接构造及施工成型图示见表5-3。

剪力墙结构体系连接节点构造　　　　　　　　　　　　　　表5-3

连接部位	平面图示	附加钢筋图示
墙板一字形连接	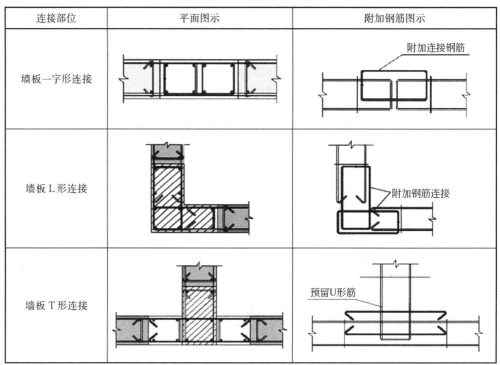	
墙板L形连接		
墙板T形连接		

屋面以及立面收进的楼层，预制剪力墙顶部一般设置封闭的后浇混凝土圈梁或连续的水平后浇带，圈梁（水平后浇带）内钢筋应在预制剪力墙吊装完成后绑扎，绑扎工艺与现浇结构施工工艺一致，见表5-4。

预制墙板顶部节点构造形式　　　　　　　　　　　　　　表5-4

连接部位	连接图示(典型节点)
楼面后浇圈梁	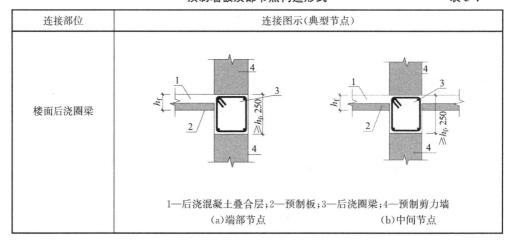

1—后浇混凝土叠合层；2—预制板；3—后浇圈梁；4—预制剪力墙
　　　　　（a)端部节点　　　　　　　　(b)中间节点

连接部位	连接图示(典型节点)
楼面水平后浇带	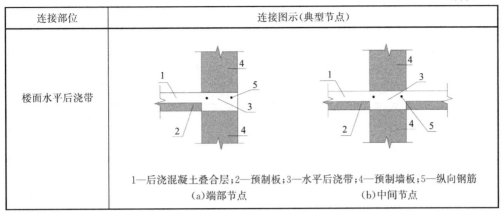 1—后浇混凝土叠合层;2—预制板;3—水平后浇带;4—预制墙板;5—纵向钢筋 (a)端部节点　　　　　(b)中间节点

结构后浇区节点的纵向钢筋连接宜根据接头受力、施工工艺等要求选用套筒灌浆连接、机械连接、浆锚搭接连接、锚固板连接、焊接连接、绑扎搭接连接、环筋扣合锚接、螺栓连接等形式,见图 5-2;水平向钢筋可通过机械连接、绑扎锚固或其他方式连接[5-2];其中套筒灌浆连接、浆锚搭接连接施工详见施工篇第四章。

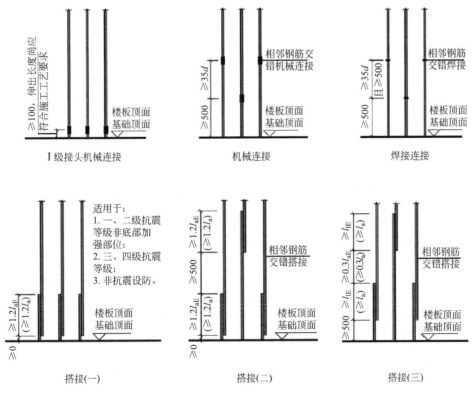

图 5-2　结构后浇区竖向钢筋连接构造图示

注:搭接(三)仅适用于后浇剪力墙边缘构件纵向钢筋连接。

剪力墙体系钢筋连接施工流程及要点分别见表 5-5、表 5-6。

施工流程说明	工序 1
结构后浇区暗柱节点钢筋施工顺序	
（以一字形节点为例）	外露连接钢筋预埋图

工序 2	工序 3
第一道水平箍筋绑扎	两侧预制墙板安装就位

工序 4	工序 5
上部水平箍筋就位	上部竖向钢筋连接

剪力墙体系钢筋连接施工要点　　　　　　　表 5-6

序号	施工要点
1	由于两侧的预制墙板有外伸钢筋，因此暗柱钢筋等安装难度较大。需要在深化设计阶段及构件生产阶段进行暗柱节点钢筋穿插顺序分析，发现无法实施的节点，及时与设计单位进行沟通，避免现场施工时出现箍筋安装困难或临时切割的现象
2	在预制板上用粉笔标定暗柱箍筋的位置，预先把箍筋交叉放置就位（"L"形的将两方向箍筋依次置于两侧外伸钢筋上），先对预留竖向连接钢筋位置进行校正，然后再连接上部竖向钢筋
3	后浇节点钢筋绑扎时，可采用人字梯作业，当绑扎部位高于围挡时，施工人员应佩戴穿芯自锁保险带并作可靠连接

5.3.3 框架结构体系钢筋施工

装配整体式框架结构预制结构节点主要可分为梁-柱（端部、中部），梁-梁连接，其中次梁与主梁宜采用铰接连接（可采用企口连接），也可采用刚接连接，其连接节点构造应满足表 5-7 相关要求。

装配整体式框架结构后浇部位钢筋连接形式　　　　　　　　表 5-7

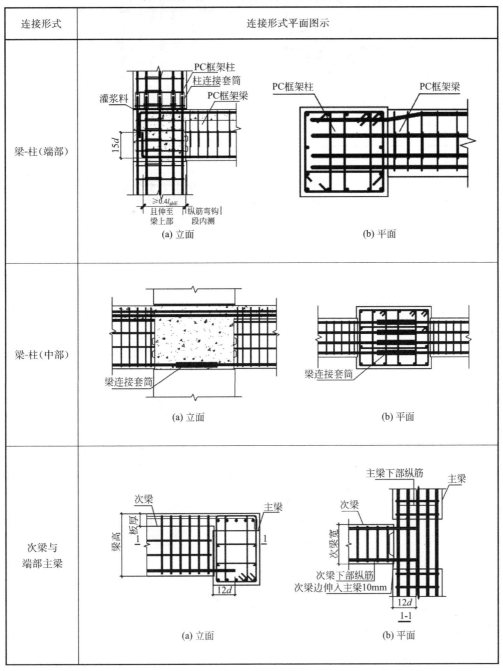

连接形式	连接形式平面图示
梁-柱（端部）	(a) 立面　　　(b) 平面
梁-柱（中部）	(a) 立面　　　(b) 平面
次梁与端部主梁	(a) 立面　　　(b) 平面

连接形式	连接形式平面图示
次梁与中间主梁	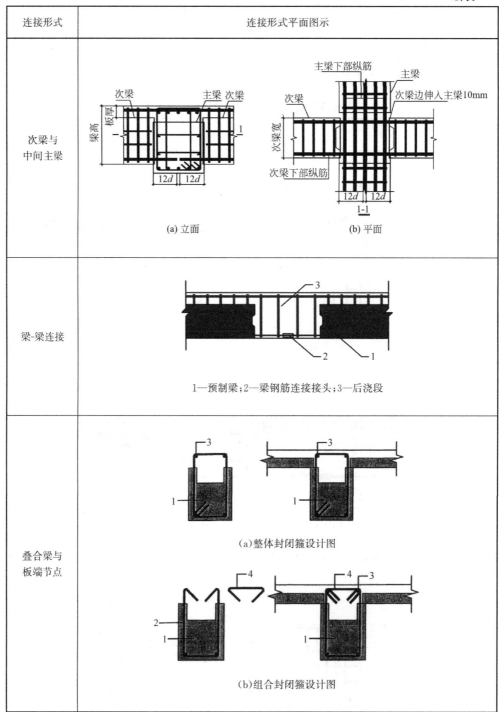
梁-梁连接	
叠合梁与板端节点	

注：抗震等级为一、二级的叠合框架梁的梁端箍筋加密区宜采用整体封闭箍筋，采用组合封闭箍筋的形式时，开口箍筋上方应做成135°弯钩。

　　装配框架结构建筑后浇部位包括梁-柱节点、梁-梁连接、叠合梁等不同部位，钢筋施工要点见表5-8。

装配整体式框架结构后浇部位钢筋施工要点　　　表 5-8

连接部位	施工要点	施工图示
梁-柱节点	1. 预制柱节点处的钢筋定位及绑扎对后期预制柱吊装定位至关重要。 2. 预制柱的钢筋应严格根据深化图纸中的预留长度及定位装置尺寸来下料，预制柱的箍筋及纵筋绑扎时应先根据测量放线的尺寸进行初步定位，再通过定位钢板进行精细定位，精细定位后应通过卷尺复测纵筋之间的间距及每根纵筋的预留长度，确保量测精度达到规范要求的误差范围内。 3. 梁吊装前柱核心区内先安装一道柱箍筋，梁就位后再安装两道柱箍筋，之后才可进行梁、墙吊装。 4. 最后可通过焊接等固定措施保证钢筋的定位不被外力干扰，定位钢板在吊装本层预制柱时取出	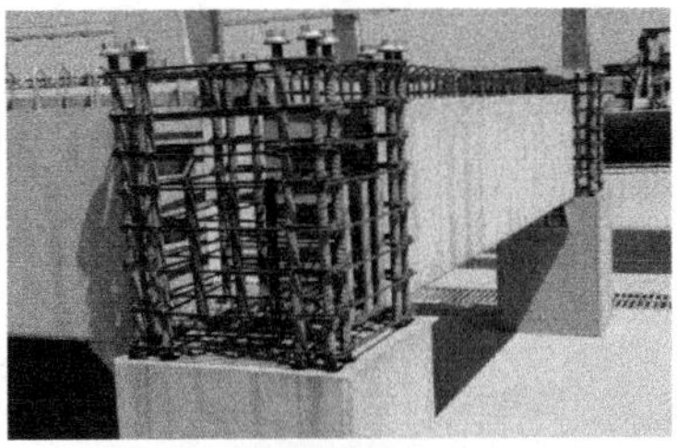 (a)端部连接 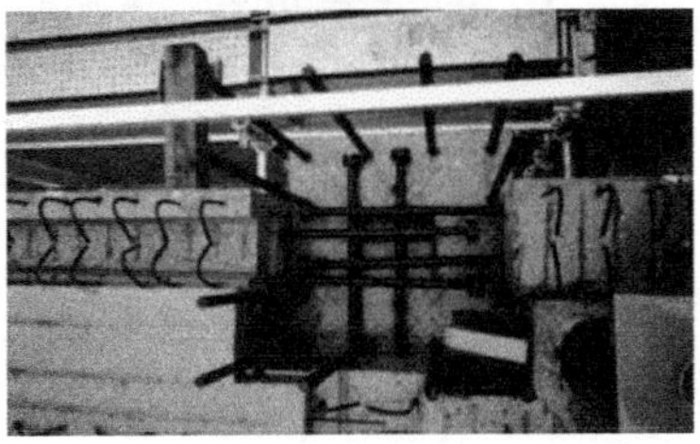 (b)中部连接
梁-梁连接	梁下部纵向钢筋在后浇段内宜采用机械连接、套筒灌浆连接或焊接连接。其中套筒灌浆连接、浆锚搭接连接施工详见施工篇第四章	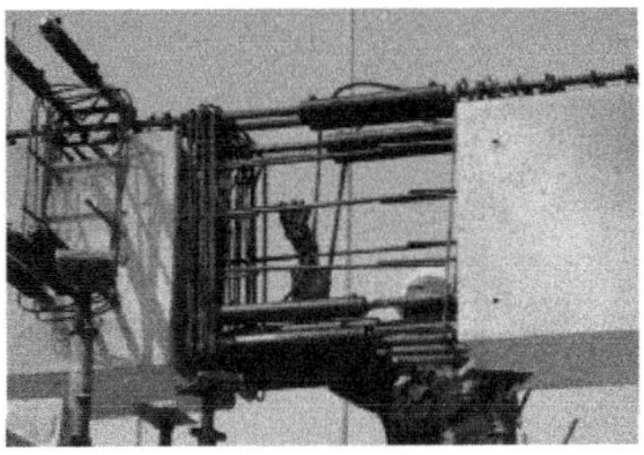 梁-梁对接
主次梁企口连接	次梁与主梁宜采用企口铰接连接，次梁的箍筋可采用点焊钢丝网弯折 U 形，端部应采用 135°或 180°弯钩，或两侧分别采用两根间距 50mm、直径不小于 12mm 的水平钢筋与箍筋焊接	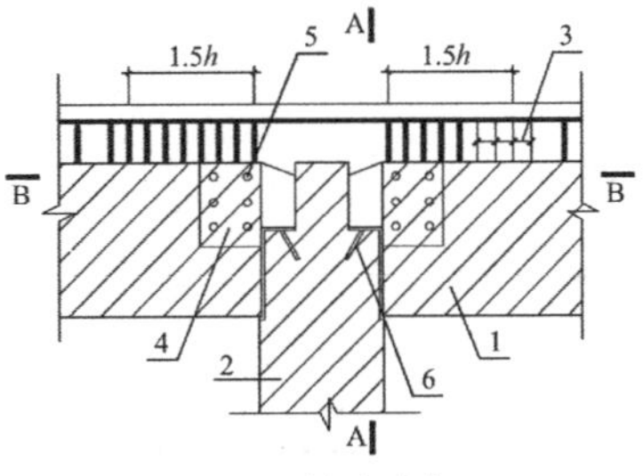 钢企口接头示意 1—预制次梁；2—预制主梁；3—次梁端部加密箍筋；4—钢板；5—栓钉；6—预埋件；7—灌浆料

连接部位	施工要点	施工图示
叠合梁	1. 预制梁箍筋分整体封闭箍和组合封闭箍。 2. 采用整体封闭箍时，现场需从预制梁端部将纵筋插入。 3. 采用组合封闭箍时，纵筋穿插完后将封闭箍筋绑扎至纵筋上，注意封闭箍筋的开口端应交替出现。 4. 墙体吊装后才可进行梁面筋绑扎，以保证墙锚固钢筋深入梁内	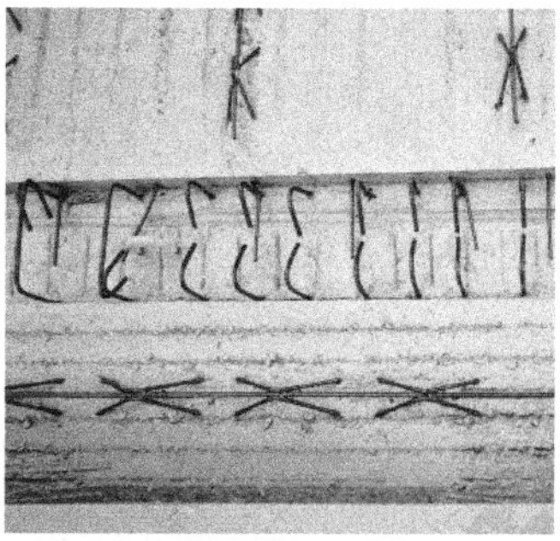 (a)梁面层钢筋安装前  (b)梁面层钢筋安装完成
预应力预制梁、柱后浇区	预应力预制梁吊装就位后，应根据设计要求在键槽内安装U形钢筋，并应采用可靠固定方式确保U形钢筋位置准确，安装结束后，应封堵节点模板	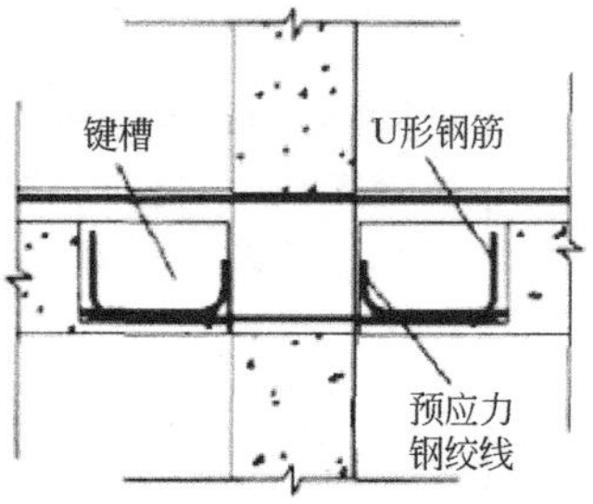 

5.3.4 叠合楼板后浇区钢筋施工

叠合楼板根据设计构造可分为后浇带整体式接缝、整体式密拼接缝、分离式密拼接缝等形式，其连接构造见表5-9。

预制板板缝节点（推荐）形式　　　　　　　　　　　　表 5-9

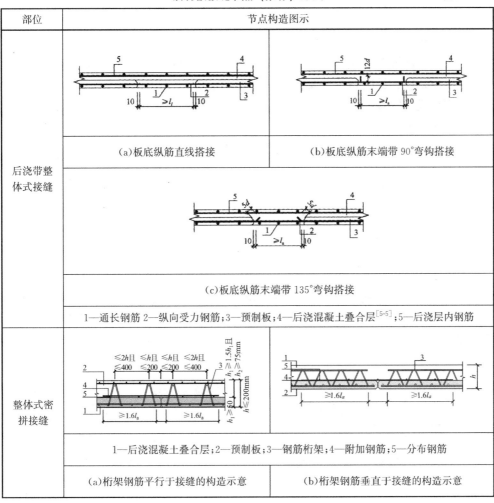

部位	节点构造图示	
后浇带整体式接缝	(a)板底纵筋直线搭接	(b)板底纵筋末端带 90°弯钩搭接
	(c)板底纵筋末端带 135°弯钩搭接	
	1—通长钢筋 2—纵向受力钢筋；3—预制板；4—后浇混凝土叠合层[5-5]；5—后浇层内钢筋	
整体式密拼接缝	(a)桁架钢筋平行于接缝的构造示意	(b)桁架钢筋垂直于接缝的构造示意
	1—后浇混凝土叠合层；2—预制板；3—钢筋桁架；4—附加钢筋；5—分布钢筋	

叠合楼板钢筋施工要点见表 5-10。

叠合楼板钢筋施工要点　　　　　　　　　　　　表 5-10

形式	施工要点	施工图示
预制钢筋桁架板	1.叠合构件叠合层钢筋绑扎前清理干净叠合板上的杂物，根据钢筋间距弹线绑扎，上部受力钢筋带弯钩时，弯钩向下摆放，应保证钢筋搭接和间距符合设计要求。 2.叠合构件叠合层钢筋绑扎过程中，应注意避免构件上局部钢筋堆载过大。 3.钢筋绑扎前完成机电管线等预留预埋工作。 4.为保证上部钢筋的保护层厚度，可利用叠合板的桁架钢筋作为上层钢筋的马凳	

5.3.5 楼层预留钢筋施工

1. 一般规定

叠合板钢筋绑扎完成后，应采取设置定位模具等措施保证外露钢筋、预埋件的位置、定位精度、长度和顺直度，并避免污染钢筋。

2. 定位模具安装

（1）工艺流程：

准备工作→测量放线→定位模具安装→穿插预埋件→调整标高及垂直度→复测→点焊/绑扎固定

（2）定位模具选型

根据预制构件深化设计图纸，结合钢筋位置，制作钢筋定位模具。套筒内径比钢筋直径大5mm，定位模具应保证钢筋位置偏差不大于3mm。

（3）定位模具安装

模板支好后，将现浇结构钢筋与模板固定牢固，不应产生晃动。在定位模具和支设模板上测量画出纵横控制线；在钢筋网四个角上焊接钢筋，钢筋上面铺上钢板模具，钢板模具未调整好之前不得点焊固定。点焊钢筋时，必须用水准仪按照图纸要求控制好定位模具上平面标高，保证定位模具表面水平和标高符合要求，各类装配式混凝土建筑结构定位模具形式见表5-11。

各类装配式混凝土建筑结构定位模具形式　　表 5-11

类型	预制柱	预制墙体
设计图示	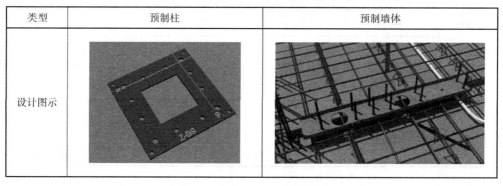	

3. 控制要点

定位模具除应满足承载力、刚度和整体稳定性要求外，尚应符合下列规定：

（1）应满足施工工艺、组装与拆卸、周转次数等要求。

（2）应满足预留孔洞、插筋、预埋件的安装定位、精度等要求。

（3）尺寸允许偏差应满足设计及相关规范要求。

（4）固定应可靠，不影响混凝土浇筑及振捣。

4. 质量控制

装配式混凝土结构构件在前期深化设计过程中应充分考虑预制构件预留钢筋在现浇段内钢筋安装的接头构造、相对位置及操作空间问题，当施工过程中出现碰撞、误差超限或操作空间不够等问题时，严禁随意割除受力筋或改变接头设计，不得野蛮调整钢筋位置或损伤预制构件，应与设计人员充分沟通，确定解决方案并出具设计变更单。

5.4 结构后浇区模板及支架支设

5.4.1 选型要点

1.通过分析常见结构体系（包括装配整体式框架结构体系、装配整体式剪力墙结构体系等）的后浇区，形成支模的类型分类，模板及支架选型见表5-12。

2.模板及支架应保证工程结构和构件各部分形状、尺寸和位置准确，且应便于钢筋安装和混凝土浇筑、养护，预制构件水平连接及竖向连接之间结构后浇区宜采用工具式组合模板体系。

3.现场组装模板时，施工人员应对照模板设计图纸有计划地进行对号分组安装，对安装过程中的累计误差进行分析，找出原因后采取相应的调整措施。模板及支架的选择应符合我国现行相关标准的规定并与工程的模板支撑特点相适应。

模板及支架选型   表 5-12

类别	分类	推荐类型	图示
模板类型	模板类型有竹（木）胶合模板、钢模板、塑料模板、组合模板、铝合金模板等	现浇节点的形式及尺寸重复较多，推荐采用可反复周转利用的铝模等工具式模板体系	
支架类型	支架有钢管扣件式、碗扣式、插接式、盘销式钢管架和门式钢管架等	推荐采用工具式支撑架,(定尺杆件的)盘扣式钢管支架、可调钢支柱等非扣件式支架	

5.4.2 设计要点

对模板及支架，应进行设计并编制专项方案，模板及支架应具有足够的承载力、刚度和稳定性，应能可靠地承受施工过程中所产生的各类荷载；模板及支架应根据工程结构形式、荷载大小、地基土类别、施工设备和材料供应等条件进行设计；合板后浇缝、构件搁置点、梁柱节点、后浇带、墙板节点等细部应专门进行模板设计并绘制模板工程施工图；采用门式、碗扣式、盘扣式或盘销式等钢管架搭设的模板支架，应采用支架立柱杆端插入可调托座的中心传力方式，其承载力及刚度可按国家现行有关标准的规定进行验算；采用铝合金组合模板工程的相关设计需满足现行行业标准《组合铝合金模板工程技术规程》JGJ 386 等的要求。

模板支架结构钢构件的长细比不应超过规定的容许值，模板支架结构钢构件容许长细比见表 5-13。

模板支架结构钢构件容许长细比   表 5-13

构件类别	容许长细比
受压构件的支架立柱及桁架	180
受压构件的斜撑、剪刀撑	200
受拉构件的钢杆件	350

其他支模材料包括工具式钢支柱、支撑主梁等参数见表 5-14、表 5-15。

工具式钢支柱性能参数表   表 5-14

项目	外径（mm）	内径（mm）	壁厚（mm）	截面积（mm²）	截面惯性矩 I（mm⁴）	抗弯截面系数 W_x（mm³）	回转半径（mm）
插管	48	42	3.0	424.1	107831	4492	15.9
套管	60	55	2.5	451.6	186992	6233	20.3

支撑主梁参数表（不同材质）   表 5-15

主梁材料	材料性能指标	材料参数	材料性能指标	材料参数
主梁-方钢管	主梁类型	方钢管	主梁截面类型(mm)	(□50×50×3)
	主梁抗弯强度设计值[f]（N/mm²）	205	主梁抗剪强度设计值[τ]（N/mm²）	125
	主梁截面抵抗矩 W（cm³）	7.79	主梁弹性模量 E（N/mm²）	206000
	主梁截面惯性矩 I（cm⁴）	19.47	主梁自重标准值 g_k（kN/m）	0.042
主梁-工字钢	主梁类型	工字钢	主梁截面类型	(10 号工字钢)
	主梁抗弯强度设计值[f]（N/mm²）	205	主梁抗剪强度设计值[τ]（N/mm²）	125
	主梁截面抵抗矩 W（cm³）	49	主梁弹性模量 E（N/mm²）	206000
	主梁截面惯性矩 I（cm⁴）	245	主梁自重标准值 g_k（kN/m）	0.112

主梁材料	材料性能指标	材料参数	材料性能指标	材料参数
主梁-木方	主梁类型	方木	主梁截面类型(mm)	100×100
	主梁抗弯强度设计值[f] (N/mm^2)	(12.87)	主梁抗剪强度设计值[τ] (N/mm^2)	(1.386)
	主梁截面抵抗矩 W (cm^3)	166.667	主梁弹性模量 E (N/mm^2)	(8415)
	主梁截面惯性矩 I (cm^4)	833.333	主梁自重标准值 g_k(kN/m)	0.01

叠合楼板支撑架计算参数、预制叠合板模板支架立杆计算见表5-16、表5-17。

叠合楼板支撑架计算参数表(盘扣架为例) 表 5-16

分类	计算指标	计算参数	计算指标	计算参数
工程属性	叠合楼板名称	叠合楼板盘扣架	现浇楼板厚度 h_1(mm)	(70)
	预制楼板厚度 h_2(mm)	(60)	支架纵向长度 L(m)	(3)
	支架横向长度 B(m)			(2)
荷载设计	预制楼板自重标准值 G_{1k}(kN/m^2)	1.5	混凝土自重标准值 G_{2k} (kN/m^3)	24
	钢筋自重标准值 G_{3k} (kN/m^3)	1.1	施工荷载标准值 Q_{1k} (kN/m^2)	4
	模板工程支拆环境			(不考虑风荷载)
支撑设计	结构重要性系数 γ_0	(1)	脚手架安全等级	(Ⅱ级)
	支架高度(m)	(4)	主梁布置方向	(平行立杆纵向方向)
	立杆纵向间距 l_a(mm)	(900)	立杆横向间距 l_b(mm)	(1200)
	水平拉杆步距 h(mm)	(1800)	立杆伸出顶层水平杆长度 a(mm)	(500)
	预制楼板最大悬挑长度 l_1(mm)	(150)	主梁最大悬挑长度 l_2(mm)	(100)
预制楼板	预制楼板混凝土强度等级	(C30)	现浇楼板厚度 h_1(mm)	(70)
	预制楼板厚度 h_2(mm)	(60)	混凝土抗压强度设计值 f_c(N/mm^2)	(14.3)
	预制楼板计算方式	简支梁	混凝土保护层厚度(mm)	15
	预制楼板配筋(mm)	(HRB400 钢筋 8@150)	钢筋抗拉强度设计值 f_y (N/mm^2)	360

备注：依据《建筑施工脚手架安全技术统一标准》GB 51210—2016 相关规定进行计算，（ ）内为示例数据。

预制叠合板模板支架立杆计算　　　　　　　　表 5-17

预制构件类型	构件截面/尺寸（mm）	立杆间距（mm）	立杆类型	主梁	备注
预制叠合板	60（预制）＋70（现浇）	1200×1200	独立式 CH 型 φ48×3.0	工字钢	应结合后浇接缝、梁柱间距、基础形式、构造措施等综合考虑
		1400×1400	盘扣式、轮扣式 φ48×3.0	工字钢	
		1000×1000	钢管扣件式 φ48×3.0	100×100 木方	

5.4.3　施工要点

1. 一般规定

（1）竖向现浇构件模板宜采用对拉螺杆加固，局部采取防倾措施；与预制构件相连处，宜在预制构件深化设计、加工时提前预留对拉固定孔位。

（2）模板安装时应避免遮挡预制墙板下部灌浆预留孔洞，夹心墙板的外叶板应采用螺栓拉结或夹板等加强固定。

（3）预制墙板间后浇区安装模板前应将墙内杂物清扫干净，在模板下口抹砂浆找平层，防止漏浆。

（4）墙板拼缝部分及与定型模板接缝处均应采用可靠的密封、防漏浆措施，可设置双面胶等。

2. 模板及支架施工要点（墙板后浇区部位）

墙板后浇区部位模板及支架施工要点见表 5-18[5-1]。

模板及支架施工要点（墙板后浇区部位）　　　　　　　　表 5-18

部位	支模图示	施工要点
墙模板一字形节点		两块预留墙板间之一字形后浇区做法：1）采用内侧单侧支模时，外侧利用预制墙板外叶板作为外模板，内侧模板与预制墙板内埋螺母固定。2）采用内外侧双支模板时，可通过墙板拼缝设置对拉螺杆，也可以在预制墙板上留洞设置对拉螺杆

部位	支模图示	施工要点
T字形现浇节点模板	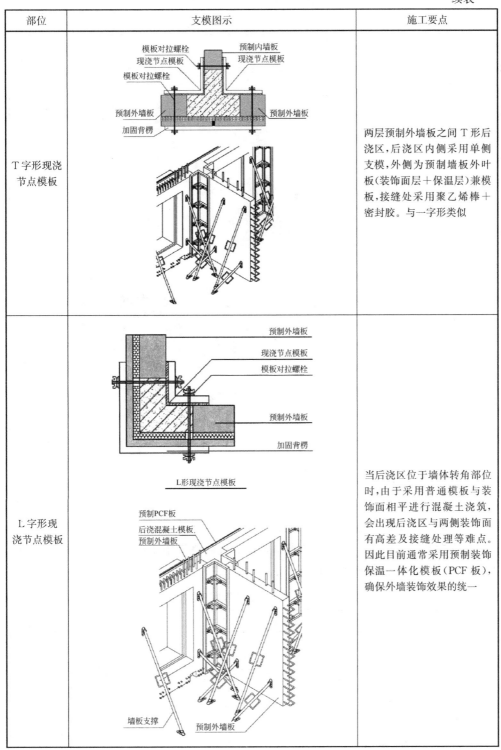	两层预制外墙板之间T形后浇区,后浇区内侧采用单侧支模,外侧为预制墙板外叶板(装饰面层+保温层)兼模板,接缝处采用聚乙烯棒+密封胶。与一字形类似
L字形现浇节点模板		当后浇区位于墙体转角部位时,由于采用普通模板与装饰面相平进行混凝土浇筑,会出现后浇区与两侧装饰面有高差及接缝处理等难点。因此目前通常采用预制装饰保温一体化模板(PCF板),确保外墙装饰效果的统一

3. 模板及支架施工要点（框架节点部位连接）

框架节点部位连接模板及支架施工要点见表5-19。

部位	施工图示
梁-柱节点后浇区	
梁-梁节点后浇区	

4.模板及支架施工要点（叠合板间后浇区）

根据预制叠合板采用的拼缝节点形式，形成后浇带施工部位，一般分以下三种工况，见表5-20，分别进行模板施工。

模板及支架施工要点（叠合板间后浇区）[5-1,5-4]　　　表 5-20

工况	支模图示	施工要点
剖面图示	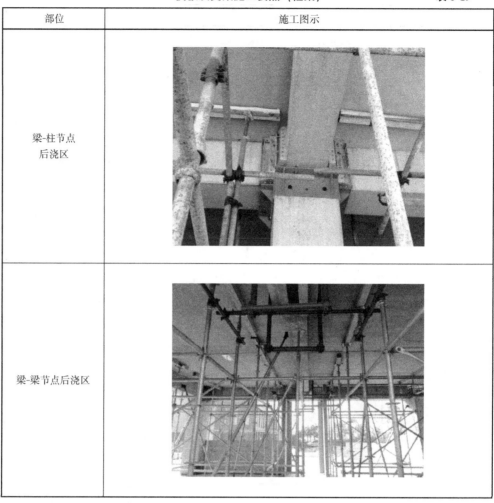	构件连接部位后浇混凝土及灌浆料的强度达到设计要求后，方可拆除临时支撑系统。拆模时的混凝土强度应符合现行国家标准《混凝土结构工程施工规范》GB 50666 的有关规定和设计要求

工况	支模图示	施工要点
工况1	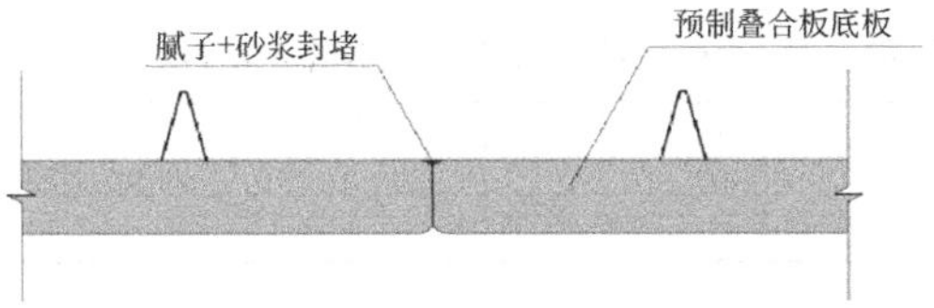	预制叠合板底板采用密拼接缝时,板缝上侧可用腻子+砂浆封堵,避免结构后浇区漏浆
工况2	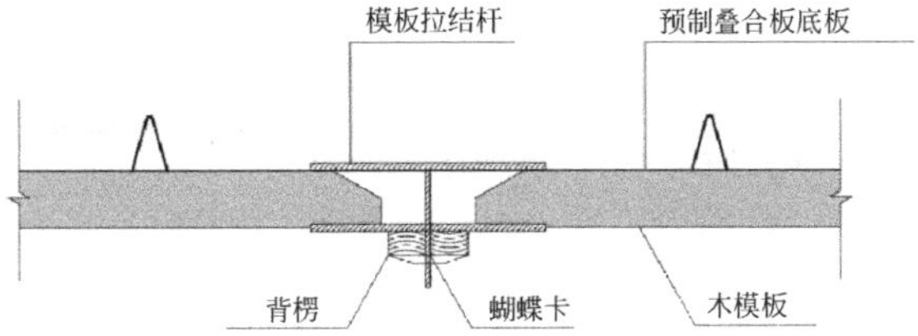	单向叠合板板缝宽度30~50mm时,接缝部位混凝土后浇,通常利用预制叠合板底板做吊模。预制叠合板底板下部加工预留凹槽,将木模嵌入,避免拆模后后浇区下侧混凝土面突出于叠合板。板缝下部通常不设支撑
工况3	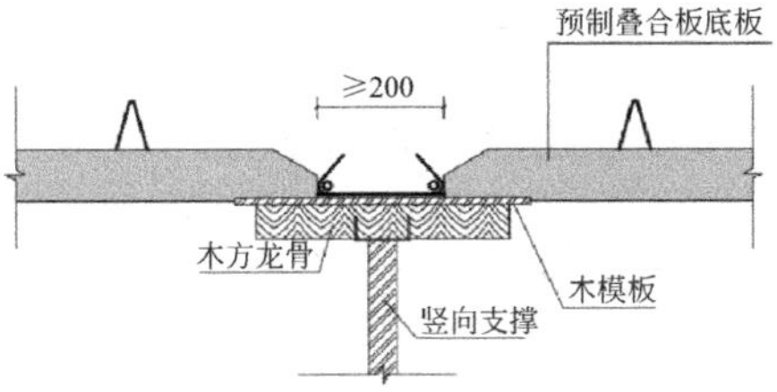	双叠合板板缝宽度达到200mm以上时,应单独设置接缝模板及支架

叠合板间后浇区模板及支架施工图示见表5-21。

模板及支架施工图示(叠合板间后浇区) 表 5-21

工况分类	施工图示	工况分类	施工图示
工况1		工况1	 （备注:工况1板缝免支撑,叠合板下根据计算搭设支架）
工况2		工况3	

5.模板及支架施工要点（板端交接处）

板端交接处模板及支架施工要点见表5-22。

模板及支架施工要点（板端交接处） 表5-22

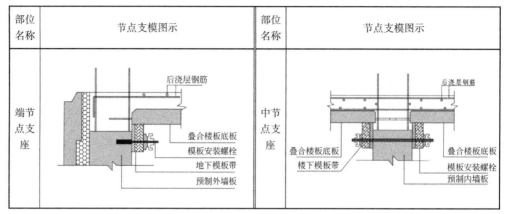

部位名称	节点支模图示	部位名称	节点支模图示
端节点支座	后浇层钢筋 叠合楼板底板 模板安装螺栓 地下模板带 预制外墙板	中节点支座	后浇层钢筋 叠合楼板底板 楼下模板带 叠合楼板底板 模板安装螺栓 预制内墙板

6.模板及支架施工要点（预制悬挑板）

预制悬挑板模板及支架施工要点见表5-23。

模板及支架施工要点（预制悬挑板） 表5-23

部位	施工图示	施工要点
预制悬挑板		1.预制悬挑板支撑的布置方式应有充分经验,并经严格计算后,方可进行支撑支设。 2.支撑部位须与结构墙体有可靠刚性拉接节点,支撑应设置斜撑等构造措施,保证架体整体稳定。 3.预制阳台板、空调板等悬挑构件支撑拆除时,除达到混凝土结构设计强度外,还应确保该构件能承受上层阳台通过支撑传递下来的荷载

5.4.4 质量控制

1.模板、支架杆件和连接件的进场检查应符合下列规定:

（1）模板表面应平整,胶合板模板的胶合层不应脱胶翘角,支架杆件应平直,应无严重变形和锈蚀,连接件应无严重变形和锈蚀,并不应有裂纹。

（2）模板规格、支架杆件的直径、壁厚等,应符合设计要求。

（3）在施工现场组装的模板,其组成部分的外观和尺寸应符合设计要求。

（4）必要时,应对模板、支架杆件和连接件的力学性能进行抽样检查。

（5）应在进场时和周转使用前对外观进行全数检查。

2.对固定在模板上的预埋件、预留孔和预留洞,应检查其数量和尺寸,允许偏差应符合表 5-24 的规定。

预埋件、预留孔和预留洞的允许偏差 表 5-24

项目		允许偏差(mm)
预埋钢板中心线位置		3
预埋管、预留孔中心线位置		3
插筋	中心线位置	5
	外露长度	+10,0
预埋螺栓	中心线位置	2
	外露长度	+10,0
预留洞	中心线位置	0
	截面内部尺寸	+10,0

3.对后浇结构模板,应检查尺寸,允许偏差和检查方法应符合以下规定,见表5-25。

后浇结构模板安装的允许偏差和检查方法 表 5-25

项目		允许偏差(mm)	检查方法
轴线位置		5	钢尺检查
底模上表面标高		±5	水准仪或拉线、钢尺检查
截面内部尺寸	基础	±10	钢尺检查
	柱、墙、梁	+4,−5	钢尺检查
层高垂直度	全高不大于5m	6	经纬仪或吊线、钢尺检查
	全高大于5m	8	经纬仪或吊线、钢尺检查
相邻两板表面高低差		2	钢尺检查
表面平整度		5	2m靠尺和塞尺检查

4.对扣件式钢管支架,应对下列安装偏差进行检查:

(1)混凝土梁下支架立杆间距的偏差不应大于50mm;混凝土板下支架立杆间距的偏差不应大于100mm,水平杆间距的偏差不应大于50mm;

(2)应全数检查承受模板荷载的水平杆与支架立杆连接的扣件;

(3)采用双扣件构造设置的抗滑移扣件,其上下顶紧程度应全数检查,扣件间隙不应大于2mm。

5.对碗扣式、门式、插接式和盘销式钢管支架,应对下列项目进行全数检查:

(1)插入立杆顶端可调托撑伸出顶层水平杆的悬臂长度;

(2)水平杆杆端与立杆连接的碗扣、插接和盘销的连接状况,不应松脱;

(3)按规定设置的垂直和水平斜撑。

5.5 水电预留预埋施工

装配式混凝土建筑应进行设备和管线系统的深化设计,满足给水排水、消防、照明供电、智能化等机电系统使用功能、运行安全、维修管理方便等要求。具体预留预埋详见施工篇第六章设备与管线工程施工章节。

5.6 隐蔽工程验收

建设单位应组织装配式混凝土结构工程参建各方在首个施工段预制构件安装完成和后浇混凝土部位隐蔽工程完成后进行首段验收，经验收合格后方可进行后续工程施工。后浇区混凝土部位的钢筋既包含预制构件外伸的钢筋，也包括后浇混凝土中设置的纵向钢筋和箍筋，在浇筑前隐蔽工程验收项目主要包括以下要点[5-6]：

1. 混凝土粗糙面的质量，键槽的尺寸、数量、位置。

2. 钢筋的牌号、规格、数量、位置、间距，箍筋弯钩的弯折角度及平直段长度。

3. 钢筋的连接方式、接头位置、接头数量、接头面积百分率、搭接长度、锚固方式及锚固长度。

4. 预埋件、预留管线的规格、数量、位置。

5. 预制构件接缝处防水、防火等构造做法。

6. 保温及其节点施工。

7. 防雷相关验收。

8. 其他隐蔽项目。

5.7 浇筑与养护

5.7.1 混凝土浇筑

1. 原材料要求

后浇混凝土粗骨料最大粒径不宜大于后浇混凝土部位最小尺寸的 1/4。

2. 浇筑前准备

（1）预制构件结合面疏松部分的混凝土应剔除并清理干净。

（2）在浇筑混凝土前应洒水润湿结合面，混凝土应振捣密实。

（3）同一配合比的混凝土，每工作班且建筑面积不超过 $1000m^2$ 应制作一组标准养护试件，同一楼层应制作不少于 3 组标准养护试件。

3. 混凝土浇筑一般规定

（1）框架梁柱节点处、上下层剪力墙之间的水平拼缝处与水平叠合构件（叠合梁、叠合板）的叠合层后浇混凝土应整体连续浇筑。

（2）混凝土运输、输送入模的过程宜连续进行，从运输到输送入模的延续时间不宜超过下表 5-26、表 5-27 的限值规定。掺早强型减水外加剂、早强剂的混凝土以及有特殊要求的混凝土，应根据设计及施工要求，通过试验确定允许时间。

运输到输送入模的延续时间（min） 表 5-26

条件	气温	
	≤25℃	>25℃
不掺外加剂	90	60
掺外加剂	150	120

运输、输送入模及其间歇总的时间限值（min） 表 5-27

条件	气温	
	≤25℃	>25℃
不掺外加剂	180	150
掺外加剂	240	210

（3）后浇区施工时，应采取有效措施防止各种预埋管槽线盒位置偏移。

（4）混凝土浇筑应布料均衡，浇筑和振捣时，应对模板及支架进行观察和维护，发生异常情况应及时进行处理。构件接缝混凝土浇筑和振捣应采取措施防止模板、相连接构件、钢筋、预埋件及其定位件移位。

（5）混凝土浇筑过程应分层进行，采用机械振捣，分层浇筑应符合相关规范规定的分层振捣厚度要求，上层混凝土应在下层混凝土初凝之前浇筑完毕。不同振捣设备的施工要点见表 5-28。

柱、墙模板内混凝土浇筑倾落高度限值（m） 表 5-28

条件	浇筑倾落高度限值
粗骨料粒径>25mm	≤3
粗骨料粒径≤25mm	≤6

注：当有可靠措施能保证混凝土不产生离析时，混凝土倾落高度可不受本表限制。

（6）混凝土浇筑的布料点宜接近浇筑位置，应采取减少混凝土下料冲击的措施，并应符合下列规定：宜先浇筑竖向结构构件，后浇筑水平结构构件；浇筑区域结构平面有高差时，宜先浇筑低区部分再浇筑高区部分。柱、墙模板内的混凝土浇筑倾落高度应符合表 5-29、表 5-30 的规定；当不能满足表 5-29 的要求时，应加设串筒、溜管、溜槽等装置。特别在采用 PCF（预制混凝土模板）工艺施工时，严格控制浇筑分层与浇筑速度对施工质量及安全的保证措施。

振捣混凝土规定 表 5-29

分类	振捣混凝土要点
振动棒振捣混凝土规定	1. 应按分层浇筑厚度分别进行振捣，分层振捣的最大厚度详见表 5-30，振动棒的前端应插入前一层混凝土中，插入深度不应小于 50mm。 2. 振动棒应垂直于混凝土表面并快插慢拔均匀振捣；当混凝土表面无明显塌陷、有水泥浆出现、不再冒气泡时，可结束该部位振捣。 3. 振动棒与模板的距离不应大于振动棒作用半径的 0.5 倍；振捣插点间距不应大于振动棒作用半径的 1.4 倍。 4. 混凝土振捣应能使模板内各个部位混凝土密实、均匀，不应漏振、欠振、过振。 5. 混凝土振捣应采用插入式振动棒、平板振动器、附着振动器或振动尺等，机械设备的选用应根据混凝土浇筑的部位、混凝土厚度及范围等合理选用，必要时可采用人工辅助振捣

分类	振捣混凝土要点
附着振动器振捣混凝土规定	1.附着振动器应与模板紧密连接,设置间距应通过试验确定。 2.附着振动器应根据混凝土浇筑高度和浇筑速度,依次从下往上振捣。 3.模板上同时使用多台附着振动器时应使各振动器的频率一致,相对面的振动器应错开安装
表面振动器振捣混凝土规定	1.表面振动器振捣应覆盖振捣平面边角。 2.表面振动器移动间距应覆盖已振实部分混凝土边缘。 3.倾斜表面振捣时,应由低处向高处进行振捣
特殊部位的混凝土应采取的加强振捣措施	1.宽度大于0.3m的预留洞底部区域应在洞口两侧进行振捣,并应适当延长振捣时间;宽度大于0.8m的洞口底部,应采取特殊的技术措施。 2.后浇带及施工缝边角处应加密振捣点,并应适当延长振捣时间。 3.钢筋密集区域或型钢与钢筋结合区域应选择小型振动棒辅助振捣、加密振捣点,并应适当延长振捣时间。 4.混凝土浇筑后,在混凝土初凝前和终凝前宜分别对混凝土裸露表面进行抹面处理

混凝土分层振捣的最大厚度　　　　　　　　表 5-30

振捣方法	混凝土分层振捣最大厚度
振动棒	振动棒作用部分长度的 1.25 倍
表面振动器	200mm
附着振动器	根据设置方式,通过试验确定

4.墙柱、叠合层部位混凝土浇筑要点见表5-31。

不同部位混凝土浇筑要点　　　　　　　　表 5-31

分类	混凝土浇筑要点
墙柱混凝土浇筑	1.预制剪力墙节点处混凝土浇筑时,由于此处节点一般高度高、长度短、钢筋密集,混凝土浇筑时要边浇筑边振捣,此处的混凝土浇筑需重视,否则很容易出现蜂窝、麻面、空洞。 2.墙柱混凝土浇筑前,先在底部浇筑与混凝土配合比相同的去石子水泥砂浆30～50mm,然后再浇筑混凝土。 3.混凝土应分层浇筑,分层浇筑厚度取400mm左右,上下层间隔时间不能大于混凝土初凝时间;建议采用小直径振捣棒,振点要均匀,防止超振、漏振,保证混凝土浇筑密实。 4.墙上口混凝土浇筑完毕后,将上口的钢筋加以整理,并按标高线为准将墙体上口表面混凝土找平
叠合层混凝土浇筑	1.为使叠合层与预制叠合层底板结合牢固,要认真清扫板面,对有油污的部位应将表面凿去一层,深度约5mm,露出未被污染面,在浇灌前要用有压力的水管冲洗湿润。注意,不要使浮灰积在压痕内。 2.为使叠合层具有良好的连接性能,在混凝土浇筑前应对预制构件作粗糙面处理并对浇筑部位作清理润湿处理。 3.对浇筑部位的密封性进行检查验收,对缝隙处作密封处理,避免混凝土浇筑后的水泥浆溢出对预制构件造成污染。混凝土浇筑时,应采用定位卡具检查,并校正预制构件的外露钢筋。在浇筑混凝土前对插筋露出部分包裹胶带,避免浇筑混凝土时污染钢筋接头。 4.为保证预制叠合板底板及支撑受力均匀,混凝土浇筑过程中,应注意避免局部混凝土堆载过大;混凝土浇筑从中间向两边浇筑,连续施工一次完成。 5.叠合层混凝土浇筑,由于叠合层厚度较薄,所以应当使用平板振捣器振动,要尽量使混凝土中的气泡逸出,以保证振捣密实,混凝土控制坍落度在160～180mm。 6.叠合构件与周边结构后浇区结构连接处混凝土浇筑时,应加密振捣点分布,保证结合部位混凝土振捣质量。 7.混凝土初凝后,终凝前,后浇层与预制墙板的结合面应采取拉毛措施

5. 双面叠合剪力墙混凝土浇筑要点

（1）叠合墙板混凝土可以单独浇筑，也可以和叠合楼板同时浇筑，叠合楼板和叠合墙板同时浇筑时，叠合楼板混凝土浇筑应在叠合剪力墙混凝土浇筑完成 1h 后进行。

（2）混凝土浇筑前，墙体构件内部空腔及楼板表面必须清理干净，板件当中及表面的污物应清除，在混凝土浇筑之前墙板内表面及楼板表面必须用水充分湿润，浇筑时基底应先填以 50～100mm 厚与混凝土成分相同的水泥砂浆。

（3）叠合剪力墙内部宜采用自密实混凝土进行后浇施工，自密实混凝土施工应符合现行行业标准《自密实混凝土应用技术规程》JGJ/T 283 的有关规定；高温施工时，自密实混凝土入模温度不宜超过 35℃；冬期施工时，入模温度不宜低于 5℃；浇筑最大水平流动距离应根据施工部位具体要求确定，且不宜超过 7m。

（4）墙体浇筑时保持水平向上逐层浇灌，速度控制在每小时不宜超过 50～80cm 高；浇筑倾落高度不宜大于 5m，当不能满足规定时，应加设串筒、溜管、溜槽等装置。

（5）每层墙体混凝土应浇灌至该层楼板底面以下 300～450mm 并满足插筋的锚固长度要求，剩余部分应在插筋布置好之后与楼板混凝土浇灌成整体。

6. 预应力预制梁后浇区混凝土施工要点

（1）浇筑混凝土前，应对梁的截面，梁的定位、U 形钢筋的数量、规格，安装质量等进行检查。

（2）浇筑前，应将键槽清理干净并浇水充分湿润，不得有积水。

（3）键槽节点处的混凝土应采用比预制构件混凝土强度等级高一级且不低于 C45 的无收缩细石混凝土填实；混凝土应浇捣密实，并应浇筑至预制板底标高处。

5.7.2 混凝土养护

混凝土浇筑后应及时进行保湿养护，保湿养护可采用洒水、覆盖、喷涂养护剂等方式。选择养护方式应考虑现场条件、环境温湿度、构件特点、技术要求、施工操作等因素，混凝土的养护时间表见表 5-32，混凝土强度达到 $1.2N/mm^2$ 前，不得在其上踩踏、堆放荷载、安装模板及支架。

混凝土的养护时间表　　　　　　　　　　　　　　　表 5-32

序号	分类	养护时间
1	采用硅酸盐水泥、普通硅酸盐水泥或矿渣硅酸盐水泥配制的混凝土	不应少于 7d
2	采用缓凝型外加剂、大掺量矿物掺合料配制的混凝土	不应少于 14d
3	抗渗混凝土、强度等级 C60 及以上的混凝土	不应少于 14d
4	后浇带混凝土的养护时间	不应少于 14d

5.7.3 质量控制

1. 采用预拌混凝土时，供方应提供混凝土配合比通知单、混凝土抗压强度报告、混凝土质量合格证和混凝土运输单；当需要其他资料时，供需双方应在合同中明确约定。预拌混凝土质量控制资料的保存期限，应满足工程质量追溯的要求。

2.混凝土拌合物工作性应检验其坍落度或维勃稠度，检验应符合下列规定：

（1）坍落度和维勃稠度的检验方法应符合现行国家标准《普通混凝土拌合物性能试验方法》GB/T 50080 的有关规定；

（2）坍落度、维勃稠度的允许偏差应分别符合表 5-33 的规定；

（3）预拌混凝土的坍落度检查应在交货地点进行；

（4）坍落度大于 220mm 的混凝土，可根据需要测定其坍落扩展度，扩展度的允许偏差为±30mm。

坍落度、维勃稠度的允许偏差   表 5-33

坍落度(mm)			
设计值(mm)	≤40	50～90	≥100
允许偏差(mm)	±10	±20	±30
维勃稠度(s)			
设计值(s)	≥11	10～6	≤5
允许偏差(s)	±3	±2	±1

3.混凝土结构施工质量检查可分为过程控制检查和拆模后的实体质量检查。过程控制检查应在混凝土施工全过程中，按施工段划分和工序安排及时进行；拆模后的实体质量检查应在混凝土表面未做处理和装饰前进行，见表 5-34。

混凝土结构施工质量检查要点   表 5-34

分类	部位	检查要点
过程控制检查	模板	1.模板与模板支架的安全性 2.模板位置、尺寸 3.模板的刚度和密封性 4.模板涂刷隔离剂及必要的表面湿润 5.模板内杂物清理
	钢筋及预埋件	1.钢筋的规格、数量 2.钢筋的位置 3.钢筋的保护层厚度 4.预埋件(预埋管线、箱盒、预留孔洞)规格、数量、位置及固定
	混凝土拌合物	坍落度、入模温度等
	混凝土浇筑	1.混凝土输送、浇筑、振捣等 2.混凝土浇筑时模板的变形、漏浆等 3.混凝土浇筑时钢筋和预埋件(预埋管线、预留孔洞)位置 4.混凝土试件制作 5.混凝土养护

分类	部位	检查要点
实体质量检查	构件的尺寸、位置	1. 轴线位置、标高 2. 截面尺寸、表面平整度 3. 垂直度(构件垂直度、单层垂直度和全高垂直度)
	预埋件	1. 数量 2. 位置
	1. 构件的外观缺陷。 2. 构件的连接及构造做法	1. 观感 2. 缺陷

控制重点：柱网轴线偏差的控制、楼层标高的控制、柱核心区钢筋定位控制、柱垂直度的控制、柱首次浇筑后顶部与预制梁接槎处平整度和标高的控制、叠合层内后置埋件精度控制、连续梁在中间支座处底部钢筋焊接质量控制、叠合板在柱边处表面平整度控制、屋面梁柱处面筋节点施工质量的控制。

5.8 模板拆除

当混凝土强度达到设计要求时，方可拆除底模及支架；当设计无具体要求时，同条件养护试块的混凝土抗压强度应符合表 5-35 的规定，多个楼层间连续支模的底层支架拆除时间，应根据连续支模的楼层间荷载分配和混凝土强度的增长情况确定。

模板拆除顺序见表 5-36，对于后张预应力混凝土结构构件，侧模宜在预应力张拉前拆除；底模支架不应在结构构件建立预应力前拆除。

底模拆除时的混凝土强度要求 表 5-35

构件类型	构件跨度(m)	按达到设计混凝土强度等级值的百分率计(%)
板	≤2	≥50
	>2,≤8	≥75
	>8	≥100
梁、拱、壳	≤8	≥75
	>8	≥100
悬臂结构		≥100

模板拆除顺序 表 5-36

分类	模板拆除顺序规定及要点
拆模顺序	模板拆除时，可采取先支的后拆、后支的先拆，先拆非承重模板、后拆承重模板的顺序，并应从上而下进行拆除
墙模拆模规定	墙模分散拆除顺序应为：拆除斜撑或斜拉杆、自上而下拆除外楞及对拉螺栓、分层自上而下拆除木楞或钢楞及零配件和模板
铝模拆模规定	铝模梁、板模板拆模规定：应先拆梁侧模，再拆板底模，最后拆除梁底模，并应分段分片进行，严禁成片撬落或成片拉拽。快拆支架体系的支架立杆间距不应大于 2m。拆模时应保留立杆并顶托支承楼板

5.9　本章小结

　　预制混凝土结构后浇区包含各式节点构造，节点构造的复杂性使得后浇区施工难度增加，质量不易保证，本章通过总结装配结构后浇区的施工工艺流程，并按照工艺流程详细介绍不同装配式结构体系后浇区典型节点、叠合板板缝节点及楼层预留钢筋构造形式及施工要点，指导实际工程中后浇区施工；总结了模板及支架的选型、设计、施工、模板拆除及质量控制要点，对于解决模板工程中的关键性问题有着重要意义；最后，对隐蔽工程验收和后浇区混凝土浇筑与养护要求做了详细介绍，进一步保证后浇区施工质量。

第六章　设备与管线工程施工

本章导图

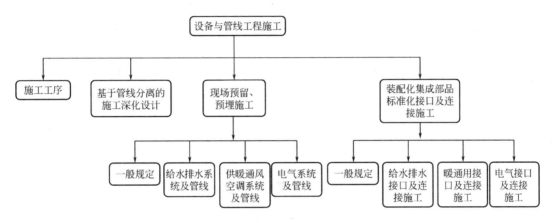

6.1　施工工序

装配式设备与管线工程施工主要特点是将施工阶段的问题提前至设计深化阶段解决，将设计模式由"设计→现场施工→提出更改→设计变更→现场施工"这种往复的传统模式，转变为"深化设计→预制加工→现场组装施工"的新型模式[6-1]，总体流程见图 6-1。

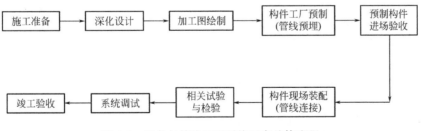

图 6-1　设备与管线工程系统工序总体流程

6.2　基于管线分离的施工深化设计

根据装配式建筑的特点，给水排水管道，供暖、通风和空调管道，电气管线施工前需要进行设备管线综合深化，深化设计原则及要点详见本手册设计篇"设备设计"章节。

6.3 现场预留、预埋施工

6.3.1 一般规定

出于对建筑结构安全的考虑，装配式建筑不应在围护结构安装后凿剔沟、槽、孔、洞，可采用管线分离技术，敷设在吊顶或架空层内，必须穿过预制构件时，应提前预留。

1.各类预制结构部件（预制墙体、楼板和预制梁等）中各类管线（给排水管道等）穿过时，穿越的部位应预留孔洞或预埋套管。

2.预留套管或洞应按设计图纸中管道的定位、标高，同时结合装饰、结构专业，绘制预留套管或预留洞图，防止遗漏，以避免后期对预制构件凿剔沟槽、孔洞。

从安全和经济两方面考虑，预制构件上的孔洞及沟槽的预留应符合表 6-1 的规定。

预留规定要点   表 6-1

分类	一般规定
预留位置	预制结构构件中预埋管线，或预留沟、槽、孔、洞宜选择对构件受力影响较小的部位，并应确保受力钢筋不受破坏，当条件受限无法满足上述要求时，应与设计院会商有效的处理措施
施工准备	机电工程施工前需编制施工方案，进行技术交底，并开展主要的设备、材料采购及主要施工机具准备工作
质量控制要求	预留预埋使用材料的规格型号符合设计要求，并有产品质量合格证与检验报告。与相关各专业之间，应进行交接质量检验，并形成记录。隐蔽工程应在隐蔽前经验收各方检验，合格后方能隐蔽，并形成记录。在施工过程中，要密切与土建单位配合，在每个套管安装完毕后，要随时用堵头封堵，不得有遗漏现象，防止管路堵塞。所有套管在剪力墙中不得有焊缝
成品保护	1.结构混凝土浇筑时，施工员在施工现场看护，在混凝土浇筑过程中如发现施工完成部分遭到破坏，组织人员及时修复。 2.混凝土拆模后，专业工程师要对预埋件、预留孔洞位置、孔洞尺寸、孔壁垂直度等进行复测，保证满足规范要求。拆模后对易破坏的预埋件，采用木箱保护，对电气预埋管线做好管口封堵工作等

6.3.2 给水排水系统及管线

1.施工范围

施工范围包括管道井、穿楼板的给水排水、消防水、空调水预留孔洞及外墙套管、人防套管的安装以及穿混凝土墙板的套管预留预埋施工。

2.预留套管方法

预留套管方法见表 6-2。

序号	套管安装位置	套管安装样图	说明
1	穿建筑内隔墙套管		1—钢管 2—钢套管 3—密封填料 4—隔墙 5—不锈钢装饰板(明露管道适用)
2	穿无防水要求的楼板		1—钢管 2—钢套管 3—密封填料 4—楼板
3	穿有防水要求的楼板(如屋顶等)		1—钢管 2—钢套管 3—翼环 4—挡圈 5—石棉水泥 6—油麻
4	套管预留示意图		楼板部位

3.施工要点

预留孔洞及预埋件在混凝土楼板、梁、墙上预留孔、洞、槽和预埋件时应有专人按设计图纸将管道及设备的位置、标高尺寸测定，标好孔洞的部位，将预制好的模盒、预埋铁件在绑扎钢筋后按标记固定牢，盒内塞入纸团等物，在浇筑混凝土过程中应有专人配合校对，看管模盒、埋件，以免移位。

在配合施工中，专业人员必须随工程进度密切配合土建专业做好预留洞工作。管道井和管道穿梁、楼板都应和土建配合预留好，注意加强检查，绝不能有遗漏。为了避免遗漏和错留，在核对间距、尺寸和位置无误并经过相关专业认可的情况下，填写《预留洞》（表格样式见表6-3），施工过程中认真对照检查。在浇筑混凝土过程中要有专人配合复核校对，看管预埋件，以免移位。发现问题及时沟通并修正。

预留洞[6-4]   表 6-3

序号	洞口编号	轴线位置(mm)	标高(m)	规格	完成情况	备注
1	排水 001					
2	通风 001					
3	...					

钢套管安装：根据所穿建筑物的厚度且管径尺寸确定套管规格、长度，下料后套管内刷防锈漆一道，用于穿楼板套管应在适当部位焊好架铁。管道安装时，把预制好的套管穿好，套管上端应高出地面 20mm，厨房及厕浴间套管应高出地面 50mm，下端与楼板面平。预埋上下层套管时，中心线需垂直，凡有管道煤气的房间，所有套管的缝隙均应按设计要求做填料严密处理。

防水套管安装：根据建筑物且不同介质的管道，按照设计或施工安装图册中的要求进行预制加工。将预制加工好的套管在浇筑混凝土前按设计要求部位固定好，校对坐标、标高，平整合格后一次浇筑，待管道安装完毕后把填料塞紧捣实。

穿过楼板的套管与管道之间缝隙应用阻燃密实材料和防水油膏填实，端面光滑，穿墙套管与管道之间缝隙用阻燃材料填实，且断面应光滑。管道的接口不得设置在套管内。

6.3.3 供暖通风空调系统及管线

1.施工范围

通风空调预留预埋工作主要包括风管穿越防火墙、墙体或楼板的预埋或防护套管。

2.预留规定

风管水管（或冷媒管）穿梁规定[6-2]：

如设置机械通风或户式中央空调系统，宜在结构梁上预留穿越风管水管（或冷媒管）的孔洞；在预制外墙上应预留相应孔洞，预埋套管，位置应避开结构的钢筋，避免断筋。

如采用吊装形式安装的暖通空调设备，应在预制构件上预埋用于支吊架安装的埋件。

暖通空调设备、管道及其附件的支吊架埋设应牢固可靠，并具有耐久性，支吊架应安装在实体结构上。

3. 施工要点

所有预留的套管与管道之间、孔洞与管道之间的缝隙需采用阻燃密实材料和防水油膏填实。除以上防火、隔声措施要求外，还应注意穿过楼板的套管与管道之间需采取防水措施。

6.3.4 电气系统及管线

1. 施工范围

电气系统及管线预留预埋工作主要包括嵌入式配电箱位置预留洞、桥架过墙和楼板预留洞的预留施工，照明、动力线管及过墙电气套管的预埋等施工，电气系统及管线预埋预留图示见表 6-4。

电气系统及管线预埋预留图示[6-3]　　　　　表 6-4

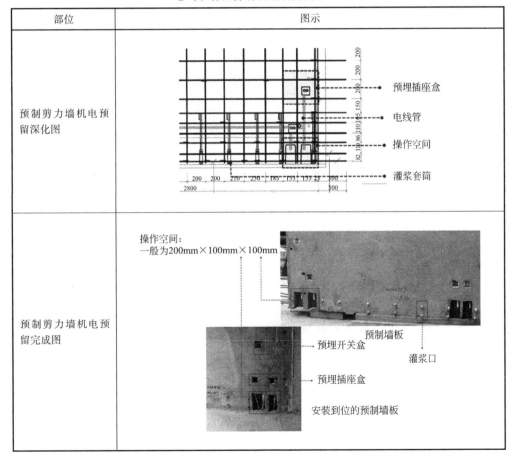

部位	图示
预制剪力墙机电预留深化图	预埋插座盒　电线管　操作空间　灌浆套筒
预制剪力墙机电预留完成图	操作空间：一般为200mm×100mm×100mm　预制墙板　预埋开关盒　灌浆口　预埋插座盒　安装到位的预制墙板

部位	图示
卫生间管槽预留（给水干管设于吊顶内）[6-5]	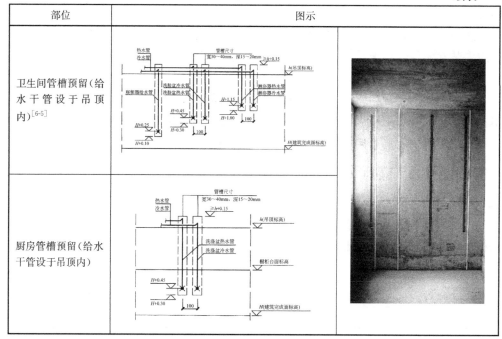
厨房管槽预留（给水干管设于吊顶内）	

2.墙体内预埋预留规定

对于装配式混凝土结构建筑，配电箱、配线箱和控制器宜尽可能避免安装在预制墙体上。当无法避让时，应根据建筑的结构形式合理选择这些电气设备的安装形式及进出管线的敷设形式，见表6-5。

墙体内预埋预留要点 表 6-5

序号	要点说明
1	当电气管线敷设较多时,可使用多根并排形式敷设,电气配管应排列整齐,可采用过路箱形式,不宜出现管线交叉的情况
2	预制板中预埋的接线盒宜为 H80 或以下,电气管线管径不宜大于 25mm
3	电气管线与接线箱(盒)或过路箱连接时,管进入箱(盒)的开孔应整齐并与管径相吻合,应一孔一管,不得开长孔,不得热熔开孔。管接头上配套的锁母应与接头锁紧
4	进入配电(控制)柜、箱内的导管管口,当箱底无封板时,管口应高出柜、台、箱、盘的基础面 50~80mm
5	根据预留孔洞的尺寸先将箱体的标高及尺寸确定好,并将暗埋底箱固定,然后用水泥砂浆填实并抹平。预留洞施工完成后,进行二次复核,预留洞尺寸、位置无误后,进行交接验收

3.叠合楼板预留预埋规定

叠合楼板预留预埋见表6-6。

叠合楼板预留预埋规定要点 表 6-6

部位	要点说明	图示
线盒深度要求	预制楼板或墙内选用的接线盒宜为 H80 或以下，以避免增加现浇层厚度。对于在叠合楼板中预埋的灯具接线盒宜采用 H100 的深型接线盒	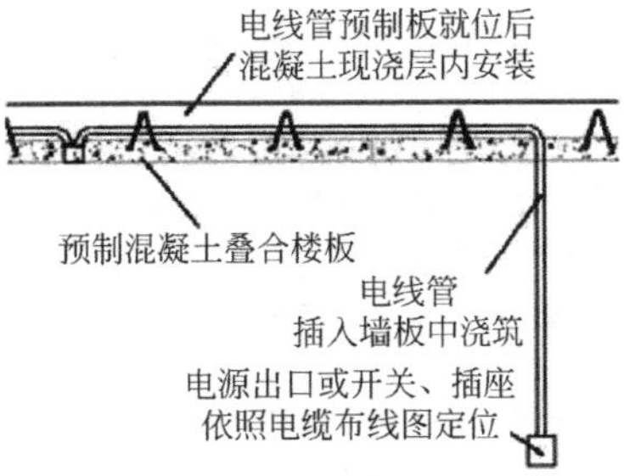 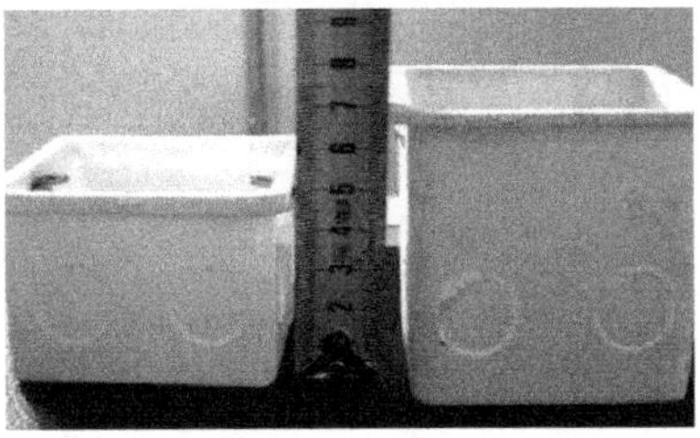
引管长度要求	填充墙出往下引管不宜过长，以透出预制面 100～150mm 为准	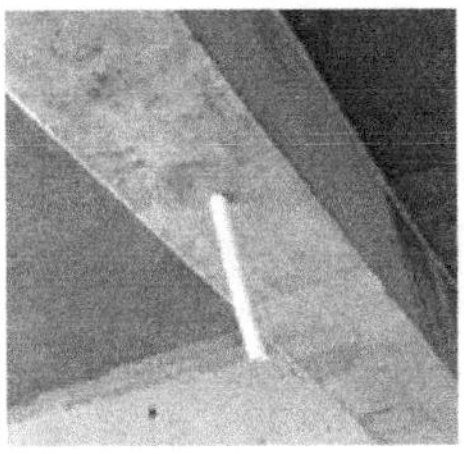 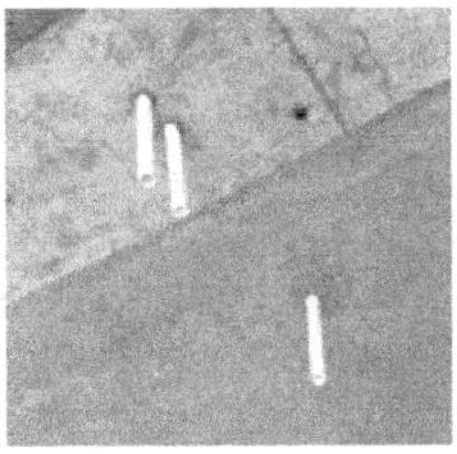
管径、交叉要求	敷设于现浇混凝土层中的管子，其管径应不大于混凝土厚度的 1/2。并行的管子净距不应小于 25mm，使管子周围能够充满混凝土，避免出现空洞，严禁浇置层发生三层及以上交叉管。在敷设管线时，应注意避开土建所预留的洞。当管线从盒顶进入时应注意管子煨弯不应过大，不能高出楼板顶筋，保护层厚度不小于 15mm	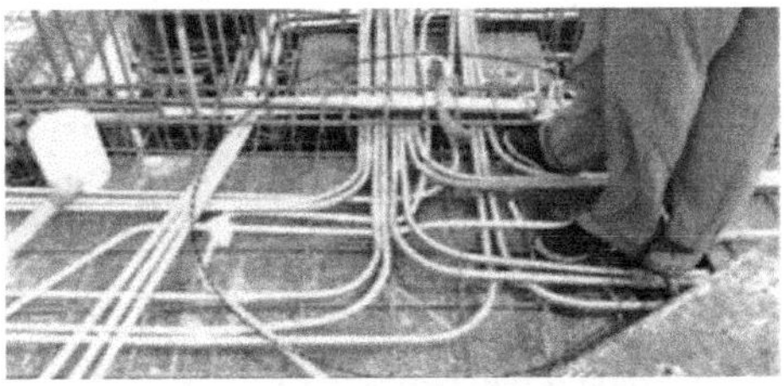 错误做法(浇置层发生三层及以上交叉管)
顺序要求	由于楼板内的管线较多，所以施工时，应根据实际情况，分层、分段进行。先敷设好与已预埋于墙体等部位的管子，再连接与盒相连接的管线，最后连接中间的管线，并应先敷设带弯的管子再连接直管	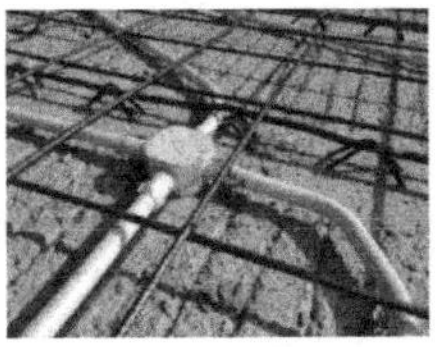 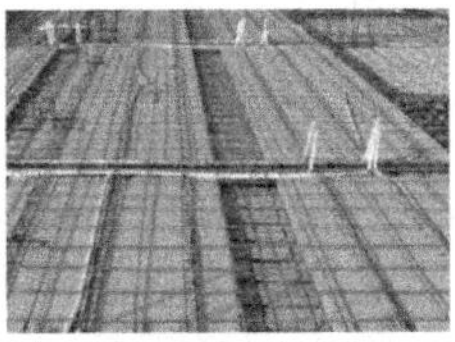

部位	要点说明	图示
固定要求	机电线管应在叠合板就位后,根据图纸要求以及盒、箱的位置,顶筋未铺时敷设管路,并加以固定。土建顶筋绑好后,应再检查管线的固定情况。管路固定采用与预制平台板内的楼板支架钢筋绑扎固定,固定间距不大于1m。如遇到管路与楼板支架钢筋平行敷设时,需要将线管与盖筋绑扎固定。机电线管直埋于现浇混凝土内,在浇捣混凝土时,应有防止电气管发生机械损伤和位移的措施	
预留洞口套管要求	现浇层内二次预留洞在施工现场现浇层内对照原先预留好的半成品预留洞口,用同种规格的套管二次留洞,需要绑扎牢固,防止浇筑混凝土时候位移。在混凝土初凝时候旋转套管拔出	
浇筑要求	在浇筑现浇层混凝土时候,应派专职电工进行看护,防止发生踩坏和振动位移现象。对损坏的管路及时进行修复,同时对管路绑扎不到位的地方进行加固。 现浇层浇筑后再及时扫管,这样能够及时发现堵管不通现象,便于处理及在下一层进行改进。对于后砌墙体,在抹灰前进行扫管,有问题时修改管路,便于土建修复。经过扫管后确认管路畅通,及时穿好带线,并将管口、盒口、箱口堵好,加强成品配管保护,防止出现二次塞管路现象	

4.防雷与接地

施工范围:现浇建筑与装配式建筑的防雷等级划分原则、防雷措施以及接地做法系统相同，均是优先利用钢筋混凝土中的钢筋作为防雷装置，一般民用建筑的防雷接地系统是由接闪器、避雷带、均压环、引下线、接地装置等组成，其中接闪器、避雷带、接地装置与传统的施工方法一致，主要差异是均压环及引下线、防侧击雷的方面的施工。

由于装配式建筑梁柱均为在工厂生产，现场进行拼装，拼装后的梁柱节点随叠合板一起进行现场浇筑。这类套筒结构等连接方式拼装形式存在断点，无法满足主筋从上到下贯通的电气要求，无法采用现浇建筑中一般利用垂直结构体中合适的贯通主筋作为引下线的传统做法，其施工方法见表6-7。

预制构件间引下线施工规定及施工要点[6-6]   表 6-7

施工要点	图示
上段预制柱内作为防雷引下线的主筋应向下延伸至下段预制柱内，与下段预制柱作为防雷引下线的主筋进行可靠电气连接	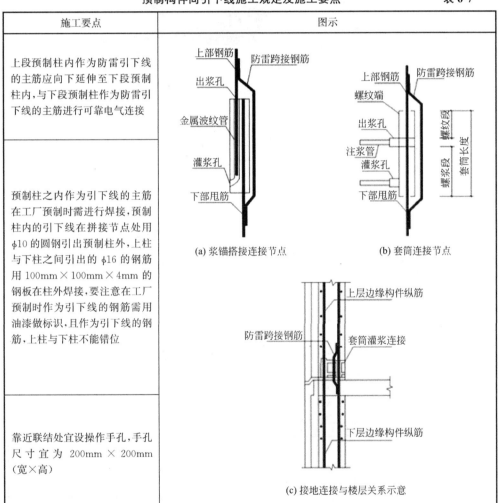
预制柱之内作为引下线的主筋在工厂预制时需进行焊接，预制柱内的引下线在拼接节点处用 φ10 的圆钢引出预制柱外，上柱与下柱之间引出的 φ16 的钢筋用 100mm×100mm×4mm 的钢板在柱外焊接，要注意在工厂预制时作为引下线的钢筋需用油漆做标识，且作为引下线的钢筋，上柱与下柱不能错位	
靠近联结处宜设操作手孔，手孔尺寸宜为 200mm×200mm（宽×高）	

均压环施工规定及施工要点：把结构外边梁内主筋连接成闭合回路形成均压环，然后在边梁与预制柱拼接点处，把该均压环与预制柱内的防雷引下线主筋可靠连接，接闪带支持卡子宜预埋于预制式女儿墙内，应与预制柱内作为防雷引下线的主钢筋可靠电气联结，靠近联结处宜设操作手孔，见表6-8。

部位	图示
楼层	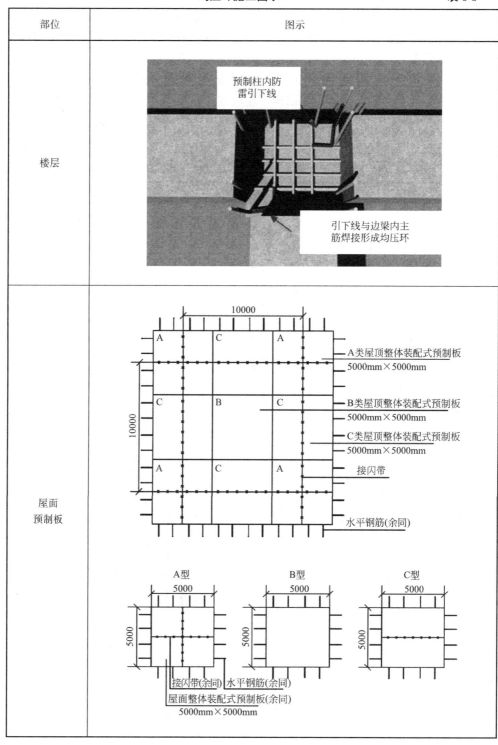
屋面预制板	

部位	图示
楼层	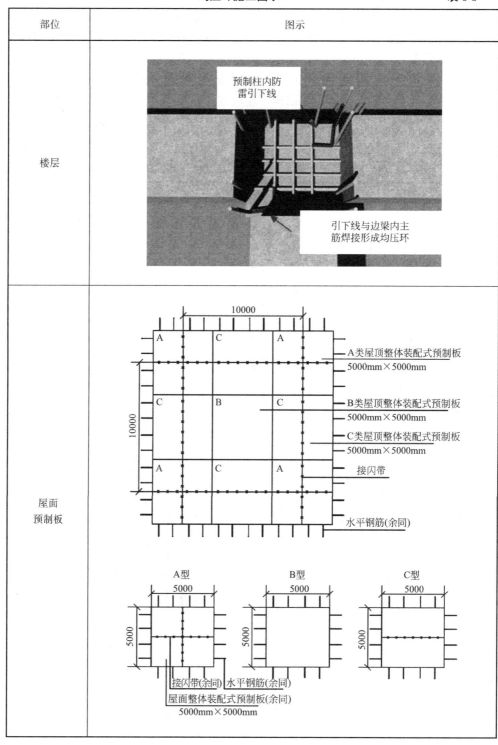
屋面预制板	

预制柱内防雷引下线

引下线与边梁内主筋焊接形成均压环

10000

A　C　A　A类屋顶整体装配式预制板 5000mm×5000mm

C　B　C　B类屋顶整体装配式预制板 5000mm×5000mm

C类屋顶整体装配式预制板 5000mm×5000mm

A　C　A　接闪带

10000

水平钢筋(余同)

A型　B型　C型

5000　5000　5000

5000　5000　5000

接闪带(余同)　水平钢筋(余同)

屋面整体装配式预制板(余同) 5000mm×5000mm

部位	图示
预制女儿墙接闪带	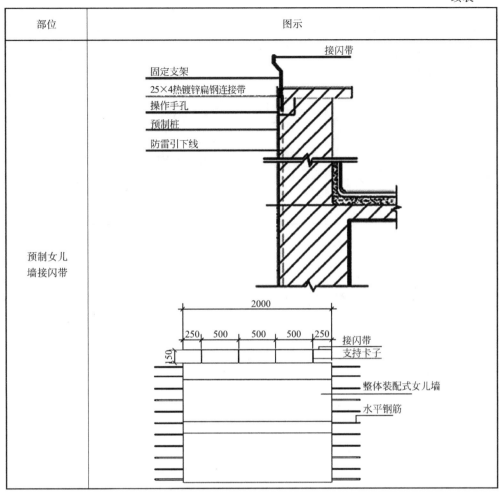

防侧击雷施工规定及施工要点见表 6-9。

防侧击雷施工规定及施工要点[6-6]   表 6-9

部位	施工要点	图示
预制外墙金属外窗	预制外墙金属外窗进行窗框的防雷预埋件预留；采用 φ10 圆钢或 25×4 扁钢引出预制件，长度大于等于 150mm，后续与现浇柱内主钢筋/现浇圈梁主钢筋可靠焊接，焊接长度大于等于 100mm	预制件与现浇柱(圈梁)预留连接钢筋 现浇钢筋混凝土柱 柱内主钢筋 预埋件 焊接 方法一 方法二 后装窗(窗体尺寸由设计定) 预埋接地端子板 焊接 预埋件圈梁主钢筋现浇钢筋混凝土圈梁

部位	施工要点	图示
均压环和外墙上的栏杆、门窗以及太阳能热水器、太阳能面板等较大金属物	1. 可以通过防雷接地预埋件与均压环可靠连接。 2. 无法直接连接到均压环(一般每3层设置一个均压环)的楼层,其金属物可以通过叠合梁现浇层内符合防雷接地要求的主筋或单独敷设扁钢与防雷引下线可靠连接作为均压环	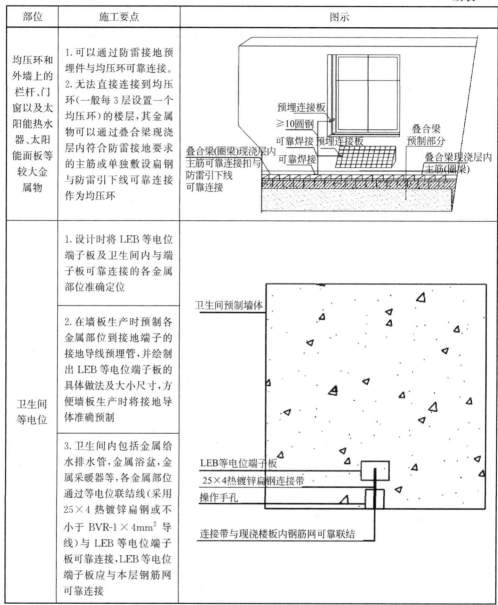
卫生间等电位	1. 设计时将LEB等电位端子板及卫生间内与端子板可靠连接的各金属部位准确定位	
	2. 在墙板生产时预制各金属部位到接地端子的接地导线预埋管,并绘制出LEB等电位端子板的具体做法及大小尺寸,方便墙板生产时将接地导体准确预制	
	3. 卫生间内包括金属给水排水管,金属浴盆,金属采暖器等,各金属部位通过等电位联结线(采用25×4热镀锌扁钢或不小于BVR-1×4mm² 导线)与LEB等电位端子板可靠连接,LEB等电位端子板应与本层钢筋网可靠连接	

6.4　装配化集成部品标准化接口及连接施工

6.4.1　一般规定

装配式建筑设备及管线宜选用装配化集成部品,选用符合模数序列及可快速连接的标准化产品,见表6-10,且宜满足预制构件工厂化生产运输、施工安装及使用维护的要求。

常用集成化部品[6-6]　　**表 6-10**

名称	应用范围	图示
给水承插式三通	冷热水管路分支	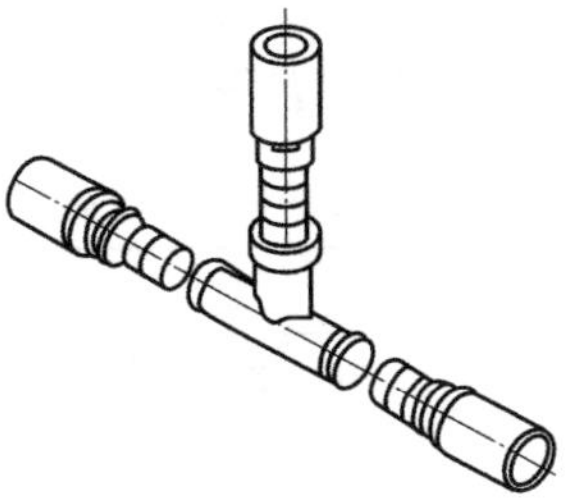
同层排水汇集器	同时连接同层排水管道支管	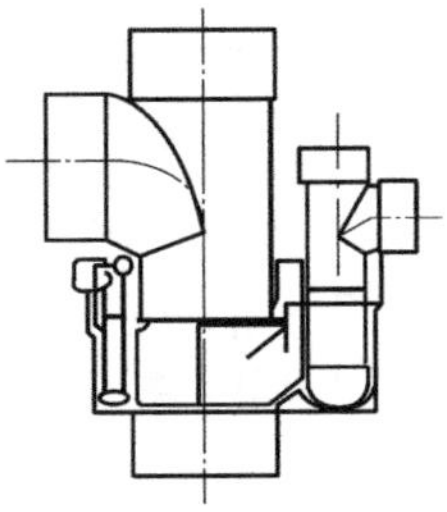
给水带座弯头	冷热水供水连接点位	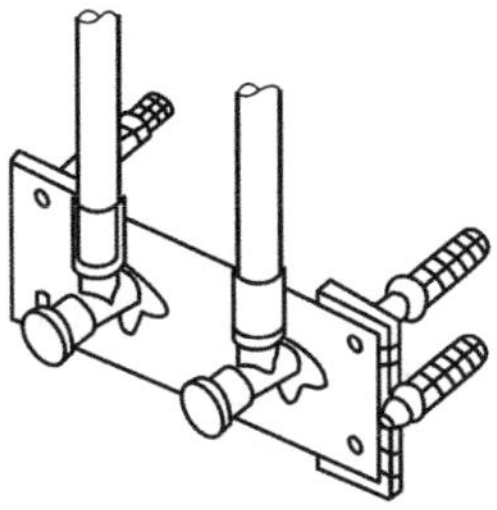
地暖模块	供暖需求的架空地面	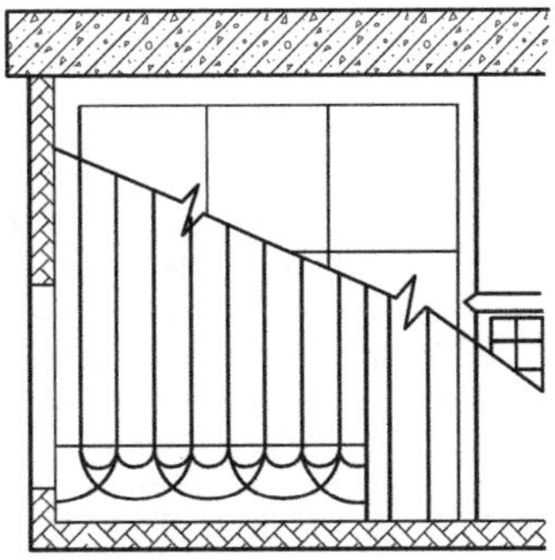
洗衣机底盘	架空地板洗衣机排水	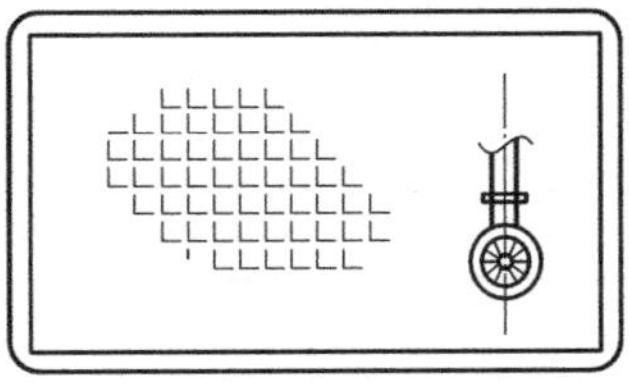

6.4.2 给水排水接口及连接施工

1.给水系统接口位置

给水系统接口位置设置要点见表6-11。

给水系统接口位置设置要点　　　　表6-11

部位	接口位置设置要点说明
给水系统接口位置	1.给水管道及管道接口应避开预制构件受力较大部位和节点连接区域
	2.给水管道宜敷设在墙体、凹槽、吊顶或楼地面的架空层或空腔内,并应采取防腐蚀、隔声减噪和防结露等措施
	3 给水系统上的控制阀门及给水接管空间应设在共用空间管道井内或预留检修口
给水管道与预制结构件的配合	1.管道不得直接浇筑在钢筋混凝土内,当必须敷设在墙体内时应设套管,套管管径应当比实际管道大1～2号管径
	2.给水管需要在预制结构墙上直接开槽时,宽度比管的外径大10mm左右,槽深不小于管外径加15mm
	3.竖向预埋套管应当比实际管道大1～2号管径,并做好防水处理
给水管非嵌墙敷设时	1.管径大于DN50应采用金属管道或金属复合管道,卡压、环压或沟槽式卡箍连接
	2.管径小于等于DN50时,可采用热熔连接的塑料管道或卡压连接、齿环卡压连接、环压连接、快速直插连接的薄壁金属管道
	3.给水管的压力等级应与系统压力相匹配
给水支管需要嵌墙敷设时	1.管道应采用热熔连接的塑料管道或薄壁金属管
	2.塑料管道不宜大于DN25;薄壁金属管道不宜大于DN20
	3.塑料管道宜采用整根管材,中间不得有连接配件;薄壁金属管道应做覆塑处理,并不得采用卡套式连接
	4.管道埋设深度应确保管道外侧水泥砂浆保护层厚度,冷水管不得小于10mm,热水管不得小于15mm
相邻预制结构件之间的给水接管空间	1.给水接管空间尺寸宜为200mm×200mm(宽×高)。预留的操作手孔尺寸允许偏差应满足《装配式混凝土建筑技术标准》GB/T 51231—2016 表9.7.4-1中相关内容
	2.管道的连接处宜采用活接头、旋紧式螺纹连接等能方便安装拆卸的管道连接件
	3.宜设置检修口
	4.管道连接部位不允许采用混凝土进行填充密实
特殊连接部位	在引入管、折角进户管件、支管接出和仪表接口处,应采用螺纹连接、法兰连接或直插式连接
	当采用给水分水器与用水器具连接时,管道接口应一对一连接,在架空层或吊顶内敷设时,中间不得有连接配件,分水器设置位置应便于检修,并宜有排水措施

2.不同管材连接方式选择

不同管材连接方式选择见表6-12。

类型	连接方式	说明
采用薄壁不锈钢管作为给水管道时	1.卡压式连接	分为 D 型承口连接与 S 型承口连接,属于刚性连接,应采用专用卡压工具进行卡压连接: (1)D 型:管件承口部无延伸直段的卡压连接; (2)S 型:管件承口部有延伸直段的卡压连接
	2.齿环卡压式连接	带有抗拔齿环、弹性橡胶 O 型密封圈的承口连接方式,属于刚性连接,应采用专用卡压工具进行卡压连接
	3.沟槽式连接	在不锈钢管上滚槽,并使用密封橡胶圈、卡箍和锁紧螺栓进行密封连接的连接方式
	4.快速直插式连接	管材直接插入管件内通过管材沟槽原理使不锈钢卡环锁闭系统立即将管材紧固到位,从而再用螺母锁紧使油封橡胶垫挤压扩张达到最佳密封效果的连接方式
采用铜管作为给水管道时	1.薄壁铜管	采用压接和快速直插式连接
	2.厚壁铜管	采用沟槽式连接和活套法兰连接
采用金属复合管道作为给水管道时	沟槽式卡箍连接	沟槽式卡箍连接
采用塑料管道作为给水管道时	1.热熔配件 2.专用分水器	热熔接口包括热熔承插、热熔对接和电熔管箍 3 种形式,具体选用应根据设计要求

3.给水管道接口连接形式

给水管的连接是给水系统的关键技术,既要承受高温、高压,又要保证无渗漏,应尽可能减少连接接头,建议采用分水器装置,分水器与用水点之间整根水管采用定制方式,无接头,通过分水器并联支管,出水更均衡,如图 6-2 所示。

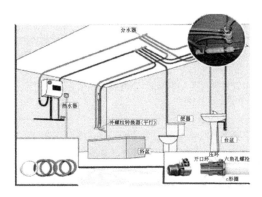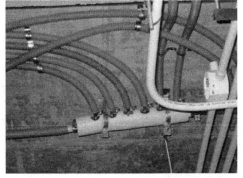

图 6-2　分水器装置

未采用分水器装置的给水管道接口宜选用卡压连接、齿环卡压连接、环压连接、快速直插连接、活套法兰连接、沟槽式卡箍连接、热熔连接等方式,见表 6-13。

分类	图示	分类	图示
卡压及环压连接		沟槽连接	
热熔连接		快速直插连接	

4.排水管道接口位置

排水管道接口位置设置要点见表 6-14。

排水管道接口位置设置要点　　　　表 6-14

部位	设置要点
排水管道与预制结构件的配合	1.穿越楼板处应预埋可调心接管组件。 2.当需要现场预埋时应采用铝模板,并设置可以牢固定位的技术措施。 3.当有排水横管穿越墙体时,宜在墙体上同步预埋接管组件
排水系统接口	1.宜采用同层排水系统。 2.预埋接管组件应在穿楼板的连接段预留不小于 100mm 的接管,并满足对应连接方式的最低长度要求。 3.排水管及接管组件应进行排水耐压测试,测试压力不低于 0.35MPa
排水管道敷设要点	1.建筑高度≥100m 时,预埋接管组件应为柔性接口机制铸铁排水管,卡箍连接或机械式柔性接口连接。 2.建筑高度<100m 时,预埋立管接管组件可为塑料材质,当有排水横管在结构垫层内敷设时,应采用电熔管箍或热熔承插连接的管道
排水立管周围的安装要点	1.便器排水接管为 De90 时,排水立管为普通单立管,立管中心距装饰墙面≥85mm,距卫生间结构墙/隔墙墙面不应小于 80mm;排水立管为特殊单立管排水系统,立管中心距装饰墙面≥85mm,距卫生间结构墙/隔墙墙面不应小于 100mm。 2.便器排水接管为 De110 时,排水立管为普通单立管,立管中心距装饰墙面≥105mm,距卫生间结构墙/隔墙墙面不应小于 80mm;排水立管为特殊单立管排水系统,立管中心距装饰墙面≥105mm,距卫生间结构墙/隔墙墙面不应小于 100mm。 3.采用同层排水系统,塑料排水立管上的伸缩节安装在 T 型三通、球形四通或苏维托排水管件的上方,在塑料污水排水立管中每一层应安装一个承插式伸缩节,每个承插式伸缩节用一个锚固管卡进行固定

5.排水管道接口连接形式

排水管道接口宜选用热熔连接、电熔管箍连接、沟槽式压环柔性连接、卡箍连接和现行国家标准《排水用柔性接口铸铁管、管件及附件》GB/T 12772 规定的 B 型机械式柔性接口连接等方式,连接可靠,便于拆卸,见表 6-15。

排水管道接口连接形式[6-6]　　　　　　　　　　　　　表 6-15

分类	图示	分类	图示
热熔或电熔管箍连接		沟槽式压环柔性连接	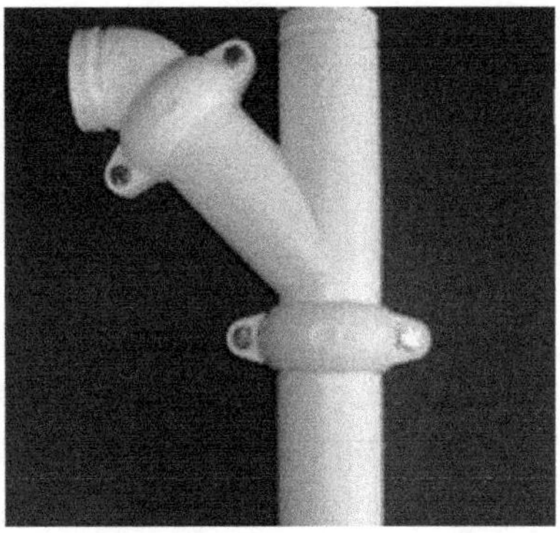
卡箍连接	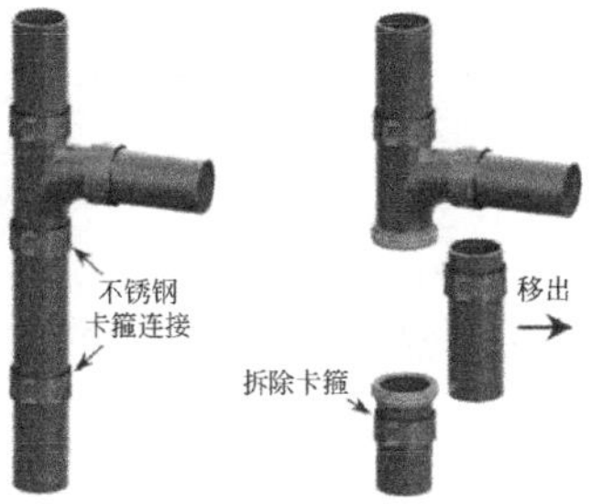	机械式柔性接口连接	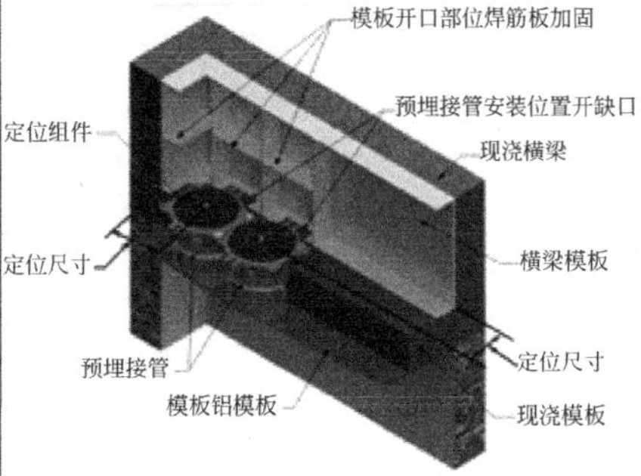

6.4.3　暖通用接口及连接施工

暖通用接口位置设置要点见表 6-16,整体厨房接口要点见表 6-17,整体卫浴接口要点见表 6-18。

暖通用接口位置设置要点　　　　　　　　　表 6-16

部位	要点说明
风管接口及连接	1.风管宜采取与结构主体分离的干式安装方式。 2.当外保温风管穿越需要封闭的预制楼板或隔墙等时,应设置套管;风管穿过需要封闭的防火、防爆的墙体或楼板时,必须设置钢制预埋管或防护套管,预埋管的厚度不小于1.6mm;风管与防护套管之间应采用不燃柔性材料封堵严密。 3.风管穿越轻钢龙骨隔墙时,轻钢龙骨不得作为管道的支架,管道与墙体间的缝隙应进行封堵

部位	要点说明
管道接口及连接	1.管道安装,可采取与结构主体分离的干式安装方式,也可以采取与结构主体结合的湿式安装方式。 2.管道穿越预制墙体时应预留套管;穿越预制楼板的管道应预留洞;穿越预制梁的管道应预留钢套管。其预留套管的规格应比管道大1~2号。 3.管道穿越墙体或楼板处应设钢制套管,管道接口不得置于套管内,钢制套管应与墙体饰面或楼板底部平齐,上部应高出楼层地面20~50mm,并不得将套管作为管道支撑。保温管道与套管四周的缝隙,应使用不燃绝热材料填塞紧密;当穿越防火分区时,应采用不燃材料进行防火封堵
燃气管道暗敷接口	1.住宅燃气管道在符合安全的条件下可以暗敷,暗敷管道在建筑设计时应预留管槽。暗敷管道不应与其他暗敷管道相互交叉,燃气立管可以嵌墙敷设。 2.燃气计量表的表后管道宜采用嵌入装配式墙体、预制楼板或在地板下敷设。自楼板(或地板下)的水平管转向墙壁管槽内垂直管底部的转角处可设置弯头,其余部位必须为整根管道,其间不应有接口和配件。 3.分路器及燃具与管道的接口应在地坪以上,并方便检修。铜管与配件的连接应采用钎焊,不锈钢软管与配件的连接应采用卡套

整体厨房接口要点 表 6-17

分类	要点说明
整体厨房的接口	1.排烟道口径应满足相关要求,排烟口应在离地面2200mm处,离内墙的距离应在吊柜旁板以内,且不宜小于280mm,排烟口直径宜为180mm,如果有变压式排烟装置,应使其与柜体完全协调。 2.灶具柜设计应结合燃气管道及吸油烟机排气口位置,灶外缘与燃气主管水平距离不宜小于300mm。 3.双眼灶的吸油烟机烟口直径不应小于DN180;热水器的排烟口径不应小于DN100;壁挂式(容积式)暖浴炉排烟口直径不应小于DN80。 4.吊码及吸油烟机等安装位置处应避开暗藏管线,设置管线路径时,应避开吸油烟机及吊码安装位置。 5.给水接口位置水平距排水管接口宜为300~400mm;给水管接口高度距地面宜为500~600mm;排水管距地面宜为100~200mm。 6.穿墙面的给水管口接头宜高于台面100mm;冷、热水管口中心间距宜为150mm。 7.冷热水管与洗涤池龙头接口及阀门的安装高度宜为500mm,便于洗涤池龙头软管连接

整体卫浴接口要点 表 6-18

分类	要点说明
一般规定	整体卫浴应满足同层排水的要求,整体卫浴的同层给水排水管线、通风管线和电气管线等的连接,均应在设计预留的空间内安装完成,并在与给水排水、电气等系统预留的接口连接处设置检修口。厨房、卫生间的吊顶在管线集中部位宜设有检修口

分类	要点说明
整体卫浴接口	1.浴室地面应根据设计方案做好各排水点孔洞的预留。 2.浴室内预留的排污管应伸出地面,并根据马桶款式预留安装高度,预留安装高度宜高出完工面 10~20mm。 3.干区地漏预留管宜与地面做平,直接打胶安装地漏。 4.洗面台排水管宜伸出地面 50~100mm。 5.坐便器或蹲便器,宜预留孔径尺寸为 160mm,且预留管径为 DN20 的冷水管径;浴室应预留孔径为 110mm 的孔洞,供安装排气扇。 6.浴室给水五金接头、电器接头应进行等电位连接;等电位预留位置可设置在浴室天花以上,高度不宜小于毛坯地面 2300mm。 7.给水总管预留接口宜在整体卫浴顶部贴土建顶板下敷设,当整体卫浴墙板高度为 H=2000mm 时,需将给水管道安装至卫生间土建内部任一面墙体上,在距整体卫浴安装地面约 2500mm 的高度预留 DN20 阀门,冷热水管各一个,打压确保接头不漏水。 8.整体卫浴内的冷、热水管伸出整体卫浴顶盖顶部 150mm,待整体卫浴定位后,将整体卫浴给水管与预留给水阀门进行对接,并打压试验。 9.当墙板高度增加时,预留阀门的安装高度相应增加,整体卫浴接口位置示意见图 6-3

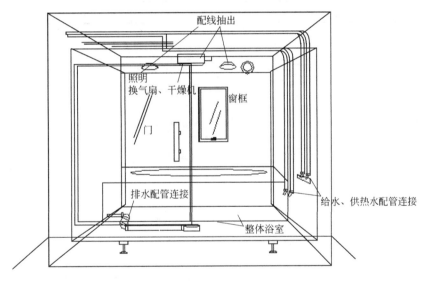

图 6-3　整体卫浴接口位置

6.4.4　电气接口及连接施工

电气接口及连接要点见表 6-19,电气接口及连接图示见表 6-20。

电气接口及连接要点　　　　　　　　　　　　　　表 6-19

分类	要点说明
电气通用接口及连接	1.电气通用接口的安装位置宜与主体结构相分离,应方便维修更换,且不应影响主体结构安全。 2.通用接口不应直接穿越楼板和墙体。 3.当灯头盒、接线盒、管线等预埋在预制楼板或预制墙体内时,预埋盒或管线附近宜预留接线空间,便于与现浇电气管线的连接

分类	要点说明
电气布线接口及连接	1.在预制墙体、楼板预埋的电线电缆保护导管宜采用壁厚为1.5~2.0mm的金属导管、可弯曲金属电气导管或中型以上的刚性阻燃PVC塑料导管。 2.金属槽盒不得在穿过楼板或墙体等处进行连接;线槽本体之间的连接应牢固可靠。 3.在预制构件暗装的电气设备的出线口、接线盒等的孔洞均应准确定位。 4.当沿预制楼板、预制墙体预埋的接线盒及其管路与现浇电气管路连接时,应在墙面与楼板交界的墙面预埋接线盒或接线空间,接线空间尺寸不宜小于150mm×200mm(宽×高)
电箱（盒）接口及连接	与传统建筑不同,机电线管的预留预埋也需分两步进行,一是叠合板在工厂生产过程中需先把线盒预埋进去,线盒固定在叠合板的底层钢筋上,要求定位要准确;二是叠合板在现场拼装完成后进行面层钢筋铺设前把线管敷设进去。由于是分两步进行,接线盒与传统的86型盒相比要长一些,一般86型盒的长度为50~75mm,而预制板内的接线盒根据叠合板预制厚度一般为100~115mm

电气接口及连接图示[6-4,6-6]

表6-20

部位	图示
管线从叠合梁下至内隔墙连接	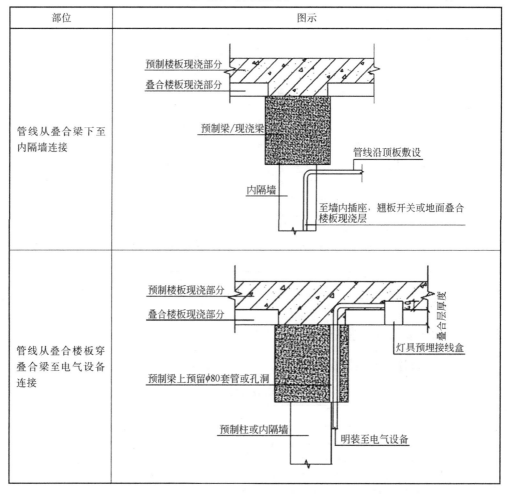
管线从叠合楼板穿叠合梁至电气设备连接	

部位	图示
管线从叠合楼板穿叠合梁至电气设备连接	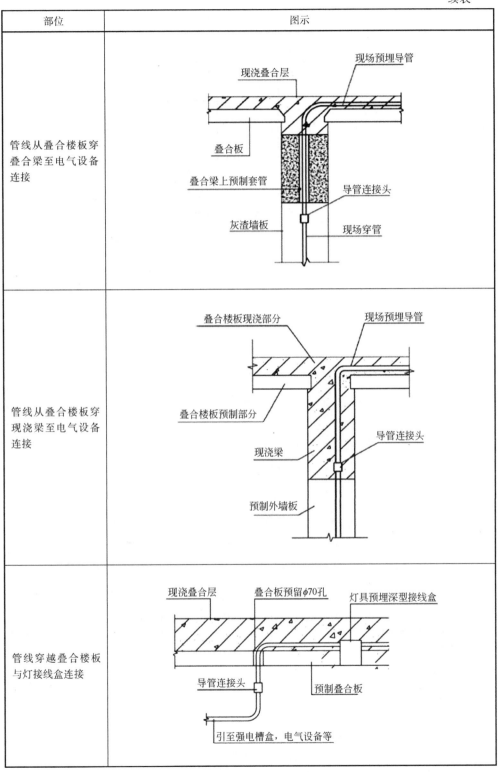
管线从叠合楼板穿现浇梁至电气设备连接	
管线穿越叠合楼板与灯接线盒连接	

部位	图示
预制墙板处管线连接	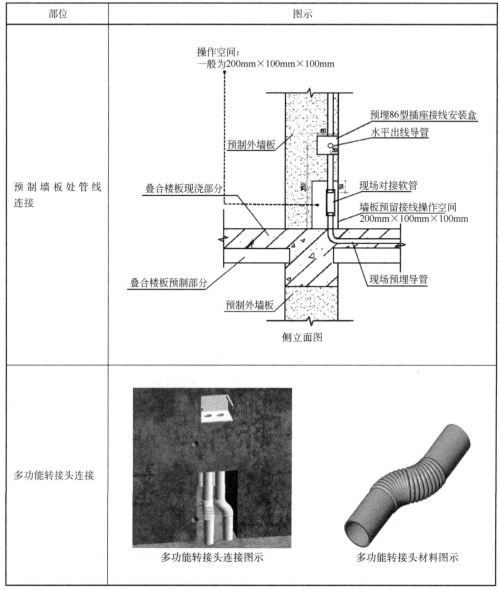 操作空间： 一般为200mm×100mm×100mm 预制外墙板 叠合楼板现浇部分 叠合楼板预制部分 预制外墙板 预埋86型插座接线安装盒 水平出线导管 现场对接软管 墙板预留接线操作空间200mm×100mm×100mm 现场预埋导管 侧立面图
多功能转接头连接	多功能转接头连接图示　　　　多功能转接头材料图示

注：装配式结构施工中，预埋线管上翻点位可能存在偏差，同时预制构件在加工时也可能存在偏差，手孔内对接的平台预留管与构件预留线管可能发生偏位，另外由于手孔内空间有限，可采用可调方向的多功能快速转接头，解决受限空间内错位线管的快速对接，既可以保证对接管路通畅，又可以降低施工难度，节约施工成本。

6.5　本章小结

本章介绍了设备与管线的施工要点，主要包括三大步骤，即基于管线分离的深化设计，现场预留、预埋施工和装配化集成部品标准化接口及连接施工，涉及的系统包括给水排水系统、供暖通风空调系统和电气系统。

其中，基于管线分离的深化设计内容参见本手册设计篇中章节"设备设计"的相关内容；关于预留、预埋施工，包括施工现场和预制构件的生产中预留预埋，在此过程中，要严格按照设计图纸进行布置、敷设与浇筑，控制尺寸和位置偏差，保证接口定位精准，确保后续连接顺利进行；关于标准化接口及连接，要注意材料的选型、连接方式的选择等。

第七章 装配式内装施工

本章导图

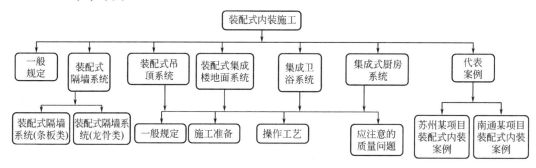

7.1 一般规定

全装修指建筑功能空间的固定面装修和设备安装全部完成，达到建筑使用功能和性能的基本要求；装配化装修指主要采用干式工法，将工厂生产的标准化内装部品在现场进行组合安装的装修方式。装配化装修系统由若干部品组成，主要包括集成地面干式工法楼面、地面（集成楼地面）系统、集成吊顶系统、集成墙面系统、集成卫生间系统、集成厨房系统、综合管线集成系统等。

装配式内装系统施工流程见图7-1。

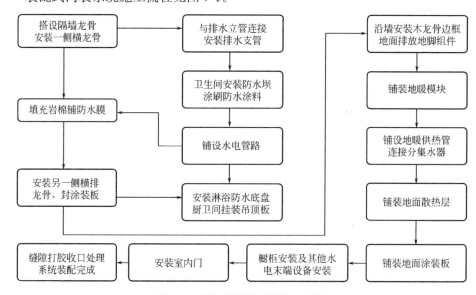

图 7-1 装配式内装系统施工流程

7.2 装配式隔墙系统

7.2.1 装配式隔墙系统（条板类）

装配式条板类隔墙系统较多，本章节主要介绍江苏地区常用的 ALC 隔墙系统、蒸压（挤压型）陶粒板隔墙系统施工。

1.加气混凝土墙板（ALC 墙板）施工

（1）施工准备

人、机、料等施工准备详见表 7-1。

人、机、料等施工准备　　　　　　　　　　　　表 7-1

项次	类别	内容
1	施工人员	组织专业安装队伍进场，一般以安装班组为单位，每个安装班组 4~6 人
2	机械工具	ALC 墙板专业用切割机、电锤、射钉枪、U 形台车、撬棍、灰桶、灌浆器、磨砂板、墨斗、橡皮锤、卷尺、靠尺、线锤、电缆线及配电箱等进场
3	材料	根据 ALC 隔墙板深化图纸统计 ALC 隔墙板和辅材的规格、尺寸、数量等进行材料订购生产
4	技术资料	编制 ALC 墙板安装工程施工方案、施工进度计划，做好技术交底、安全交底、三级安全教育等

（2）施工工艺

ALC 墙板的施工工艺流程（管板连接节点）见图 7-2，具体要求详见表 7-2。

材料进场 → 放线 → 材料垂直运输 → 安装管板、抹粘合剂 → ALC 隔墙板就位、校正

成品保护 ← 填缝、勾缝 ← 板材修补 ← 门洞施工 ← 固定管板 ← （ALC 隔墙板就位、校正）

图 7-2　ALC 墙板施工工艺流程图

ALC 墙板施工工艺要求　　　　　　　　　　　　表 7-2

项次	工序	工艺要求	图例
1	材料进场	ALC 墙板进场后利用叉车或塔式起重机卸货，堆放时两端距板端 1/5 板长处用垫木或加气混凝土块垫平	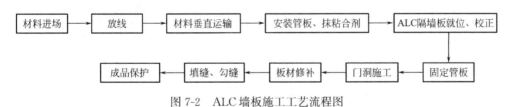

项次	工序	工艺要求	图例
2	放线	根据建筑平面图和总包提供的轴线(弹出墨线),弹出墙体定位线	
3	材料垂直运输	方式一:ALC墙板运至现场后,叉车将板材卸至一层临时堆场,使用U形台车通过施工电梯将板材运至楼层内,且均匀分布,并注意支点位置,防止板材变形	
		方式二:ALC墙板运至现场后,用塔式起重机将板材吊至楼层上料平台上,通过平板车及液压车将板材水平运输至楼层内,且均匀分布,并注意支点位置,防止板材变形	
4	安装管板、抹粘合剂	用U形台车拉运ALC墙板至安装部位,将管板的杆件从板的两端打入,距板侧边约100mm;在板材上中下3处槽内各抹一些粘合剂,涂抹量以板缝挤出粘合剂为宜	

项次	工序	工艺要求	图例
5	ALC墙板就位、校正	将板抬运就位,合拢板缝,用木楔在板材上下端做临时固定,用吊线和靠尺检查板的垂直度和平整度,超过误差时用橡皮锤轻轻敲击调整至符合要求	
6	管板固定	用射钉将管板固定在混凝土梁或板上,每个管板需1~2个射钉固定	
7	门洞施工	方式一:门洞两侧板材宽度大于等于300mm,采用ALC墙板横装,横装板与竖装板搭接应大于等于100mm,横装板与竖装板之间采用对穿螺栓(M10)连接	
		方式二:门洞两侧墙体宽度小于300mm,应浇筑混凝土构造柱及过梁,构造柱宽度不应小于150mm	

项次	工序	工艺要求	图例
8	填缝、勾缝	板顶、板底缝用较稠的 1:3 水泥砂浆填实、抹平。ALC 墙板板缝修补整齐,清理干净,按使用要求配制好 ALC 专用勾缝剂,用专门的窄幅铁抹子将勾缝剂填入板缝抹平	
9	成品保护	在 ALC 墙板勾缝完成前,不得使 ALC 墙板墙体受到振动和冲击。在 ALC 墙板墙体上钻孔、锯切时,均应采用专用工具,不得任意砍凿	

（3）ALC 墙板安装质量控制要点详见表 7-3。

ALC 墙板安装质量控制要点　　　　　表 7-3

序号	质量控制要点
1	ALC 墙板堆放场地应坚硬平整无积水,不得直接接触地面堆放
2	ALC 墙板底部与主体结构之间坐浆用 1:3 水泥砂浆,砂浆厚度应小于 20mm
3	同一道 ALC 墙板墙体使用窄幅板不宜超过两块,宽度小于 200mm 的窄幅板不准使用上墙
4	ALC 墙板安装顺序应从一端向另一端依次安装;如有门洞,应从门洞处向两端依次安装,门洞两侧板材宽度不宜小于 300mm
5	ALC 墙板 T 字墙、L 形墙需打入 $\phi6$ 或 $\phi8$、$L=300\sim400$mm 销钉加强,沿墙高共两根,分别位于距板材上下端 1/3 高度处,打入方向以 30° 为宜
6	在 ALC 墙板上开洞、槽应使用专用工具(切割机、开孔机等),严禁剔凿

2.蒸压（挤压型）陶粒混凝土墙板安装施工

（1）施工准备

安装隔墙施工作业前,施工现场隔墙安装部位的结构应已验收完毕,现场杂物应已清理,场地应平整。

安装前准备工作应符合下列规定：

1）墙板和配套材料进场时，应由专人验收，生产企业应提供产品合格证和有效检验报告。材料和墙板的进场验收记录和试验报告应归入工程档案。不合格的墙板和配套材料不得进入施工现场。

2）墙板、配套材料应分别堆放在相应的安装区域、按不同种类、规格堆放，墙板下面应放置垫木；墙板宜侧立堆放，高度不应超过两层。

3）现场配制的嵌缝材料、粘结材料，耐碱纤维网格布以及开洞后填实补强的专用砂浆应有使用说明书，并提供检测报告。上述粘结材料应按设计要求和说明书配制和使用。

4）安装连接件材料进场应提供产品合格证，安装工具、机具应保证能正常使用。安装使用的材料、工具应分类管理并根据现场需要数量备好。钢钉、钢板及钢板卡、预埋件应镀锌或做防锈处理。

隔墙安装前，应清理基层，对需要处理的光滑地面进行凿毛处理；然后按安装排板图弹墨线，标出每块墙板安装位置，标出门窗洞口位置，弹线应清晰，位置应准确。放线后，经检验无误，方可进行下道工序。

有防潮、防水要求的墙板隔墙应做好条形墙垫或防潮、防水等构造措施。

墙板隔墙安装前，宜对预埋件、吊挂件、连接件工序施工的数量、位置、固定方法等进行核查，并应符合墙板隔墙设计技术文件的相关要求。

（2）施工工艺

蒸压（挤压型）陶粒混凝土墙板的施工工艺流程如图 7-3，具体要求详见表 7-4。

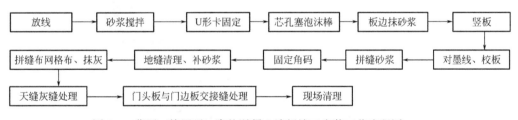

图 7-3　蒸压（挤压型）陶粒混凝土墙板施工安装工艺流程图

蒸压（挤压型）陶粒混凝土墙板施工安装工艺及要点　　　　　　　表 7-4

项次	工序	工艺要求	图例
1	放线	1. 施工现场技术员根据设计图纸及墙体控制线，测量出墙板安装位置点。 2. 把放线仪红心对准墙板安装位置点，量出墙体长度尺寸，用墨线弹出墙体安装线，标出门窗洞口位置。 3. 每个楼层墙板安装控制线放完后，现场负责人请监理验线，合格后方可施工	

项次	工序	工艺要求	图例
2	砂浆搅拌	1. 设固定地点，专人搅拌，明确责任人，设置搅拌区标示牌。 2. 经搅拌后的砂浆不得直接放在楼面上，必须放在木板或铁板上，以免造成楼面清理困难和影响砂浆质量。 3. 必须按照每包砂浆（50kg）配 8kg 水进行搅拌，搅拌时间必须达到 3～5min。 4. 搅拌工作完成后，需要对搅拌机进行清洗、保养	
3	U 形卡固定	1. 根据施工图纸，在结构柱或结构墙上弹出垂直线。 2. 采用 U 形卡连接结构柱、墙和蒸压陶粒混凝土墙板，并由专人负责，第一道 U 形卡离地面 500mm，以上每隔中心间距 1000mm 设置一道。 3. U 形卡必须与结构柱、墙连接牢固。 4. U 形卡侧面应与垂直线吻合，不得超出垂直线，不得有歪斜、变形现象。 5. 固定好 U 形卡后，由施工现场质检人员负责验收，合格后方可进行墙板安装	
4	芯孔塞泡沫棒	1. 专人负责板端头芯孔塞泡沫棒，泡沫棒塞入芯孔内不少于 2cm；待打满砂浆、装完板后使板端与结构梁或板形成榫状连接。 2. 不得存在漏塞泡沫棒的现象。 3. 现场质检人员负责检查芯孔塞泡沫棒	

项次	工序	工艺要求	图例
5	板边抹砂浆	1.专人进行板端头、板阳榫打砂浆,砂浆打成均匀坡状,使板缝之间的砂浆饱满。 2.砂浆最薄处不得小于1.5cm。 3.不得有少打砂浆或漏打砂浆现象	
6	竖板	1.所有安装工人应经严格培训、考核,合格后方可上岗操作。 2.用运板小车将墙板运到墙板安装位置。 3.三人均匀用力将墙板竖起,对准阴、阳榫槽。 4.用撬棍顶起墙板,使墙板与结构梁或板紧密结合,板底部用木楔临时固定	
7	对墨线、校板	1.由专人用2m靠尺,一头平靠板面,另一头对准地面,用铁锤或撬棍移动木楔来校对地面墨线。 2.用铝合金尺挂上吊线坠来测量墙板的垂直度,垂直度有偏差时用铁锤或撬棍移动木楔来调整垂直度,调整完成后再用木楔固定墙板	
8	拼缝砂浆	1.在装板时,板拼缝之间的砂浆必须挤实,达到饱满、密实状态。 2.拼缝宽度必须控制在5~8mm。 3.板拼缝之间的砂浆不得出现空缝现象	

项次	工序	工艺要求	图例
9	固定角码	1.每块板必须与结构梁、板设置 1 个角码进行连接。 2.角码的一端须放置于榫槽内,并用射钉与板榫槽连接牢固。 3.角码另一端须通过射钉枪与结构、梁板进行牢固连接。 4.不得有漏打现象	
10	地缝清理、补砂浆	1.在安装墙板前,将地面清理干净。 2.墙板加固完成后,由专人负责补地缝。 3.补地缝砂浆前先浇水湿润,再补砂浆。 4.地缝砂浆必须双面塞实,必须与板面平齐,不得高出板面,地缝高度控制在 2～3cm。 5.固定板的木楔要待砂浆强度达到 5MPa 才能拆除。夏季一般是 2～3d,冬季 5～6d,并用同强度等级的砂浆将空洞填实,填实前先清理干净并浇水湿润	
11	拼缝布网格布、抹灰	1.专人负责抹板之间的企口灰缝,板与板之间的中缝砂浆最少达到 7d 以后才开始进行抹缝。 2.抹缝前先浇水湿润板企口面,使砂浆与墙板良好结合,耐碱网格布要置于板缝中心,砂浆的完成面以下 1～2mm。 3.灰缝抹灰平整,不得高出板面,隔天浇水保养。 4.严禁出现网格布外漏及灰缝高低不平现象。 5.所有灰缝必须保证平整、顺直	

项次	工序	工艺要求	图例
12	天缝灰缝处理	1. 在装板时，天缝之间的砂浆必须挤实，达到饱满、密实状态。 2. 专人负责天缝砂浆抹平，砂浆不得高出板面。 3. 必须清除梁底及板面挤出的砂浆	
13	门头板与门边板交接缝处理	1. 待门头板安装完毕 7d 后，专人负责粘贴灰缝之间的网格布。 2. 板面要清理干净。 3. 胶水涂刷均匀，网格布必须与板面贴实，不得出现翘边和空漏现象，有效地控制裂缝的产生	
14	现场清理	1. 墙板安装完成后，施工场地清理干净，做到活完料净脚下清的标准。 2. 由现场负责人和质检人员共同检查施工场地的清理	

7.2.2 装配式隔墙系统（龙骨类）

1. 一般规定

装配式龙骨类隔墙系统较多，本章节主要介绍江苏地区常用的轻钢龙骨隔墙系统，面板一般以石膏板面板为主，防火、防潮等特殊要求部位可采用硅酸钙面板等材料。装配式隔墙以镀锌钢板为原料，采用冷弯工艺生产的薄壁型钢，配套成天地、横向、竖向龙骨，见图7-4，装配式轻钢龙骨隔墙部品，利用龙骨空腔有效地将防火、隔音、防潮等填充部品、设备管线部品以及加固板部品有机地集成于一体，具有整体质量稳定耐久、施工安装快捷灵活、通融性强、重置率高等优点，广泛适用于住宅、酒店、办公等各类空间，可满足多专业协调、分步骤验收、装配率高等要求。

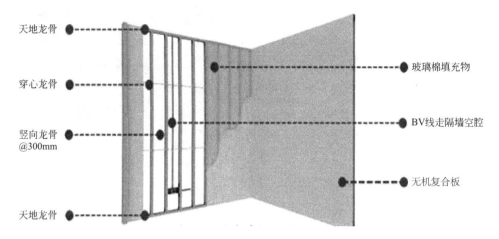

图 7-4　装配式隔墙系统（龙骨类）示意图

左侧标注（自上而下）：天地龙骨、穿心龙骨、竖向龙骨@300mm、天地龙骨
右侧标注（自上而下）：玻璃棉填充物、BV线走隔墙空腔、无机复合板

2.施工准备

（1）材料准备

装配式隔墙系统（龙骨类）主要使用材料见表 7-5。

装配式隔墙系统（龙骨类）主要使用材料　　　　表 7-5

	名称	图例	作用
装配式隔墙系统（龙骨类）	天地龙骨		与建筑结构的连接件
	竖向龙骨		竖向受力构件
配件	墙壁补强金具		加强合板与竖龙骨固定连接件

名称		图例	作用
配件	加强合板		悬挂重物的位置增加加强合板
	自攻螺丝		用于加强合板与墙壁补强金具 V（12 用）固定
			固定单层石膏板
			固定双层石膏板
			用于竖龙骨之间连接固定
			用于贯穿竖龙骨并与双层石膏板固定

名称		图例	作用
填充材料	玻璃棉	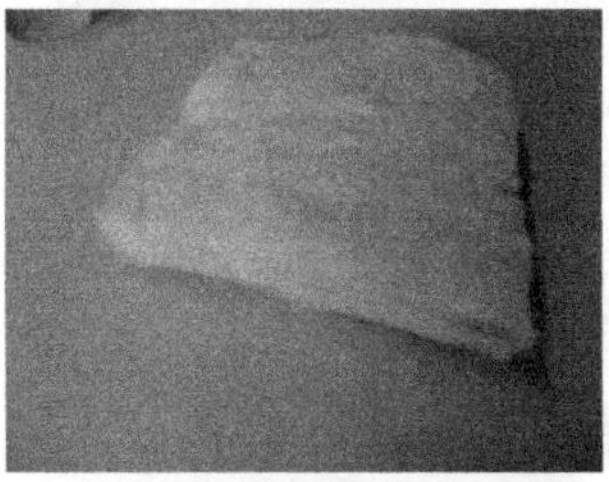	填充于隔墙内
罩面板	单面纸面石膏板	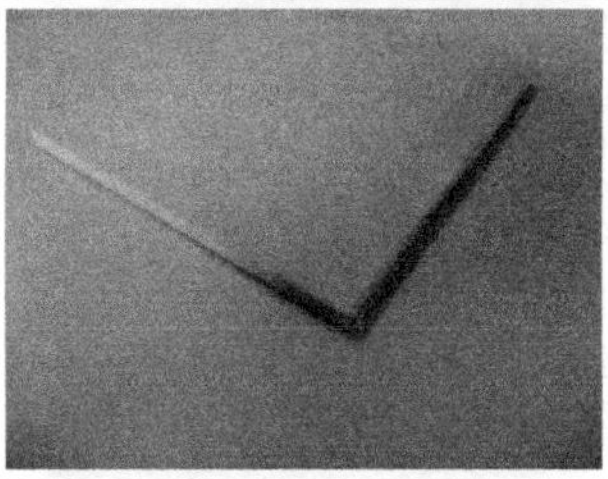	作罩面板用
	双面纸面石膏板		作罩面板用

（2）机具准备

1）主要机具设备

金属切割机、砂轮机、螺钉枪、电动冲击钻、嵌缝枪、手锤、充电手枪钻等。

2）主要检测工具

经纬仪、水准仪、2m靠尺、直角检测尺、水平尺、钢尺、塞尺等。

（3）技术准备

1）熟悉图纸，编制材料供应计划，弄清做法，理解设计意图，对施工人员进行技术交底，清楚隔墙系统构造，规格尺寸及数量等技术要求，并强调技术措施、质量标准和要求。

2）所有进场材料在进场时必须由技术、质量和材料人员共同进行进场检验，并填写《材料、构配件进场检验记录表》。

3）大面积施工前应先做样板间，经三方（业主、监理、施工单位）确认、验收合格后方可组织大面积施工。

（4）作业条件

1）主体结构已验收，屋面已做完防水层，室内弹出+50cm标高线。

2）作业的环境温度不应低于5℃。

3）根据设计图和提出的备料计划，核查隔墙全部材料，使其配套齐全。

4）主体结构墙、柱为砖砌体时，应在隔墙交接处，按1m间距预埋防腐木砖。

5）设计要求隔墙有地枕带时，应先将 C20 细石混凝土地枕带施工完毕，强度达到 10MPa 以上，方可进行轻钢龙骨的安装。

6）现场要求清洁，不得有积垢、油污、杂物，地面不平整应予以修复。

3. 施工工艺

（1）工艺流程

装配式隔墙系统工艺流程见图 7-5。

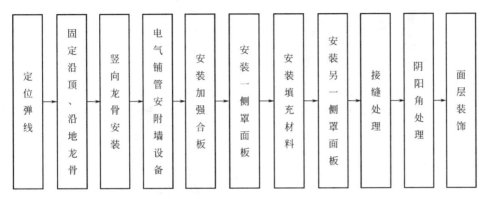

图 7-5　装配式隔墙系统工艺流程图

装配式隔墙系统（龙骨类）操作工艺图示见表 7-6。

表 7-6

隔墙系统（龙骨类）操作工艺

操作图示	
定位弹线	固定沿顶、沿地龙骨
竖向龙骨安装	电气铺管、安附墙设备

操作图示	

安装加强合板	安装一面罩面板

安装填充材料	安装另一面罩面板

接缝、阴阳角处理	面层装饰

（2）操作要点

1）定位、弹线

按照设计，确定墙体位置，在楼板、梁底和地面上弹线，标出天地和横龙骨的位置，弹线清楚、位置准确。

2）固定天地龙骨

沿已放好的隔墙位置线分别在楼板和地板上固定沿顶、沿地龙骨，用膨胀螺栓固定在结构主体上，固定点间距不大于 600mm，龙骨对接应保持平直，在固定沿边龙骨之前宜在结构层之间施以连续且均匀的密封胶，可以增加隔墙的保温和隔声性能，与地面连接见图 7-6，与顶部连接见图 7-7。

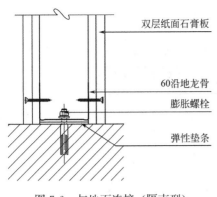

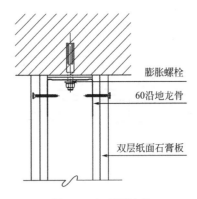

图 7-6　与地面连接（隔声型）　　　　　图 7-7　与顶部连接

3）竖向龙骨安装

根据隔墙放线门洞口位置，在安装顶、地龙骨后，按石膏面板的规格分档，不足模数的分档应避开门洞框边第一块罩面板位置，使破边石膏罩面板不在靠洞框处，龙骨间距按设计布置。按分档位置安装竖龙骨，竖龙骨上下两端插入天龙骨及地龙骨，调整垂直及定位准确，可以不固定，以便管线安装调节位置，见图 7-8～图 7-11。

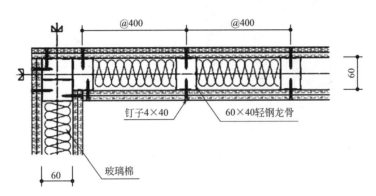

图 7-8　L 形隔墙节点

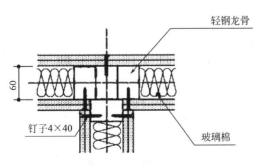

图 7-9　T 形隔墙节点

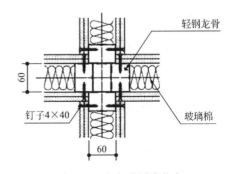

图 7-10　十字形隔墙节点

4）电气铺管、安附墙设备

按设计图纸要求预埋管线和附墙设备，要求与在竖向龙骨安装后，或在另一面

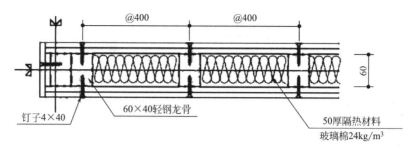

图 7-11　一字形隔墙节点

石膏板封板前进行，并采取局部加强措施，牢固固定。电气设备专业人员在墙中铺设管线时，因无横向龙骨以及竖向龙骨可滑移，可以避免破坏龙骨，如图 7-12 所示。

5）安装加强合板

根据装饰设计施工图要求，在有挂壁橱、电视机等需要加强的地方安装加强合板。加强合板采用墙体补强金具连接固定，如图 7-13 所示。

图 7-12　电气铺管

图 7-13　加强合板安装图示

6）安装一面罩面板

① 墙体的石膏板均应正面朝外，应从一侧尽端开始，顺序安装。

② 相邻连长石膏板应自然靠拢（留缝应不大于 3mm）。

③ 将填缝料批刮在板边接缝处，宽度为 50～60mm。

④ 龙骨两侧单层石膏板必须竖向错缝安装。同侧内外两层石膏板必须错缝安装。

⑤ 当隔墙石膏板需要拼接时，两侧石膏板及内外两层石膏板横向接缝必须错开。

⑥ 所有的石膏板均应正面朝外，用自攻螺钉固定在龙骨框架上，自攻螺钉间距按设计要求确定。

⑦ 自攻螺钉应用电动螺钉枪一次打入，自攻螺钉应陷入石膏板表面 0.5～1.0mm 深度为宜，且不应破坏石膏板护面纸。

⑧ 隔墙端部的石膏板与周围的墙或柱应留有 3mm 的槽口。施工时，先在槽口处加注嵌缝膏，然后铺板，挤压嵌缝膏使其和邻近表层紧密接触。

7）安装填充材料

填充物可为岩棉、玻璃棉，厚度经计算确定，安装必须牢固，不得松脱下垂，见图7-14、图7-15。安装墙体内防火、隔声、防潮填充材料，与安装另一侧纸面石膏板同时进行。电气插座或接线盒四周应用玻璃棉包裹密实。

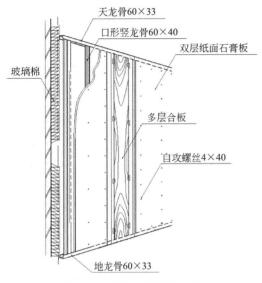

图 7-14　安装玻璃棉节点图

图 7-15　安装玻璃棉图示

8）安装另一面罩面板

安装另一面罩面板前，应完成相关管线等的隐蔽验收，墙体另一面石膏板安装方法同第一侧纸面石膏板，其接缝应与第一侧面板错开。

9）接缝处理

① 将接缝纸带贴于接缝处，压平压实。接缝处涂刷的填缝应大于1mm厚。接缝带内多余的填缝料挤出刮去，然后在接缝处用150mm宽的刮刀涂上三遍腻子，抹平，使接缝处的板面平整、光滑。等到最后一遍填缝料干燥后，用砂纸轻轻打磨接缝表面，使之更平整、更光滑。

② 在遇到直角边接缝时，首先在安装石膏板之前，先将直角边用边刨或小刀捌出5mm左右的角，在接缝时先将接缝处填满，干燥后做第一遍处理，宽度为100mm；第二遍接缝处理时宽度略宽，为400mm；第三遍接缝处理时宽度更宽，为600mm。涂抹完填缝料后，接缝处会略高于板面1～2mm。

③ 纸面石膏板经常会遇到与其结构之间的接缝。有平缝、有平接、T形连接等，在平接时，纸面石膏板应略高于连接面，防止其他结构局部不平高出石膏板墙面，如图7-16所示。

10）阴阳角处理

① 先用阴角抹子均匀地将腻子抹在阴角部位，其宽度应略大于纸带宽度，两边约为40mm，厚度约为1mm。将纸带沿着中间的折线折成90°角，贴在阴角处。用阴角抹子用力均匀按压，使腻子从纸带两侧挤出，再在纸带上覆盖上第一遍腻

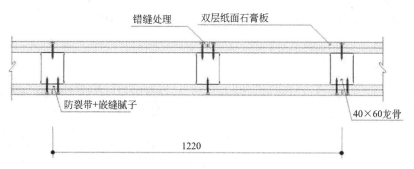

图 7-16　双层纸面石膏板接缝节点

子，两边宽约为 100mm，厚约 1mm。待第一遍干透后再做第二遍，两边宽约为 150mm，边缘部位腻子应刮净。如第二遍达到理想效果，可免去第三遍。干燥后用砂纸轻磨打光。

② 在做阳角处理时，用刮刀将腻子抹在阳角两侧，宽度约为 50cm，厚度均为 3～5mm，然后将相应长的金属条按压在阳角上，使腻子从金属护角条的孔中挤出，让金属护角条与石膏板紧贴在一起。然后再用刮刀将多余的腻子刮出。接着覆盖第一遍腻子，两边宽度各约为 150mm，完全覆盖护角，厚度为 1～2mm。待干燥后再刮第二遍腻子，两边宽度约为 200mm，确保表面平整光滑无划痕。如第二遍已达到理想效果，可免去第三遍，待干燥后用砂纸轻磨打光。

11）面层装饰

面层装饰根据设计及相关规范要求执行。

4.注意的质量问题

（1）施工前，应检查交界面的基层平整度、空鼓等质量缺陷。

（2）装配式隔墙施工中，各工种间应保证已装项目不受损坏，墙内电管及设备不得碰动错位及损伤。

（3）龙骨及面板入场，存放使用过程中应妥善保管，保证不变形、不受潮、不污染、无损坏。

（4）面板下沿或切断边应用顶板器抬起，同地面相距大于 10mm，不得直接放置在地板上。

（5）装配式隔墙内的电盒安装固定应用龙骨固定，严禁利用木方固定。

（6）施工部位已安装的门窗、地面、墙面、窗台等应注意保护，防止损坏。

（7）装配式隔墙中设置配电盘、消火栓、水箱时，均应按设计要求在安装骨架时先预埋龙骨或其他预埋件。

（8）装配式隔墙上设有穿墙管线时，应用山花钻钻孔。方孔应钻成圆孔后再用锯条修边使其成为方形孔。严禁凿子或管头凿孔。

（9）装配式隔墙面板接缝施工现场温度宜在 5～40℃，不适合温度范围禁止施工。

7.3 装配式吊顶系统

7.3.1 一般规定

装配式吊顶系统较多，本手册主要介绍轻钢龙骨吊顶系统，如图 7-17 所示。装配式吊顶采用标准龙骨和饰面板拼装方式组合，施工中无需打孔、免吊杆调节、无噪声、无粉尘、快速拆装，易于打理、易于翻新。吊顶板一般采用硅酸钙面板，具有自重轻、防火、防水的特性，可根据使用需求，进行不同饰面的技术处理，表达出壁纸、石纹、木纹的各种质感和肌理。吊顶板均为工厂定制生产，专用铝型材现场连接装配，无需裁切、装配过程可逆。装配式吊顶一般适用于厨房、卫生间、阳台以及其他开间跨度小于 1800mm 的空间吊顶[7-1]。

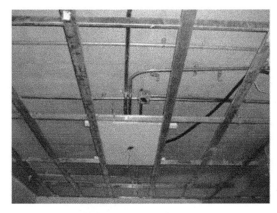

图 7-17　装配式吊顶系统示意图

7.3.2 施工准备

1. 材料准备

几字形铝合金龙骨、上字形铝合金龙骨、吊顶硅酸钙复合板等。

2. 机具准备

装配式吊顶系统主要使用机具见表 7-7。

装配式吊顶系统主要使用机具　　　　　　　　　　表 7-7

序号	机具名称	图示
1	切割锯	

序号	机具名称	图示
2	红外线水平仪	
3	卷尺	
4	美工刀	
5	铅笔	
6	平板锉	
7	电动螺丝刀	
8	手套	

3.技术准备

（1）熟悉装配式吊顶系统施工图纸，对施工人员进行技术、安全交底，并强调技术措施和质量标准及要求。

（2）所有进场材料在进场时必须由技术、质量和材料人员共同进行进场检验，清楚硅酸钙板、铝合金龙骨规格尺寸及数量等技术要求。

（3）大面积施工前应先做样板间，经三方（业主、监理、施工单位）确认、验收合格后方可组织大面积施工。

4.作业条件

（1）隐蔽工程验收合格。

（2）设备固定吊件安装完毕。

（3）灯位、通风口位置确定。

（4）墙板安装完毕，墙板和顶板之间的岩棉用硅酸钙面毛板封堵后方可进行吊顶安装作业。

7.3.3 操作工艺

1.工艺流程见图7-18。

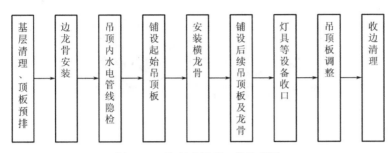

图7-18 装配式吊顶工艺流程图

2.操作要点

（1）根据图纸预留灯具、浴霸等设备位置，复核对应编号墙板开孔位置尺寸并复核图纸要求，按照安装说明，提前将设备安装在吊顶板上。

（2）墙面饰面板施工完成后方可进行边龙骨的安装，根据实际测量尺寸对几字形铝型材进行45°角切割，根据1m线向上测量并标记吊顶标高，沿墙面板上沿将切割好的几字形铝合金覆膜边龙骨扣在墙面上，边龙骨与包覆板应固定牢固。

（3）两块吊顶板之间采用铝合金横龙骨固定，第一块吊顶板一边搭在边龙骨上，另一边插在上字形横龙骨的槽内，横龙骨与边龙骨应搭接整齐，吊顶板安装应牢固，平稳，如图7-19所示。

（4）根据户型平面图定位灯具、风口等平面位置，机械开孔，人工修边。

（5）带有设备的板在安装前，必须用专用机具固定板体，用开孔器或曲线锯按设备尺寸（灯具、风口等）开孔，如图7-20所示。

图7-19 固定吊顶板

图7-20 开孔

（6）面板安装要一次成活，一次成优，忌反复拆改，并应预留检修口，以方便维修，如图 7-21 所示。

图 7-21　检修口

7.3.4　应注意的质量问题

1.装配式吊顶板进场后应注意防水、防污染、防挤压磕碰。

2.铝合金龙骨进场后应注意防污染、划伤、挤压变形。

3.吊顶施工前吊顶内的管道、设备、电气线路施工完毕，并经验收合格。

4.装涂装板时，操作人员均要戴白手套作业，避免面层污染。

5.顶板安装前必须完成设备管线的隐检工作，验收合格后方可封板[7-2]。

6.房间跨度大于 1800mm 时，应采取吊杆或其他加固措施，宜在楼板（梁）内预留预埋所需的孔洞或埋件。

7.4　装配式集成楼地面系统

7.4.1　一般规定

装配式集成楼地面系统可分为有地暖、无地暖做法，有架空层、无架空层做法等，本手册重点介绍装配速度快、保温隔声效果好的有架空层装配式集成楼地面系统。

装配式架空地面是根据房间架空高度，通过标准化支撑脚（隔声作用）、地暖保温和模块化高强板材，组成地坪架空构造，所有部件均来自工厂化精益制造，现场不需要任何二次裁切，各个部件之间物理连接，可实现快速装配、快速调平、完全拆卸，全过程干法作业、无噪声、无粉尘、无垃圾。装配式架空地面部品在材质上具有承载力大，耐久性好、整体性好的特点；在构造上能大幅度减轻楼板荷载，支撑结构牢固耐久且平整度高、易于回收；在施工上具有易于运输、易于调平、可逆装配、快速装配的特点；在使用上具有易于翻新、可扩展性等特点，见图 7-22。

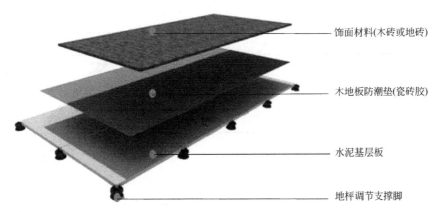

饰面材料(木砖或地砖)

木地板防潮垫(瓷砖胶)

水泥基层板

地枰调节支撑脚

图 7-22 装配式地面系统示意图

7.4.2 施工准备

1.材料准备

主材：专用地脚螺栓组件、支撑镀锌钢板架空部件，硅酸钙板（饰面板）、地暖模块组件、踢脚线等。

辅材：布基胶带、米字头纤维螺钉、聚氨酯泡沫填充剂、模块连接扣件、塑料调整器、硅酮结构密封胶、工字形铝型材等。

2.机具准备

主要机具设备，见表 7-8。

装配式集成楼地面系统主要使用机具 表 7-8

序号	机具名称	图示
1	电动冲击钻	
2	螺丝刀	
3	红外线水平仪	
4	卷尺	
5	美工刀	

序号	机具名称	图示
6	油性记号笔	
7	吸尘器	
8	小铲	
9	结构胶枪	

3.技术准备

（1）熟悉图纸，编制材料供应计划，弄清做法，理解设计意图，对施工人员进行技术交底，清楚装配式地面系统构造，规格尺寸及数量等技术要求，并强调技术措施和质量标准和要求。

（2）所有进场材料在进场时必须由技术、质量和材料人员共同进行进场检验，并填写《材料、构配件进场检验记录表》。

（3）大面积施工前应先做样板间，经三方（业主、监理、施工单位）确认、验收合格后方可组织大面积施工。

4.作业条件

（1）室内各项工程完工和超过地板承载力的设备进入房间预定位置以及相邻房间内部也全部完工验收合格后，方可进行，不得交叉施工。

（2）铺设装配式地面面层的基层已做完，一般是水泥地面或混凝土地面等。

（3）墙面+50cm水平标高线已弹好，门框已安装完。并在四周墙面上弹出面层标高水平控制线。

（4）大面积施工前，应先放出施工大样，并做样板间，经各有关部门鉴定合格后，再继续以此为样板进行操作。

7.4.3 操作工艺

1.装配式集成楼地面系统施工工艺流程如图7-23所示。

装配式集成楼地面系统操作工艺见表7-9。

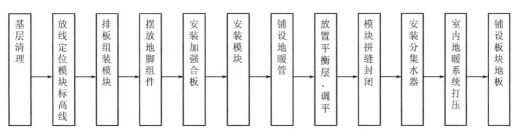

图 7-23　装配式集成楼地面系统施工工艺流程图

装配式集成楼地面系统操作工艺　　　　　　　　表 7-9

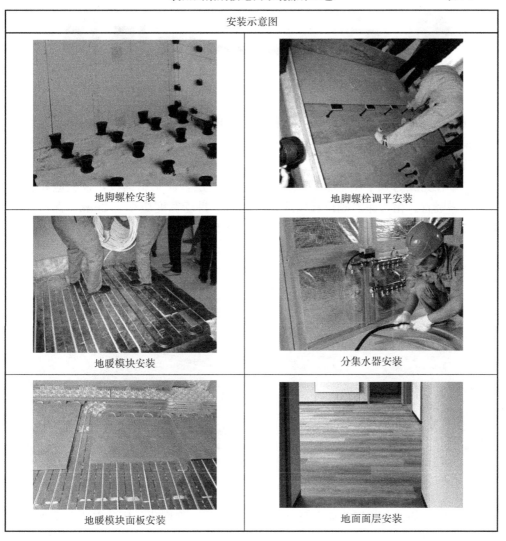

2. 操作要点：

（1）将作业面垃圾、浮灰等杂物全部清扫干净，局部坑洼及孔洞填平堵严，主要是墙板根部电气预留洞封堵严密。

（2）按照设计图纸，沿墙弹出标高控制线，之后拉线校核结构板标高是否满足装修厚度。

（3）在墙脚处墙面粘贴竖向隔声片。竖向隔声片应高于基准面，且应不间断布满房间内所有的墙脚处墙面，竖向隔声片拼缝宽度不应大于 1mm。

（4）地暖模块安装按照图纸发热管回路组合铺设，原则由内向外，确定首块模块后，在模块靠墙一侧采用斜边支脚按照间距不少于 300mm 设置，采用纤维螺丝将调整块固定于模块长边，之后排放就位，安装内侧标准支脚，粗调标高。

（5）地脚螺栓主要有钢制螺栓和树脂螺栓，两者在承压能力上，均可满足固定荷载和活荷载要求，但树脂螺栓弹性大，较钢制螺栓缓冲作用好，见图 7-24。

图 7-24　地脚螺栓示意图

（6）地脚螺栓粗调标高后，安放配套模块扣件，扣件卡住模块翻边压在地脚顶端，采用双螺丝固定连接，地脚间距不大于 300mm，边距不大于 100mm，但是在地暖管水平穿管开口处必须设置三个地脚，以保证模块整体刚性，见图 7-25。

（7）在完成的找平层上铺设聚苯板保温隔声层，应平整铺设，板缝应相互对齐，横平竖直。相邻保温隔声板间应紧密相拼，拼缝宽度应小于 2mm。保温隔声板可根据需要进行切割，然后在保温层上铺设铝箔层。

（8）按发热回路组装完地暖模块后，开始盘发热管，按图沿发热模块盘管，注意预留分集水器接管长度，并分清供回水始端且标识清楚，见图 7-26 和图 7-27。

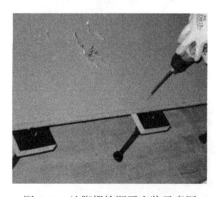

图 7-25　地脚螺栓调平安装示意图　　　图 7-26　地暖模块安装示意图

（9）盘管完成一组回路后，及时用硅酸钙板将盘管模块盖住并安装卡簧固定面板，见图 7-28。

（10）全部地暖完成后开始整体调平，调平采用自调激光水准仪加杠尺校核模块高度，如超偏差微调地脚调整螺丝使之达到标准要求，但要保证无悬空地脚。

（11）调平完毕后及时采用布基胶带沿模块拼缝粘接封闭。

（12）地暖盘管打压。

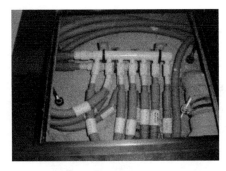 

图 7-27 分集水器安装示意图　　　　图 7-28 地暖模块面板安装示意图

（13）铺装板块地面，地面面层采用耐磨涂层硅酸钙板，标准尺寸 1190mm×590mm，外观颜色与业主确认后才能批量加工。待墙板安装完毕后才能进行地面铺装，铺装前首先清理基层，修补破损盖缝胶带；之后弹出铺装十字线，铺装顺序以客厅为中心放射铺贴，或加密控制线，各房间共同铺装；最后，地板与基层用结构胶粘接，每块板五点梅花形布置，点边距 50mm，点直径 30mm，板缝插接 PVC 条。

7.4.4 应注意的质量问题

1.装配式地面基层需清理干净，现场放线须与图纸相匹配，地脚螺栓须用专用胶粘结牢固且须保证地脚螺栓垂直，充分考虑其下管线的高度，所有地脚螺栓要调整在同一高度。

2.装配式地面板的厚度与强度要满足荷载要求，地面板分缝宽度要保证地脚螺栓后调整。

3.地脚螺栓垫片与地面板的连接要保证固定螺丝距各边不少于 15mm。

4.敷设于地暖模块内的地暖加热管不应有接头。

5.地暖板块上严禁垂直打入钉类或钻孔，以防破坏模块内地暖管。

6.地暖板块及管铺设完成后应做打压试验并做好记录，全部合格后才能进行下一步工序。

7.5 集成卫浴系统

7.5.1 一般规定

集成卫浴又称整体卫浴，是由工业化生产的具有淋浴、盆浴、洗漱、便溺四大功能或这些功能之间的任意组合的部品。由防水盘、壁板、顶板及支撑龙骨构成主体框架，并与各种洁具及功能配件组合而成的通过现场装配或整体吊装进行装配安装的独立卫生间模块，如图 7-29 所示。集成卫浴为独立结构，不与建筑的墙、地、顶面固定连接。

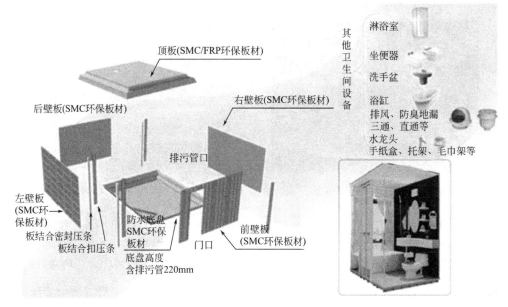

图 7-29　整体卫浴示意图

7.5.2　施工准备

1.材料准备

（1）主材：整体卫浴结构件、底盘、壁板、地面及顶部装饰板、浴霸、灯具、换气设备、马桶、洗脸台、收纳柜、浴缸、五金件、排水附件等。

上述主材均应为整体卫浴厂商统一配套供货，均应有出具合格证或出厂检测报告。

（2）辅材：密封条、扣条、垫片、连接螺栓及垫片等。

（3）应清点货物总件数是否与托运清单相符。对贵重物资应按件验收。对于陶瓷件应注水检查防止破损，每件货物包装外观均不应有破损。

2.机具准备见表7-10。

集成卫浴系统主要使用机具　　　　　　　　　　　表 7-10

序号	名称	图片	用途
1	钢板尺		量尺寸
2	水平尺		找水平

序号	名称	图片	用途
3	线坠		竖向找垂直
4	盒尺		测量
5	电动螺丝刀		拧螺丝
6	激光放线仪		定位放线
7	螺丝刀	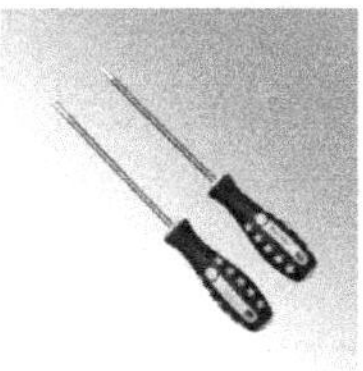	拧螺丝

3.技术准备

（1）整体卫浴材料进场时必须由技术、质量、材料人员共同进行进场检验，并填写《材料、构配件进场检验记录表》，并由甲方或监理确认。

（2）根据厂商提供的安装说明，由厂商技术人员指导，认真学习整体卫浴的安装工艺，并对施工人员进行技术交底，并强调技术措施、质量标准和要求。

（3）大面积施工前应先进行样板施工，经三方（业主、监理、施工单位）确认、验收合格后方可组织大面积安装施工。

4.作业条件

（1）整体卫浴安装前，整体卫浴所处位置的上下水管道系统均已经完成安装，并经相关测试合格，可检查其系统测试报告，若管道安装时间较早或发现现场管理混乱，应重新进行给水排水系统管道的测试。

（2）整体卫浴所处区域的地面及侧墙防水、保护层均已经施工完毕。

（3）整体卫浴所在位置的电气线路已经敷设到位。

7.5.3 操作工艺

1. 工艺流程见图 7-30。

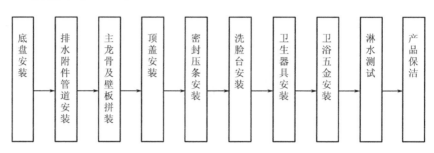

图 7-30　整体卫浴安装工艺流程图

集成卫浴系统操作工艺见表 7-11。

集成卫浴系统操作工艺　　　　　　　　　　　　　　　　表 7-11

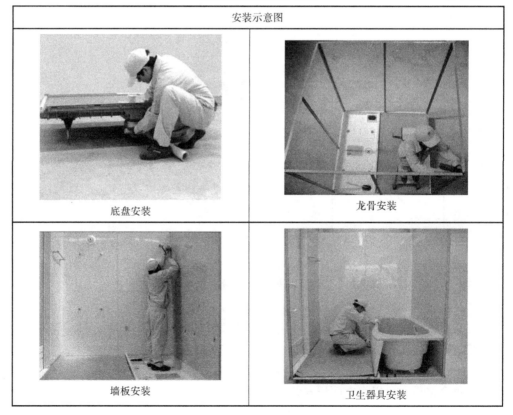

安装示意图	
 顶盖安装	 卫浴五金附件安装

2. 主要施工要点

(1) 底盘安装

用水平仪或水平尺检查底盘水平，保证底盘水平偏差不超过 2mm；底盘放置完毕后，站在底盘上四处踩踩，检查底盘是否有响声或松动，将未着地的地脚调整螺栓调整到位，再拿起底盘，将地脚调整螺栓装上橡胶套，确保底盘无空响。底盘定位保证墙板背后预埋件的安装空间后，必须保证底盘的边缘与隔墙的尺寸一致，见图 7-31。

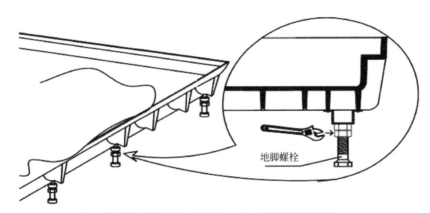

注：保证底盘四周各点水平误差2mm内，将其锁紧螺母拧紧。

图 7-31 底盘安装

(2) 排水附件管道安装

1) 将产品附带的排水附件（栓口、地漏）与底盘按产品说明书进行逐一连接，并紧固。

2) 配管前，清理卫生间内排污管道杂物，并试水，确保排污排水通畅；根据整体浴室地漏口、排污口及卫生间内排污立管三通接口位置，确定整体浴室排污排水管走向以及所需PVC管材的数量、尺寸。

3) 按尺寸切割好管材，清洗干净管口插入部分外表面及管件承接口内壁约50mm长度的灰尘；在未粘接PVC胶之前，将管道试插一遍，各接口承插到位，确保配接管尺寸的准确，然后分开。

4）在插入管口外表面以及管件承插口内壁，均匀涂上 PVC 胶（粘合胶）；分别将各管件与整体浴室地漏口、排污法兰口、排污立管接口配接好，管件接口粘接时，须将管件承插到位并旋转一定角度，确保 PVC 胶粘接均匀饱满，约 2min 不再拆开或转换方向，见图 7-32。

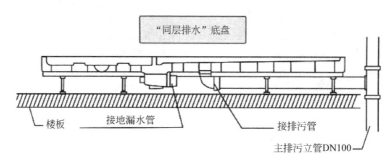

图 7-32　排水附件管道安装

（3）主龙骨及墙板拼装

1）墙板拼装流程

根据安装图纸，将安装墙板背后的编号依次进行排序，根据整理并排序好墙板，用连接件和原厂螺栓将对应的墙板进行连接，将墙角型材用自攻螺丝固定在对应的墙板上。

2）附件安装

根据图纸将对应墙板上的给水管、电线底盒及线管、墙板加强筋、洗面盆固定预埋螺栓、洗面盆排水等预埋件按照要求进行安装。

3）预留密封条安装缝隙

墙板安装后，应注意墙角处应预留 4～5mm 的间隙，以利于压条的安装，见图 7-33、图 7-34。

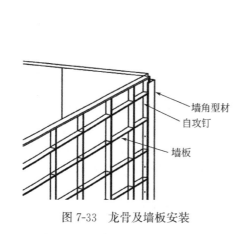

图 7-33　龙骨及墙板安装　　　　图 7-34　墙面附件安装

（4）顶盖安装

顶盖安装时需按照图纸布置要求进行安装，用自攻螺丝将顶盖与墙板连接在一起，顶盖与墙板之间缝隙应为自然缝隙，缝隙应均匀，见图7-35。

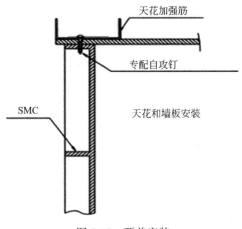

图 7-35　顶盖安装

连接墙板与顶盖的螺丝密度应遵循以下原则：

1）距离≤300mm：均等上两个螺丝。

2）300～500mm：均等上三个螺丝。

3）500～800mm：均等上四个螺丝。

（5）密封压条安装

当顶盖安装完毕后，进行压条安装。压条的长度应满足"上顶住顶盖，下抵住底盘"，否则会影响整体浴室的密封性。

（6）排风管道安装

整体卫浴间通风一般采用顶排风方式，通过 PVC 软管与成品风道对接，当壁板高度 $H=2300$mm 时，预留风道口距离整体卫浴间安装楼面（卫生间内降板为基准）高度要求在 2600mm（孔洞下边缘）以上，壁板高度增加，预留风道口高度相对应增加；整体卫浴间通风也可采用墙排风方式，预留风道口高度同顶排风高度。主体建筑的排风结构可以为成品风道或新风系统等。

（7）洗脸台安装

1）检查面盆水平无误后，将面盆支撑三脚架安装到墙板上，保证洗面台完全落在整体卫浴支撑架上；

2）洗面台安装，应保证墙板与洗面台连接紧密，缝隙均匀。

（8）坐便器安装

1）在排污法兰下表面均匀涂上一圈玻璃胶，将排污法兰对中安装在底盘排污口上，用坐便器固定螺栓将排污法兰与底盘连接。

2）仔细抹去排污法兰上的灰尘和杂物，垫上密封脂。

3）仔细抹净坐便器排放口，将坐便器对中安装在排污法兰，稍微用力压下座便器使固定螺栓能顺利穿过坐便器上的螺栓安装孔。

（9）卫浴五金安装

卫浴五金安装时，应戴手套并采用手拧或工具衬垫软布进行安装，切忌采用金属扳手和螺丝刀直接与五金镀铬面接触施工。

（10）淋水测试

产品安装完成后，应对侧板和底盘进行淋水测试，以检验其密封性能。

（11）产品保洁

产品测试后，即进行保洁工作，切忌用有颜色的抹布或硬质粗糙面的工具进行整体卫浴的保洁工作，避免内饰面被污损。

7.5.4 应注意的质量问题

1.底盘安装时不得搅动已经安装好的排水管道。如发生搅动，应对排水管道重新进行灌水测试。

2.当完成主体安装后，五金件及其他附件安装前，应做好完成部分的成品保护工作，避免碰伤或污损相关设备。

3.排水栓口安装应平稳无松动；必须保证底盘无空响；地漏及排污法兰安装正常，打胶齐整，均匀；无污迹、无损伤；地面不积水。

4.整体卫浴交验前，淋水测试应确保淋水要全面，不得有遗漏。

5.安装后应垂直稳固，无摇晃倾斜现象，浴缸内、地漏内应清洗干净；如底盘，洗面台、浴缸、坐便器处也应做好保护，并将门锁锁紧，贴好封条。

7.6 集成式厨房系统

7.6.1 一般规定

集成式厨房是由工厂定制的橱柜、通用的电器、燃气具、厨房设备（冰箱、微波炉、电烤箱、抽油烟机、燃气灶具、消毒柜、洗碗机、水盆、垃圾粉碎器）等功能用具四位一体组成的橱柜组合。整体橱柜的特点是将橱柜与操作台以及厨房电器和各种功能部件有机结合在一起，通过整体配置、整体设计、整体施工，最后形成成套产品，如图 7-36 所示，有条件的，可增加垃圾分类回收系统为一体。

7.6.2 施工准备

1.材料准备

（1）橱柜地柜、吊柜常用的材料有木材、胶合板、纤维板、密度板、金属包箱、金属框包箱、硬质 PVC 塑料等，均应符合设计要求，并有产品合格证书和环保、燃烧性能等级检测报告。

（2）玻璃、有机玻璃等应有产品合格证书。

（3）其他材料：防腐剂、密封胶、插销、木螺丝、自攻钉、组合钉、门拉手、锁、缓闭五金件、合页、镶边条等。

图 7-36　集成式厨房示意图

2.机具准备

见表 7-12。

集成式厨房系统主要使用机具　　　　　　　　表 7-12

序号	名称	图片	用途
1	电焊机		预埋金属件安装
2	手电钻		柜体安装
3	电锤		打眼
4	电动螺丝刀		柜板安装
5	螺丝刀		柜板安装

序号	名称	图片	用途
6	钢板尺	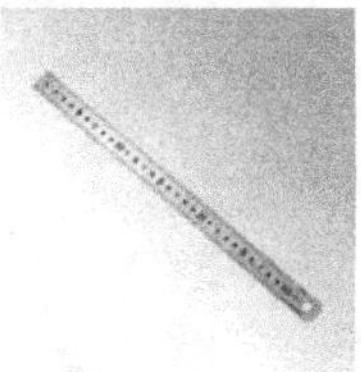	测量
7	水平尺	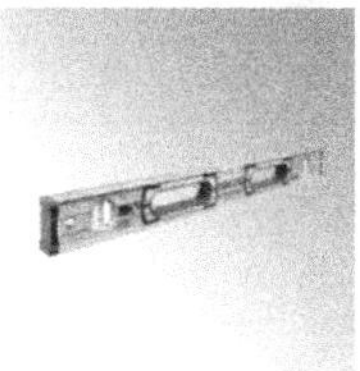	测量
8	90°方尺		测量直角度
9	线坠		定线
10	盒尺		测量

3.技术准备

（1）所有进场材料在进场时必须由技术、质量和材料人员共同进行进场检验，并填写《材料、构配件进场检验记录表》。主要材料还应由甲方或监理确认。

（2）熟悉图纸，编制材料供应计划，弄清做法，理解设计意图，对施工人员进行技术交底，清楚收纳系统构造，规格尺寸及数量等技术要求，并强调技术措施和质量标准及要求。

（3）大面积施工前应先做样板间，经三方（业主、监理、施工单位）确认、验收合格后方可组织大面积施工。

4.作业条件

（1）结构工程和与吊柜的固定加强构造已经具备安装收纳系统安装的条件，且地面、吊顶及墙面的饰面层已经完成，同时弹设标高水平线。

（2）橱柜柜体的成品、半成品已进场，并经验收，确保数量、质量、规格、品种无误。

（3）橱柜的壁板板块及面板，应无缺损或污染，台面材料应无翘曲、变形及损伤、污染。

7.6.3 操作工艺

1. 工艺流程如图 7-37 所示，集成式厨房系统操作工艺见表 7-13。

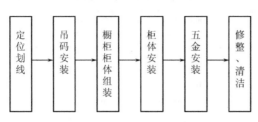

图 7-37 集成厨房施工工艺流程

集成式厨房系统操作工艺　　　　　　　　　　表 7-13

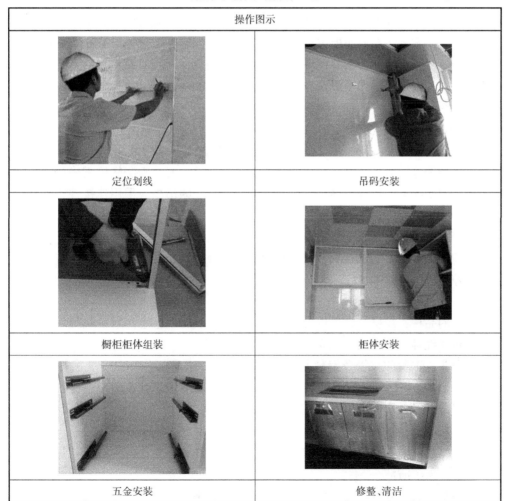

操作图示	
定位划线	吊码安装
橱柜柜体组装	柜体安装
五金安装	修整、清洁

2. 主要施工要点

（1）定位划线

利用室内统一标高线，按设计施工图要求的地柜位置、尺寸、标高，并考虑结构墙体或轻质隔墙的装饰面层的关系确定相应的位置。

（2）吊码安装

1）结构施工及厨房隔墙施工时，应预先考虑吊挂橱柜吊柜的吊码部位补强。

2）根据产品安装图纸，按照标定的已经补强墙体方位安装柜体所需的吊码。如焊接连接时，应进行预留金属吊件的防腐处理工作。

（3）橱柜柜体组装

根据设计图纸，按柜体规格要求进行柜体组合和按设计图纸的顺序摆放。根据柜内柜体的配件和组装件，正确的组合，吊柜加吊码，地柜加地脚。柜体组合时确保柜体板材间缝度＜0.1mm。确保柜体各相应对角线均等。

（4）柜体安装

1）地柜安装

地柜安装前，应对地面进行清扫，并以测量的方式检验地面是否水平，应确保地面基本保持水平。L形地柜应从直角处向两边延伸，U形地柜则应是将中部的一字形地柜码放整齐，然后再从两个直角处向两边码放。地柜码放完毕后，要对地柜进行找平。通过地柜的调节腿调整水平度，并使用随橱柜产品到货的五金连接件，对柜体进行连接。

2）吊柜安装

地柜安装完毕后，即可进行吊柜安装。承重墙体可采用膨胀螺栓进行吊柜安装，非承重墙体需对墙体进行补强或预埋金属连接件。安装膨胀螺栓需确保两根螺栓在同一水平线上，以确保吊柜的水平度。相接安装的吊柜应采用连接件相互连接在一起。

3）台面安装

在地柜完全调平的基础上，安装台面材料。台面安装好后，应在台面与墙面接触的缝隙处做密封处理。

（5）五金安装

五金的品种、规格、数量按设计要求选用，安装时应注意位置的选择，一般先安装样板，经确认后再大面积安装。

水龙头、水盆和拉篮及滑轨是橱柜安装的重要组成部分，在安装吊柜和台面时，为了避免杂物、木屑等掉入拉篮和滑轨轨道，应采用临时覆盖材料对拉篮和轨道进行覆盖，以免影响日后正常使用。水盆开孔应在工厂内完成，避免现场开孔。现场下水、厨电设备安装时需开孔，能在工厂内开的，一定要在工厂内开，如现场开，需要测量准确，并使用合格的工具进行开设，避免重复开孔。

（6）休整、清洁

橱柜柜体安装好后，进行柜门的装设，并仔细调整橱柜的柜门，完成后，应进行清洁和成品保护，清洁时避免采用有色的有机溶剂和稀释剂进行清洁。

7.6.4 应注意的质量问题

1.装饰面与框不平：造成贴脸板、压缝条不平，主要是因为框不垂直、面层平整度不一致或装饰面不垂直。

2.柜框安装不牢：预埋件安装固定不牢、固定点少。

3.合页不平，螺丝松动，螺帽不平正，缺螺丝：主要原因，合页槽深浅不一，安装时螺丝钉打入太长。操作时螺丝打入长度1/3，拧入深度应2/3，不得倾斜。

4.柜框与预留空间尺寸误差太大，造成边框与侧墙、顶与上框间缝隙过大：应注意提高产品设计时与现场实际状况的契合度，并严格检查确保预留尺寸的匹配性。

7.7 代表案例

7.7.1 苏州某项目装配式内装案例

本案例来源于苏州裕沁庭精装修工程项目，该项目是基于装配式内装体系的成品住宅的技术集成代表项目，技术集成设计理念见图7-38。

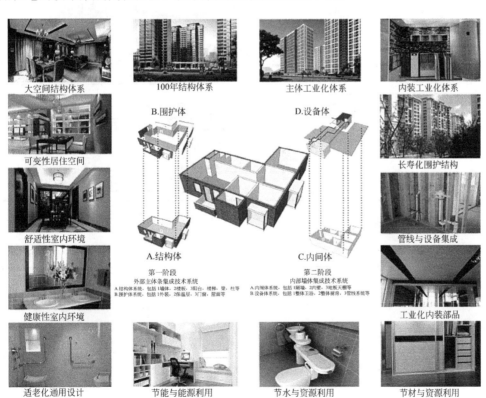

图 7-38 技术集成设计理念图示

1.技术体系集成分类，见表7-14。

技术体系集成分类　　　　　　　　　　　　　　　　　　　　表 7-14

序号	分类	要点说明
1	户内可变空间结构集成体系	独立玄关空间、居室分合布局、餐厨布局、收纳、空间、户内可变空间,户内集成轻钢龙骨隔墙体系、轻钢龙骨吊顶体系、架空地板、干式地板采暖、管线布置、烟气直排、同层排水、集中管井、新风换气
2	外墙保温体系	外墙内保温体系
3	工业化部品应用体系	玻璃钢窗、整体厨房、成品衣柜、整体浴室、给水分水器、洗衣机托盘
4	人性化设计与易维护体系	成品检修口、可拆卸浴室门、通用性开关插座位置设定

2.户内可变空间结构集成技术,见表 7-15。

户内可变空间结构集成技术　　　　　　　　　　　　　　　表 7-15

序号	要点	图示
1	套型内为连续的大空间,减少室内承重墙体,提供大空间结构体系,为户型多样性选择和全生命周期变化创造条件	
2	通过合理的结构选型与设计,采用大空间的结构形式,提高户内空间的灵活性,适应家庭生命周期的不同阶段使用需求	
3	由轻钢龙骨隔墙、轻钢龙骨吊顶、架空地面构成的建筑内间体系组成,占用空间小;自重轻(抗震性能好);干法施工、质量可靠;利于管线敷设;便于后期改造	

3.外墙保温体系,见表 7-16。

外墙内保温集成技术　　　　　　　　　　　　　　　　　　表 7-16

序号	要点	图示
1	采用聚氨酯发泡内保温体系,解决了目前外保温技术长期存在防火性能差、保温易脱落、日后维修困难等问题	

序号	要点	图示
2	在目前的保温体系中,聚氨酯发泡保温是占用空间最小,保温性能最好的材质,而且整体性好并兼具防水功能。有效解决了旧有内保温体系常见的冷桥、结露等问题	

4. 工业化部品应用体系,包括综合管线集成技术、干式地暖集成技术、卫生间静音技术——同层排水、整体卫浴集成技术、整体厨房集成技术和全面换气集成技术,具体见表 7-17～表 7-22。

综合管线集成技术　　　　　　　　　　　　　　　　表 7-17

序号	要点	图示
1	采用高性能可弯曲管道 PEX 管材,除了两端外,隐蔽管道无连接点,漏水概率小,安全性高;每一个用水点均由单独一根管道独立铺设,流量均衡,水压稳定	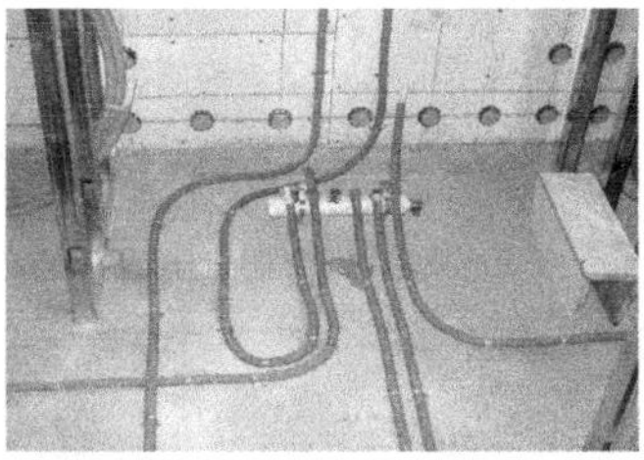
2	在分水器安装位置设置检修口,便于定期进行检查及维修	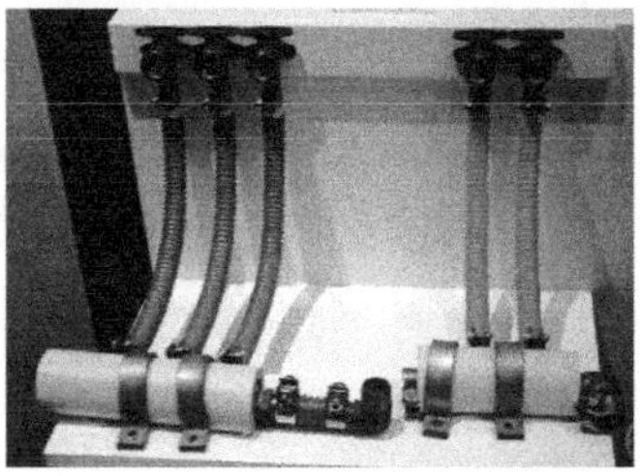

干式地暖集成技术　　　　　　　　　　　　　　　　　　　　　　　表 7-18

序号	要点	图示
1	干式采暖地板具备地板辐射采暖的人体舒适度、节省室内空间等优势	
2	有效地解决了湿式地暖不易维修、渗漏不好控制等问题,保证了全干式内装的实现	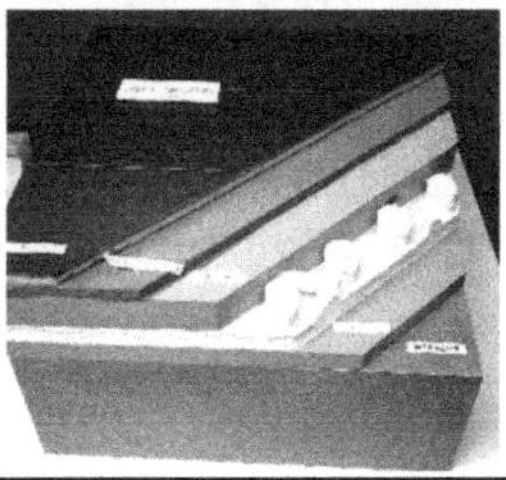

卫生间静音技术——同层排水　　　　　　　　　　　　　　　　　表 7-19

序号	要点	不同排水方式示意图
1	同层内排水可使房屋产权明晰,卫生间排水管路系统布置在本层(套)业主家中,管道检修可在本层(家中)内进行,不干扰下层住户	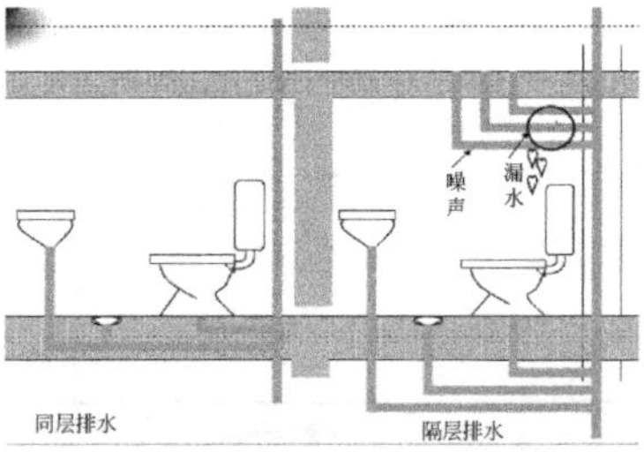
2	排水管和排水支管不穿越楼板,同层解决排水管道连接、铺设并接入排水立管。 给水(冷、热)、排水配管按照指定位置设置,整体卫浴以外的排水、给水配管不牵进卫浴设置面。便于维修、排水无噪声、无渗漏、建筑受伤小、居住灵活	

整体卫浴集成技术　　　　　　　　　　　　　　　　　　　　　　表 7-20

序号	要点	图示
1	用工业化的整体卫浴代替传统装修,施工速度快,排水盘和整体墙板的拼装工艺保证了永不漏水	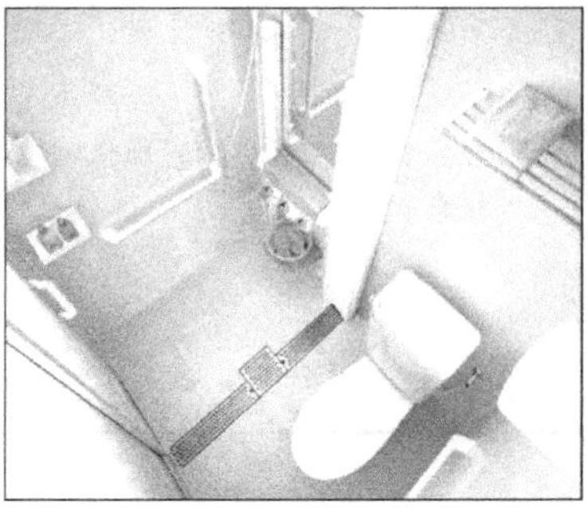
2	采用干式施工,不受季节影响,无噪声,无建筑垃圾,节能环保	

整体厨房集成技术   表 7-21

序号	要点	图示
1	整体厨房是将厨房部品(设备、电器等)按人们所期望的功能以橱柜为载体,将燃气具、电器、用品、柜内配件依据相关标准,科学合理地集成一体	
2	形成空间布局最优、劳动强度最小并逐步实现操作智能化和娱乐化的集成化厨房	

全面换气集成技术   表 7-22

序号	要点	新风换气系统图示
1	卫生间废气、厨房油烟直排系统,产权分明,防止户间公共风道串味,并利于户间防火和后期维护	
2	负压式新风技术,利用卫生间和厨房的排风设备为室内制造负压环境	
3	每个房间设置一个新风口,室内补充了新鲜空气。房间内空调回风口设置PM2.5过滤功能,有效去除室内PM10、PM2.5等污染物,使室内拥有洁净的空气品质	 带过滤进气口　　　　空调换气口

7.7.2　南通某项目装配式内装案例

1.项目概况

本案例来源于龙馨家园老年公寓工程项目,本工程是国内首例最高预制装配整体式框架剪力墙结构。为一类居住建筑,设计使用年限为 50 年,抗震设防烈度为 6 度。总建筑面积为 21265.1m²,其中地上 25 层、面积 18605.6m²,地下 2 层、面积 2659.5m²,建筑高度 85.200m,建造时间为 2014 年,建设周期为 12 个月。本工程是国内第一个绿色设计、绿色施工、绿色运营的预制装配式建筑,见图 7-39。

本工程为国内第一个总体装配率(含内部装修装配率)达到了 80%的公共建

鸟瞰图

外立面图

图 7-39　建筑效果图

筑，预制率为 52%，装配装修率达到 100%；国内第一个采用 CSI 体系进行内装修的预制装配式公共建筑，卫生间、厨房采用整体安装。

2. 全装修设计图

本项目是全装修成品交付项目，一层平面空间布置图见图 7-40，标准层平面空间布置图如图 7-41，现场实施样板房确认装修效果，最终根据样板房批量装修施工。

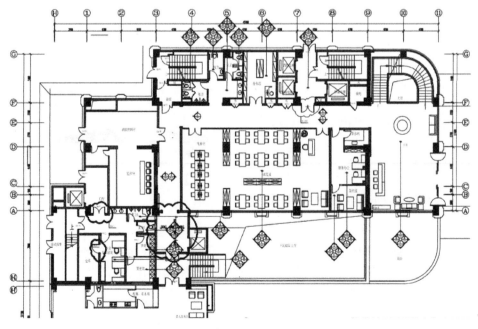

图 7-40　一层平面空间布置图

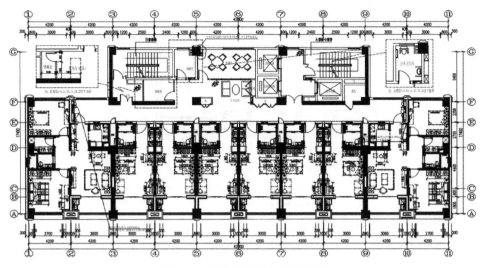

图 7-41　标准层平面空间布置图

3.装饰装修部品件、重点装饰部位技术

（1）卫生间整体成品定制系统

本项目卫生间采用整体成品定制系统，整体卫浴平面布置图见图 7-42、立面图见图 7-43，整体卫浴详图见图 7-44、整体卫浴立面布置图见图 7-45、整体卫浴完成图见图 7-46。

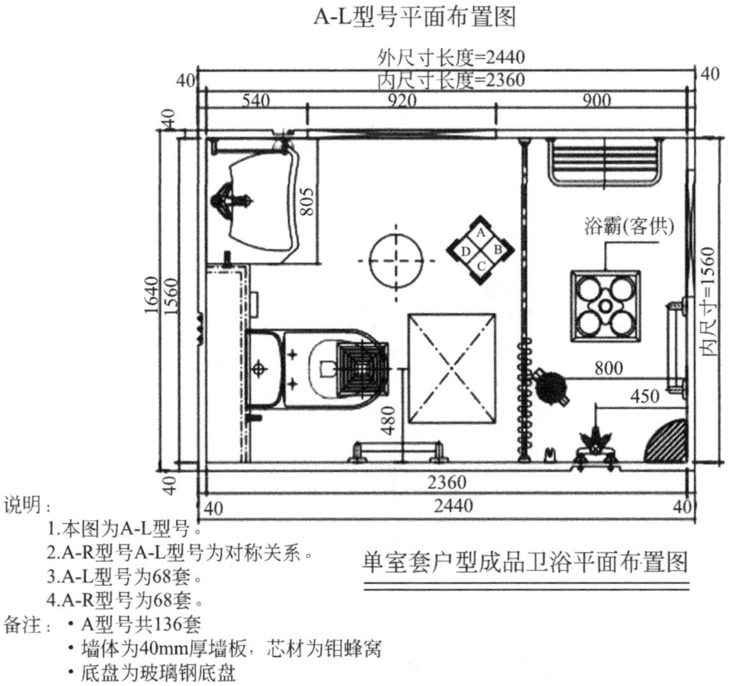

A-L型号平面布置图
外尺寸长度=2440
内尺寸长度=2360
40
40
540
920
900
40
805
浴霸(客供)
1640
1560
内尺寸=1560
800
450
480
40
2360
40
2440
40
说明：
1.本图为A-L型号。
2.A-R型号A-L型号为对称关系。
3.A-L型号为68套。
4.A-R型号为68套。
备注：• A型号共136套
• 墙体为40mm厚墙板，芯材为铝蜂窝
• 底盘为玻璃钢底盘
单室套户型成品卫浴平面布置图

图 7-42　整体卫浴平面布置图

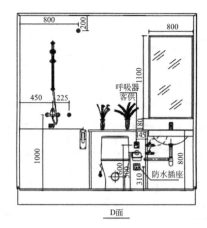

图 7-43　整体卫浴立面图

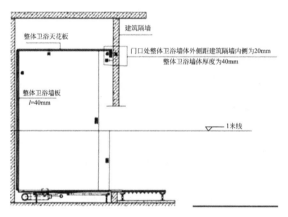

图 7-44　整体卫浴详图

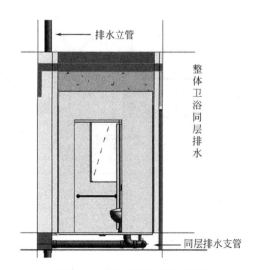

图 7-45　整体卫浴立面布置图

图 7-46　整体卫浴完成图

（2）厨房整体收纳橱柜

定制橱柜平面布置图见图 7-47、定制橱柜立面图见图 7-48。

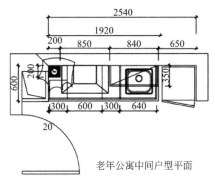

老年公寓中间户型平面

图 7-47　定制橱柜平面布置图

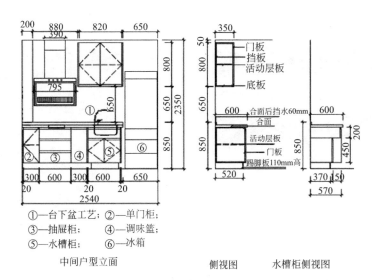

①—台下盆工艺；　②—单门柜；
③—抽屉柜；　　　④—调味篮；
⑤—水槽柜；　　　⑥—冰箱

中间户型立面　　　侧视图　　水槽柜侧视图

图 7-48　定制橱柜立面图

（3）架空隔音地板系统

地面采用架空隔音地板系统，地板支架节点图见图 7-49、地板支架节点详图见图 7-50，地板支架施工图见图 7-51。

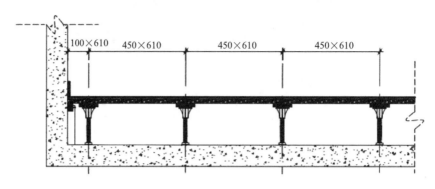

图 7-49　地板支架节点图

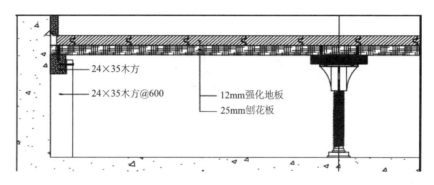

图 7-50　地板支架节点详图

图 7-51　地板支架施工图

（4）综合管线系统

电气管线主要采用管线分离技术，电气管线墙面剖面图见图 7-52，电气管线墙面完成图见图 7-53。

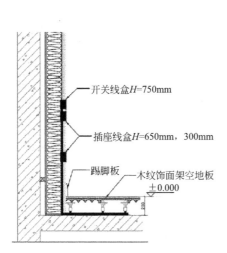

开关线盒H=750mm

插座线盒H=650mm，300mm

踢脚板　木纹饰面架空地板
±0.000

图 7-52　电气管线墙面剖面图　　　　图 7-53　电气管线墙面完成图

（5）部品件模数化系统

部品件定制根据室内尺寸规格模数化加工，见图 7-54，室内厨房移门模数化定制见图 7-55，室内进户门模数化定制见图 7-56。

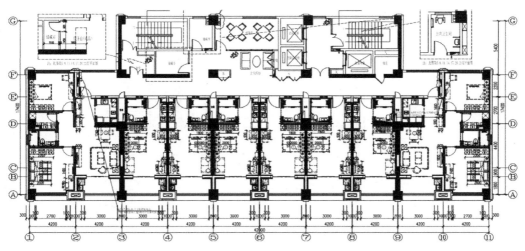

图 7-54　部品件定制根据室内尺寸规格模数化加工

（6）室内各部位收口节点做法

室内各部位收口节点做法如图 7-57。

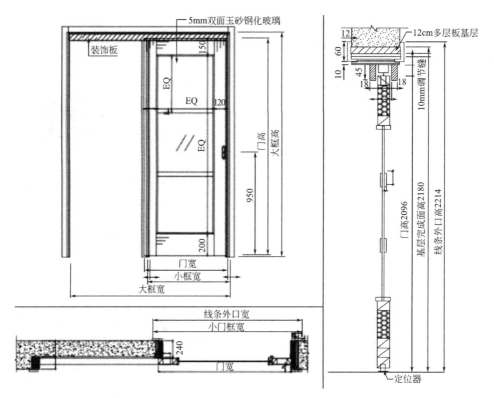

图 7-55　室内厨房移门模数化定制

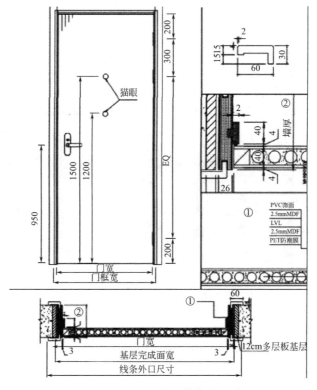

图 7-56　室内进户门模数化定制

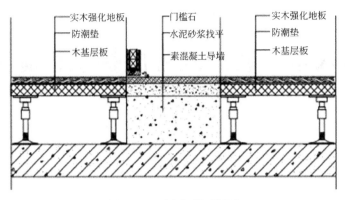

图 7-57 厨房门槛石详图

实木强化地板
防潮垫
木基层板

门槛石
水泥砂浆找平
素混凝土导墙

实木强化地板
防潮垫
木基层板

7.8 本章小结

本章介绍了装配式内装体系及其施工技术，主要包括内隔墙系统、吊顶系统、楼地面系统、集成卫浴系统、集成厨房系统，并通过苏州和南通的装配式装修工程实例进行说明。

装配式装修改变了传统装修的湿作业方式，主要采用干式工法，部品部件的生产工厂化，减少现场的二次加工和材料浪费，提高了装配率。装配式装修集中体现在厨房和卫生间模块，管线分离技术减少了对建筑主体结构的破坏，有利于延长建筑的使用寿命；同层排水技术降低了排水噪声，实现了户内检修。并且，装配式装修实现了可逆装配，方便使用过程中的检修与更换。

装配式全装修一体化设计把住宅装修设计与建筑设计同步，它贯穿于整个建筑设计中，有利于实现住宅的生产、供给、销售和服务一体化的生产组织形式，节约设计成本，点位精确、减少土建与装修、装修与部品之间的冲突和通病，设备配套精细化，提升居住环境舒适度，保证质量节约建造和装修成本，杜绝二次浪费、节能环保缩短工期。同时，装配式装修一体化设计更能促进装配式装修的健康发展，即建筑装修设计与建筑设计一体化同步进行，它贯穿于整个建筑设计中，有利于实现建筑的生产、供给、销售和服务一体化的生产组织形式，节约设计成本，点位精确、减少土建与装修、装修与部品之间的冲突和通病，设备配套精细化，提升居住环境舒适度，保证质量节约建造和装修成本，杜绝二次浪费、节能环保。

第八章 装配式外围护工程施工

本章导图

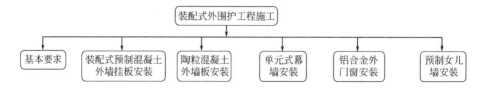

8.1 基本要求

8.1.1 定义与功能

现行国家标准《建筑工程建筑面积计算规范》GB/T 50353 中定义，围护结构是指围合建筑空间的墙体、门、窗。

外围护功能是构成建筑空间，并能够有效地抵御不利环境的影响，应具有保温、隔热、隔声、防水防潮、耐火、耐久等功能。

8.1.2 一般要求

1.外围护工程系统的施工组织设计应包含安装施工专项方案和安全专项措施。

2.外围护工厂安装施工前，应选择有代表性的构件进行试安装，并应根据试安装结果及时调整施工工艺、完善施工方案；外围护工程施工宜建立首段验收制度。

3.外墙板与主体结构的连接应符合下列规定：

（1）连接节点在保证主体结构整体受力的前提下，应牢固可靠、受力明确、传力简捷、构造合理。

（2）连接节点应具有足够的承载力。承载能力极限状态下，连接节点不应发生破坏。当单个连接节点失效时，外墙板不应掉落。

（3）连接部位应采用柔性连接方式，连接节点应具有适应主体结构变形的能力。

（4）节点设计应便于工厂加工、现场安装就位和调整。

（5）连接件的耐久性应满足使用年限要求。

4.外墙板接缝应符合下列规定：

（1）接缝宽度及接缝材料应根据外墙板材料、立面分格、结构层间位移、温度变形等因素综合确定；所选用的接缝材料及构造应满足防水、防渗、抗裂、耐久等要求；接缝材料应与外墙板具有相容性；外墙板在正常使用下，接缝处的弹性密封材料不应破坏。

（2）接缝处以及与主体结构的连接处应设置防止形成热桥的构造措施。

8.2 装配式预制混凝土外挂墙板安装

8.2.1 概述

预制混凝土外挂墙板适用于工业与民用建筑的外墙工程，在国外广泛应用于混凝土框架结构、钢结构的公共建筑、住宅建筑和工业建筑中。近几年，预制混凝土外挂墙板在国内也得到了一定程度的应用，如图 8-1 和图 8-2 所示。预制混凝土外挂墙板具有如下优势：（1）在工厂采用工业化生产，具有施工速度快、质量好、维修费用低的特点；（2）利用混凝土可塑性强的特点，可充分表达设计师的意愿，使建筑外墙具有独特的表现力；（3）可设计成集外饰、保温、墙体围护于一体的夹层保温外墙板。

图 8-1 济南万科金域国际项目

图 8-2 北京市政府办公楼项目

预制混凝土外挂墙板按照保温位置的不同可分为夹心保温、内保温和外保温三种形式，如表 8-1 所示。三种保温形式的优缺点详见表 8-2。

预制混凝土外挂墙板保温做法　　　　　　　　　　　　表 8-1

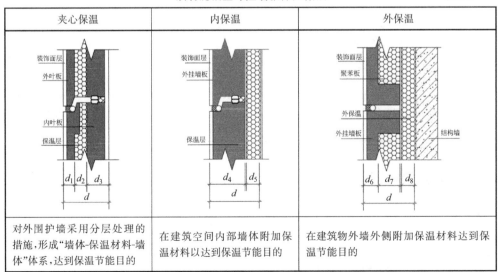

夹心保温	内保温	外保温
对外围护墙采用分层处理的措施，形成"墙体-保温材料-墙体"体系，达到保温节能目的	在建筑空间内部墙体附加保温材料以达到保温节能目的	在建筑物外墙外侧附加保温材料达到保温节能目的

注：参考《预制混凝土外墙挂板》16J110-2、16G333。

外挂墙板三类保温形式优缺点 　　　　　　　　　　　　　　　　　　　　表 8-2

特性	外保温	内保温	夹心保温
保温材料可选择性(耐火等级A、B1)	长期与室外环境接触,对保温层的耐候性、防水性要求、防火性要求高,一般需选用 A 级材料,导致材料选择面较窄	对材料的耐候性、防水性、防火性能要求一般,一般可选用 B1 级材料,材料选择面较宽	防火性能佳,可选范围较大(B1)
总体成本	较低	低	成本较高
施工	1.需要脚手架,高层施工不方便 2.人工量较多 3.施工质量不稳定	1.造价低,施工方便,结合内装施工,无需搭建脚手架 2.施工位于室内,受天气影响小	PC 构件较重,吊装风险较大
生产	/	/	生产工艺要求高

预制混凝土外挂墙板与主体结构的连接节点形式可分为点支承连接和线支承连接,具体如下表 8-3 所示。

预制混凝土外挂墙板与主体结构连接方式 　　　　　　　　　　　　　　　表 8-3

连接方式	点支承	线支承
构造特点	外挂墙板与主体结构通过不少于 2 个独立支承点传递荷载,并通过支承点的位移实现外挂墙板适应主体结构变形能力的柔性支承方式。采用点支承的外挂墙板与主体结构的连接宜设置 4 个支承点:当下部 2 个为承重节点时,上部 2 个宜为非承重节点(下承式);相反,当上部 2 个为承重节点时,下部 2 个宜为非承重节点(上承式)	外挂墙板边缘局部与主体结构通过现浇段连接的支承方式。外挂墙板与主体结构采用线支承连接时,宜在墙板顶部与主体结构支承构件之间采用现浇段连接,墙板的底端应设置不少于 2 个仅对墙板有平面外约束的连接节点,墙板的侧边与主体结构应不连接或仅设置柔性连接
优势	外挂墙板能释放自身温度作用产生的节点内力,并适应主体结构的变形,从而不产生附加内力。点支承外挂墙板具有墙板构件和连接节点受力明确,能完全适应主体结构变形,施工安装简便且精度和质量可控等优点	墙板与主体结构间不存在缝隙,对建筑使用功能影响较小
劣势	点支承外挂墙板与主体结构连接节点数量有限,且通常连接节点在破坏时的延性十分有限,因此应对连接节点的设计合理性、加工和施工质量予以重视	由于线支承外挂墙板与支承构件之间采用现浇段连接,因此墙板构件通常会对支承构件的刚度和受力状态产生一定的影响,在支承构件设计过程中应予以考虑

8.2.2　外挂墙板安装与连接

1.施工流程

清理基层及放线→密封条及垫片安装→预埋件及吊具安全检查→外挂墙板吊运及就位→安装及校正→安装临时支撑→外墙板与现浇结构节点连接→浇筑混凝土→拼缝防水处理→拆除临时支撑

2. 施工工艺[8-1]

（1）预制外挂墙板构件定位

每块预制外挂墙板构件进场通过验收后，统一按照板下口往上 1000mm 弹出水平控制墨线；按照板左右两边各往内 500mm 弹出 2 条竖向控制墨线。PC 墙板、预制楼板、楼梯控制线依次由轴线控制网引出，每块预制构件均有纵、横 2 条控制线，并以控制轴线为基准在楼板上弹出构件进出控制线（轴线内翻 200mm）、每块构件水平位置控制线以及安装检测控制线。构件安装后楼面安装控制线应与构件上安装控制线吻合。

（2）预制外挂墙板构件吊装

1）每层都应沿着外立面按顺序逐块吊装，不得打乱吊装顺序。

2）预制墙板接缝处理。预制墙板接缝主要是指墙板之间的水平缝和垂直缝，接缝均采用柔性材料和微膨胀水泥砂浆进行填塞。水平缝采用双面胶带的胶条，在墙板吊装之前，将需粘贴胶条部位清扫干净，以免影响胶条的黏结。胶条粘贴到位后，再进行墙板吊装。当 2 块墙板吊装完成并固定牢固后，两者之间的垂直缝先用海绵条进行填塞，再在两面用微膨胀水泥砂浆塞实、抹平。

3）预制构件就位及调节。构件安装初步就位后，对构件进行三向微调，确保预制构件调整后标高一致、进出一致、板缝间隙一致，并确保垂直度。每块预制构件采用 2 根可调节斜撑杆以及人工辅助撬棍等进行微调。预制构件从堆放场地吊至安装现场，由 1 名指挥工、2~3 名操作工配合，利用下部墙板的定位预埋件和待安装墙板的定位螺栓进行初步定位，由于定位螺栓均在工厂安装完成，精确度较高，因此初步就位后预制构件的水平位置相对比较准确，后面只需进行微调即可。

4）高度调节。构件标高通过精密水准仪来进行复核。每块板吊装完成后需复核，每个楼层吊装完成后需统一复核。高度调节前须做好以下准备工作：引测楼层水平控制点，每块预制板面弹出水平控制线，相关人员及测量仪器、调校工具到位。构件垂直度调节采用可调节斜拉杆，每 1 块预制构件设置 2 道可调节斜拉杆，拉杆后端均牢靠固定在结构楼板上。拉杆顶部设有可调螺纹装置，通过旋转杆件，可以对预制构件顶部形成推拉作用，起到板块垂直度调节的作用。构件垂直度通过垂准仪来进行复核。

5）预制构件连接固定。预制构件吊装完成并验收合格后，须及时固定构件与构件之间的连接，使吊装的构件形成一个整体，增加其稳定性。

6）拆除拉杆。对于外墙板的拉杆拆除时间，则需要等到连接部位套筒注浆后强度达到 70% 或连接件滑移件焊接完成，方可以拆除拉杆。

7）构件吊装验收。吊装调节完毕后，由项目质检员进行验收。验收通过后，方可进行墙板之间连接钢板的焊接固定操作。

8.2.3 质量控制

外挂墙板安装尺寸允许偏差及检验方法应符合表 8-4 的规定。

外挂墙板安装尺寸允许偏差及检验方法　　　　表 8-4

项目		允许偏差(mm)	检验方法
标高		±5	水准仪或拉线、尺量
相邻墙板平整度		2	2m 靠尺测量
墙面垂直度	层高	5	经纬仪或吊线、尺量
	全高	$H/2000$ 且≤15	
相邻接缝高		3	尺量
接缝	宽度	±5	尺量
	中心线与轴线距离	5	

8.2.4　装配式预制外墙拼缝处理[8-2]

1.密封胶性能要求

采用密封胶是处理外挂墙板拼缝的常用措施之一，其主要的性能要求见表 8-5。其密封胶的物理力学性能指标与试验方法，详见表 8-6。

密封胶性能要求　　　　表 8-5

1	抗位移能力和蠕变性能	预制构件在服役过程中,由于热胀冷缩作用,接缝尺寸会发生循环变化。为了抵抗地震力的影响,预制外墙板往往要求可在一定范围内活动,密封胶必须具有良好的抗位移能力和蠕变性能
2	粘接性	密封胶对基材的粘接性是最重要的性能之一,对于装配式建筑要求接缝密封材料对混凝土基材有很好的粘接性能。 (1)混凝土是一种多孔性材料,孔洞的大小和分布不均匀不利于密封胶的粘接。 (2)混凝土本身呈碱性,特别是在基材吸水时,部分碱性物质会迁移到密封胶和混凝土接触的界面,从而影响粘接。 (3)PC 板材在车间预制生产的末端,为了脱模的方便会采用脱模剂,而这部分脱模剂残存在 PC 板材的表面,也使密封胶的粘接受到影响。为了保障接缝密封胶对预制板块的粘接性,施胶之前需要将粘接表面的灰尘处理干净,且保持干燥,同时在选择预制建筑接缝密封胶时,需将以上影响粘接的因素考虑在内,选择一款适合混凝土基材的密封胶
3	力学性能	1.由于混凝土 PC 板材随着温度的变化产生热胀冷缩,以及建筑物的轻微震动等影响,混凝土接缝的尺寸大小都会随之产生运动和位移。外墙接缝宽度设计应满足在热胀冷缩及风荷载、地震作用等外界环境的影响下,其尺寸变形不会导致密封胶的破裂或剥离破坏的要求,满足密封胶最大容许变形率的要求。 2.外挂墙板中使用的密封胶力学性能应符合现行行业标准《预制混凝土外挂墙板应用技术标准》JGJ/T 458 中相关要求
4	耐候性	《装配式混凝土结构技术规程》JGJ 1—2014 中明确指出,外墙板接缝所用的防水密封材料应选用耐候性密封胶,密封胶应与混凝土具有兼容性,并具有低温柔性、防霉性及耐水性等性能。密封材料选用不当,会影响装配外墙的使用寿命和使用安全

| 5 | 耐污染性 | 密封胶中含有一定量未参与反应的小分子物质,随着服役时间的增加,未反应的小分子物质极易游离渗透到混凝土中;由于静电作用,一些灰尘也会粘附在混凝土板缝周围,产生黑色带状的污染,严重影响建筑外表面的美观,因此密封胶要求耐污染性 |
| 6 | 低温柔性 | 由于我国幅员辽阔,纬度跨度大,温差大。预制建筑板片接缝用密封材料也要具备温度适应性及低温柔性 |

密封胶的物理力学性能指标与试验方法　　　　　　表 8-6

序号	项目		技术指标	试验方法
1	密度(g/cm³)		规定值 ±0.1	《建筑密封材料试验方法 第 2 部分:密度的测定》GB/T 13477.2—2018
2	下垂度 (mm)	垂直	≤3	《建筑密封材料试验方法 第 6 部分:流动性的测定》GB/T 13477.6—2002
		水平	无变形	
3	表干时间(h)		≤8	《建筑密封材料试验方法 第 5 部分:表干时间的测定》GB/T 13477.5—2002
4	挤出性[1] (mL/min)		≥80	《建筑密封材料试验方法 第 3 部分:使用标准器具测定密封材料挤出性的方法》GB/T 13477.3—2017
5	适用期[2](h)		≥2	《建筑密封材料试验方法 第 3 部分:使用标准器具测定密封材料挤出性的方法》GB/T 13477.3—2017
6	弹性恢复率 (%)		≥70	《建筑密封材料试验方法 第 17 部分:弹性恢复率的测定》GB/T 13477.17—2017
7	拉伸模量 (MPa)	23℃	≤0.4	《建筑密封材料试验方法 第 8 部分:拉伸粘结性的测定》GB/T 13477.8—2017
		−20℃	≤0.6	
8	定伸粘结性		无破坏	《建筑密封材料试验方法 第 10 部分:定伸粘结性的测定》GB/T 13477.10—2017
9	浸水后定伸粘结性		无破坏	《建筑密封材料试验方法 第 11 部分:浸水后定伸粘结性的测定》GB/T 13477.11—2017
10	冷拉-热压后粘结性		无破坏	《建筑密封材料试验方法 第 13 部分:冷拉-热压后粘结性的测定》GB/T 13477.13—2019
11	质量损失率(%)		≤5	《建筑密封材料试验方法 第 19 部分:质量与体积变化的测定》GB/T 13477.19—2017

注:[1]此项仅适用于单组分产品;

[2]此项仅适用于多组分产品。

2.防水构造

装配式建筑的预制外墙板采用结构、保温、防水、外饰面一体化的外围护系统,预制混凝土外墙板应具有自防水功能,板缝之间应增设气密性密封构造,以达到防渗漏的效果。连接节点应采取可靠的防腐、防锈、防火、防渗漏措施,板缝内宜设置导、排水管。

预制混凝土外墙板接缝防水,应根据外墙板形式,采取相应防水措施,并应符合表 8-7 的要求。预制装配结构外墙接缝密封材料及辅助材料的主要性能指标应符合表 8-8 的要求。

预制外挂墙板接缝防水措施

表 8-7

预制外挂墙板形式	接缝防水措施				
	耐候建筑密封胶	橡胶止水条	粗糙面	外低内高企口缝	空腔构造
预制剪力墙板	应选	可选	应选	宜选	应选
预制外挂墙板	应选	可选		宜选	应选

预制装配结构外墙接缝密封材料及辅助材料的主要性能指标

表 8-8

序号	密封材料及辅助材料的主要性能要求
1	硅烷改性硅酮建筑密封胶(MS胶)主要性能指标,应符合现行国家标准《硅酮和改性硅酮建筑密封胶》GB/T 14683 的规定
2	聚氨酯建筑密封胶(PU胶)主要性能指标,应符合现行行业标准《聚氨酯建筑密封胶》JC/T 482 的规定
3	三元乙丙橡胶、氯丁橡胶、硅橡胶橡胶空心气密条主要性能指标,应符合现行国家标准《高分子防水材料 第2部分:止水带》GB 18173.2 中 J 型产品的规定

预制混凝土外挂墙板常用的防水构造可分为一道防水与二道防水,如表 8-9 所示。

防水措施

表 8-9

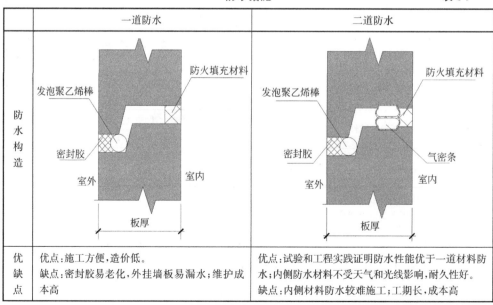

防水构造	一道防水	二道防水
优缺点	优点:施工方便,造价低。 缺点:密封胶易老化,外挂墙板易漏水;维护成本高	优点:试验和工程实践证明防水性能优于一道材料防水;内侧防水材料不受天气和光线影响,耐久性好。 缺点:内侧材料防水较难施工;工期长,成本高

预制混凝土剪力墙板外墙,垂直缝宜选用结构防水与材料防水结合的两道防水构造,水平缝宜选用构造防水与材料防水结合的两道防水构造,常用两道防水构造如表 8-10 所示,排水做法如图 8-3 所示。

两道防水构造

表 8-10

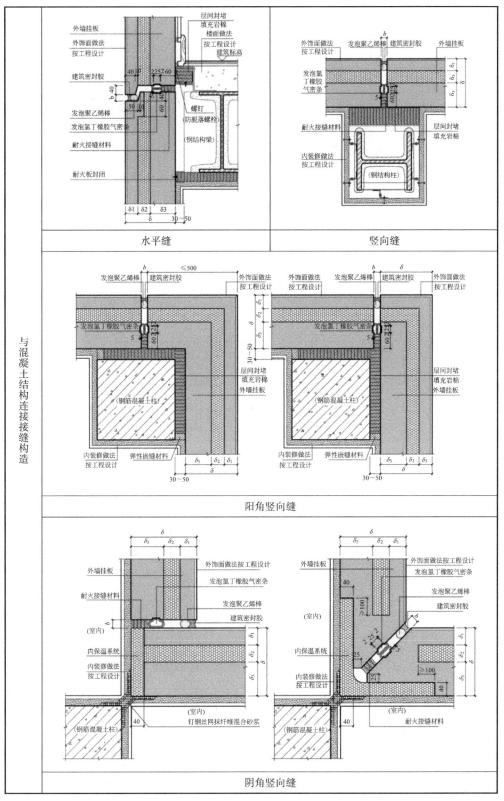

与混凝土结构连接接缝构造

水平缝　竖向缝

阳角竖向缝

阴角竖向缝

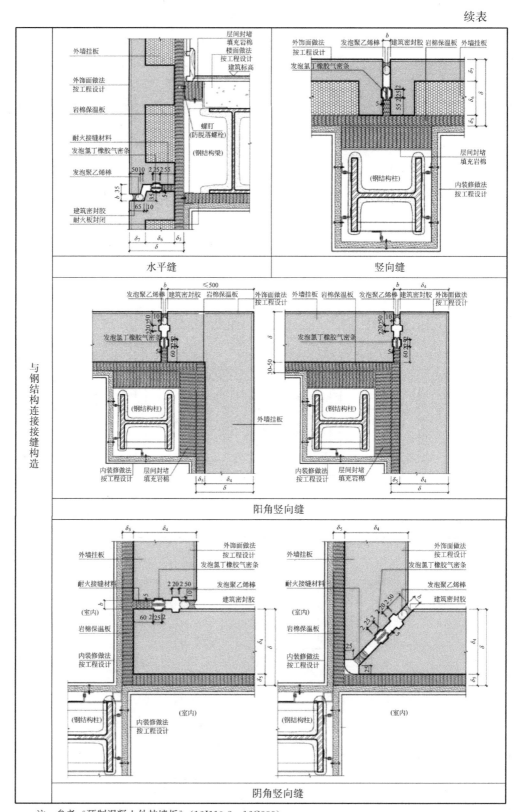

水平缝

竖向缝

阳角竖向缝

阴角竖向缝

与钢结构连接接缝构造

注：参考《预制混凝土外挂墙板》（16J110-2、16G333）。

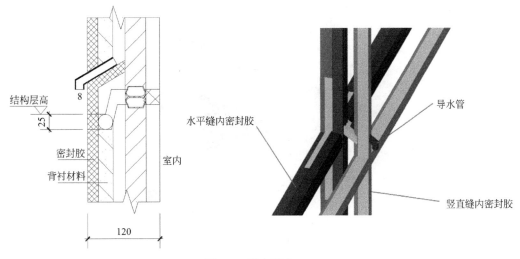

图 8-3　排水做法

3.施工用材料和工具

用的施工材料和工具包括聚氨酯防水密封胶、防水砂浆、聚乙烯棒、美纹纸、底涂、打胶枪、角磨机、钢丝刷、软毛刷、刮刀等，如图 8-4 所示。

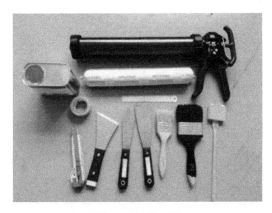

图 8-4　打胶工具

4.工艺流程

基层清理→基层修复→填塞背衬材料→贴美纹纸→涂刷底涂→施胶→胶面修整→清理美纹纸

5.施工要点

（1）接缝基层清理

1）用角磨机清理水泥浮浆。

2）用钢丝刷清理杂质及不利于粘接的异物。

3）用羊毛刷清理残留灰尘，如图 8-5 所示。

（2）接缝处修复

1）清除破损松散混凝土，剔除突出的鼓包，采用防水砂浆分层修补。随机抹

图 8-5　基层清理

压防水砂浆，防水砂浆应压实、压光使其与基层紧密结合。

2）接缝宽度大于 40mm 时应进行修补。

（3）填塞背衬

1）背衬材料主要是控制密封胶的施胶深度（接缝宽小于 10mm 时宽深比为 1∶1，接缝宽大于 10mm 时宽深比为 2∶1）并避免密封胶三面粘接。

2）背衬材料尺寸应大于接缝 25%，一般采用柔软闭孔的圆形聚乙烯泡沫棒，如图 8-6 所示。

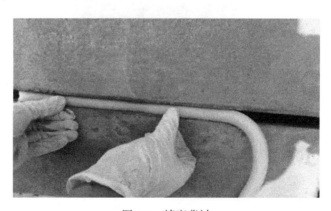

图 8-6　填塞背衬

（4）粘贴美纹纸

美纹纸胶带应遮盖住边缘，要注意纸胶带本身的顺直美观，如图 8-7 所示。

（5）涂刷底涂

1）底涂涂刷是否需要涂刷，应根据密封胶提供商材料性能对基层要求确定。

2）底涂涂刷应一次涂刷好，避免漏刷以及来回反复涂刷。

3）底涂应晾置完全干燥后才能施胶（具体时间以材料性能为准），如图 8-8 所示。

（6）施胶

1）施胶前应确保基层干净、干燥，并确保宽深比为 2∶1 或 1∶1。

图 8-7 贴美纹纸

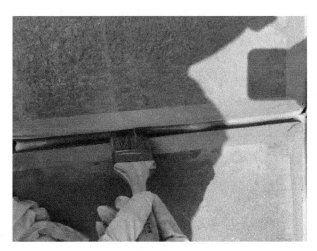

图 8-8 涂刷底漆

2) 施胶时胶嘴探到接缝底部,保持匀速连续打入足够的密封胶并有少许外溢,避免胶体和胶条下产生空腔。当接缝宽度大于 30mm 时,应分两步施工,即打一半之后用刮刀或刮片下压密封胶,然后再打另一半。

(7) 胶面修整

密封胶施工完成后用压舌棒、刮片或其他工具将密封胶刮平压实,用抹刀修饰出平整的凹型边缘,加强密封胶效果,禁止来回反复刮胶动作,保持刮胶工具干净,如图 8-9 所示。

(8) 清理

密封胶修整完后清理美纹纸胶带,美纹纸胶带必须在密封胶表干之前揭下。

6. 质量要求

(1) 墙板接缝外侧打胶要严格按照设计流程来进行,基底层和预留空腔内必须使用高压空气清理干净。打胶前背衬深度要认真检查,打胶厚度必须符合设计要求,打胶部位的墙板要用底涂处理,增强胶与混凝土墙板之间的粘结力,打胶中断

图 8-9　胶面修整

时要留好施工缝，施工缝内高外低，互相搭接不能少于 5cm。

（2）使用打胶枪或打胶机以连续操作的方式打胶。应使用足够的正压力使胶注满整个接口空隙，可以用枪嘴"推压"密封胶来完成。施打竖缝时，从下往上施工，保证密封胶填满缝隙。

（3）现场施打 PC 密封胶的周围环境要求，包括温度、湿度等。温度过低，会使密封胶的表面润湿性降低，基材表面会形成霜和薄冰，降低密封胶的粘结性；温度过高，抗下垂性会变差，固化时间加快，修整的时间会缩短。若环境湿度过低，胶的固化速度变慢；湿度过高，在基材表面容易形成冷凝水膜，影响粘结性。打胶时温度在 5~40℃之间、环境湿度 40%~80% 之间为宜。可在黄昏或傍晚施打 PC 密封胶，此时的温度与白天和晚上温差相对较小。

（4）墙板防水施工完毕后应及时进行淋水试验以检验防水的有效性，淋水的重点是墙板十字接缝处、预制墙板与现浇结构连接处以及窗框部位，淋水时宜使用消防水龙带对试验部位进行喷淋，外部检查打胶部位是否有脱胶现象，排水管是否排水顺畅，内侧仔细观察是否有水印，水迹。发现有局部渗漏部位必须认真做好记录并查找原因及时处理，必要时可在墙板内侧加设一道聚氨酯防水提高防渗漏安全系数。

8.3　陶粒混凝土外墙板安装[8-3]

8.3.1　基本要求

1. ACC 板施工前，应根据工程设计文件编制专项施工方案，做好施工准备，保证顺利施工。

2. ACC 板必须在出釜自然养护 3d 后方可出厂。

3. 建筑墙体的主体结构施工质量验收合格后，方可进行 ACC 板的安装。安装时，墙面应弹出 500mm 标高线。

4. 水电气设备安装应放线定点，钻孔胶粘预埋件或开关插座。应留出板孔或利用板孔敷设暗埋的管线。

5. ACC 板安装前，应先安装样板墙，经试验合格后方可进行 ACC 板的施工。

6. 墙板安装前，应对墙板安装人员进行技术培训，安装人员应熟悉施工图及其相关的技术文件；应对安装班组操作人员进行技术交底。

7. 应遵守国家有关环境保护的法规和标准，采取有效措施控制施工现场的各种粉尘、废弃物、噪声等对周围环境造成的污染和危害。

8. 施工时的环境温度不应低于 5℃。若需在低于 5℃ 环境下施工，应采取冬期施工措施。

9. 墙板安装工程应建立墙板安装质量保证体系，设专人对各工序进行验收、保存验收记录，并应按施工程序组织隐蔽工程验收、保存施工及验收记录。

10. 施工前应制定安全施工技术措施，施工中的劳动保护应执行国家相关标准的规定。工人搬运墙板应采用侧立方式，重量较大的墙板应使用轻型机具辅助施工安装。墙体施工必须符合国家、行业和江苏省现行建筑工程安全技术标准的相关规定。

11. 水电施工必须与 ACC 板安装密切配合。

12. 未经设计同意，不得在 ACC 墙体自保温系统上擅自凿墙、开洞及改变既有建筑的使用功能；清洁墙面时，应采用无害清洁剂和相应的墙面清洁方法。对处于有害化学介质侵蚀、长期水浸及冻融循环部位的墙体，应采取特殊防护措施。

8.3.2　施工准备

1. 应编制外墙排板图（平面图、立面图），图中应标明墙板种类、规格尺寸及墙板内的配筋图，门、窗洞口的位置、尺寸，固定件及钢板卡件位置、数量、规格种类等。

2. 应清理与外墙板交接的部位、地面、顶面、墙面凸起的砂浆、混凝土块等杂物，并清扫干净，场地应平整。

3. 应根据设计要求，按照排板图，在地面弹好外墙板安装位置线及门窗洞口边线，按板宽（含板缝宽 5mm）进行排板分档。若需要弹天花线，应根据地面线用激光投线仪弹出天花线，弹线应清晰、位置准确。放线后，经检查无误，方可进行下道工序。

4. 外墙板安装前，应对预埋件、吊挂件、连接件工序施工数量、位置、固定方法进行核查，并应符合墙板设计技术文件的相关要求。

5. ACC 板进入施工现场后应减少转运；板的堆放、装卸和起吊应使用专用机具，运输时应采取良好的绑扎措施，防止撞击，避免破损和变形；ACC 板的施工现场堆放场地应靠近安装地点，选择地势坚实、平坦、干燥之处，堆放时应侧立，板面与铅垂面夹角不应大于 15°，不得平放；堆长不超过 4m，高度不应超过两层，不得使板材直接接触地面，在板的下端应放有方木支垫，雨季应采取覆盖措施。

8.3.3　施工工艺与施工要点

1. ACC 板施工安装工艺流程应符合图 8-10 的要求。

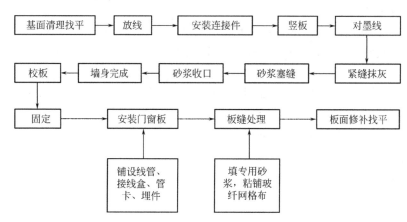

图 8-10　ACC 板施工安装工艺流程

2. 基面（结构墙面、顶面、地面）清理验收合格后应进行找平处理。应在地面弹出安装的位置线，进行排板。

3. 施工时，应严格按照排板图进行施工。

4. 安装前，应将板端的洞口用专用砂浆填实。应清除板的侧面企口处浮灰，在板的两侧企口及顶端满刮专用砂浆。

5. ACC 外墙板可以从主体墙、柱的一端向另一端顺序安装；有门洞时，应从洞口向两侧安装，洞边板实心部分靠洞口方向。

6. 应沿上下边梁和墙柱安装专用固定件。固定件与梁、柱应采用专用螺栓连接。

7. 应将板的下端对准安装墨线，用撬棍在板下端将 ACC 板撬起，用木楔子使板上端顶紧，下面用木楔顶紧 ACC 板底部，就位时要慢速轻放；撬动时应用宽幅小撬棍慢慢拨动；微调应用橡皮槌或加垫木敲击，在板的企口处涂抹专用砂浆，然后用腻子刀将挤出板面的专用砂浆刮平。如此反复操作，每块板的下端均应用木楔子挤实靠紧。在安装过程中，应随时用靠尺及塞尺检查安装后墙面的平整度和垂直度。

8. 安装完毕，经检查合格后，宜在 24h 后用专用砂浆将板的底部填塞密实，3d 后砂浆强度达到 5MPa 以上时撤出木楔。应用同等强度的专用砂浆将木楔留下的空洞填实。

9. 铺设电线管和接线盒时，应按电气安装图找准位置，划出定位线，铺设电线管，移接线盒。安装的电线管应顺条板的板孔铺设，不得横向或斜向铺设。

10. 安装水暖、煤气管道卡时，应按照水暖、煤气管道安装图找准位置，划出管卡定位线，在墙板上钻孔、扩孔，孔内清理干净后再用专用砂浆固定管卡。

11. 板面需开孔时，在条板安装 7d 后方可用电钻钻孔，或用专用机具剔凿洞口，洞口尺寸不得大于 150mm×150mm。孔要方正，孔内清理干净后再行安装。

应避免横向开槽装线。

12.切割线槽、开关盒洞口后，应按设计要求敷设管线、插座、开关盒。应先做好定位，可用螺钉、卡件将管线、开关盒固定在墙板的实心部位上。电线盒、插座四周应采用专用砂浆粘合牢固，使其表面与墙板持平；不得在墙两面相对同一位置安装。空心墙板纵向布线可沿墙板的孔洞穿行。

13.门窗的安装应在墙板安装完毕7d后方可进行。安装前，应清理门窗洞口，检查预埋件位置、规格、牢固程度是否与设计相符，检查洞口的垂直度、平整度及对角线差是否在施工要求的范围内。

14.墙板的接缝处理应在门、窗横板及管线安装完毕7d后进行。应检查所有的板缝，清理接缝部位，补满破损孔隙，清洁墙面。

15.应在板缝企口相连处满刮涂一层专用砂浆，厚度宜为2~3mm。同时将玻纤网格布粘结到两板连接处，用抹子将嵌缝玻纤网格布压入专用砂浆中，最后用专用砂浆同板面找平，表面应与隔墙表面刮平压光。板间的板缝应采用50~100mm宽的嵌缝玻纤网格布处理，板与主体结构墙面或与门窗洞口连接处应采用加宽的100~200mm玻纤网格布处理。7d后，应检查所有的板缝和其他板与主体结构连接的缝隙是否良好。若有裂缝出现，要进行修补。尤其在阴角和阳角处，更要仔细观察和处理。

16.安装时，板与板之间的拼接缝不得大于7mm，板缝应用专用砂浆填满，板缝处理应采用填缝剂和嵌缝玻纤网格布进行，视板的规格和设计要求，通常采用50~100mm宽的嵌缝玻纤网格布。在墙角、门窗洞口等需强化的部位，可用双层嵌缝玻纤网格布或200mm加宽的嵌缝玻纤网格布进行处理。

17.安装节点所用连接件应镀锌或做防锈处理。

18.墙板安装好后，24h以内不得碰撞，不得进行下一道工序。对墙板，应采取防护措施，7d内不得承受任何侧向作用力，施工梯架、工程用的物料等不得支撑、顶压或斜靠在墙体上。

19.对刮完腻子的墙板，不得再进行任何剔凿。

20.安装埋件时，不得用力敲打，宜用电钻钻孔、扩孔。

21.地面施工时，应防止物料污染、损坏成品外墙墙面。

22.墙板安装完毕、检查合格后，按设计要求进行界面层的施工。对于ACC墙体自保温系统，抹面层和饰面层的施工应符合现行标准及《轻质墙板构造图集（七）蒸压陶粒混凝土保温外墙板》苏J/T 15（七）的要求；对于ACC墙体外保温系统，抹面层和饰面层施工应符合所用外墙外保温系统的施工要求。

8.4 单元式幕墙安装

8.4.1 施工流程[8-4]

测量放线→连接件安装→安装防雷装置→幕墙板安装→安装防火隔离层→收口及封边→防水密封处理→闭水试验→淋水试验→成品保护→幕墙清洗

8.4.2 单元式幕墙施工技术

1. 测量放线

测量放线是单元式幕墙施工的基础，其目的是确保单元式幕墙准确拼装，避免累计偏差积聚最后一个分格，造成收口困难。

测量放线包括幕墙定位线和幕墙标高线，幕墙定位线，即用经纬仪核准这些幕墙底层幕墙分格线，然后以底层幕墙分格线为基准，放置从底层到顶层的竖向垂直钢丝，再用经纬仪校准后予以固定，以此钢丝作为此面的幕墙安装定位控制线。幕墙标高线，即根据建筑物标高，用水准仪在建筑外檐引出水平点，弹出一横向水平线作横向基准线。基准线确定后，可以将该基准线作为横向安装水平控制线。

测量方向要注意：检测复核各分格轴线，须与主体结构实测数据配合，并对主体结构误差进行分析确定和消除。测量放线的环境条件要求外界风力小于 4 级，同时要根据实际情况安排必要的避风措施。

2. 连接件安装

连接件具有两项功能：一方面，可以对单元式玻璃幕墙起到辅助支撑和连接作用，增强幕墙面板与土建结构的连接；另一方面，可以修正梁、柱、楼板等土建工程尺寸偏差，使玻璃幕墙的安装更为平整。连接挂件由螺栓和连接件组成，通过连接螺栓和预埋件相连接固定，成三维可调节体系，共同组成单元体的承重支撑系统。三维微调通过单元体上的角码与挂码来实现，单元板块上的角码与挂码装在该连接件，可以滑动，实现单元板块三维结构上的细微调整。由于单元式幕墙的对插接缝需要在单元组件进行主体结构安装时同时完成，因此要在主体结构上安装单元式幕墙的连接件。连接件通过不锈钢螺栓与预埋件相连接。因建筑高度影响，连接件分次安装，并逐一调整使之结构契合，幕墙的施工质量可以通过连接件的安装精度来提高，也就是说，良好的连接件安装精度和幕墙组件构造精度是单元式幕墙外表面结构平整度的有效保障。

3. 安装防雷装置

安装防雷装置时，幕墙的金属框架应与主体结构的防雷体系可靠连接。幕墙的铝合金立柱，在≤10m 范围内宜有一根立柱采用柔性导线，把上柱与下柱的连接处连通。铜质导线截面积宜≥25mm^2，铝质导线宜≥30mm^2。主体结构有水平均压环的楼层，对应导电通路的立柱预埋件或固定件应用圆钢或扁钢与均压环焊接连通，形成防雷通路。圆钢直径宜≥12mm，扁钢截面宜≥5mm×40mm。避雷接地一般每三层与均压环连接。兼有防雷功能的幕墙压顶板宜采用厚度≥3mm 的铝合金板制造，与主体结构屋顶的防雷系统应有效连通。在有镀膜层的构件上进行防雷连接，应除去其镀膜层。使用不同材料的防雷连接应避免产生双金属腐蚀。防雷连接的钢构件在完成后都应进行防锈油漆。防雷构造连接均应进行隐蔽工程验收。幕墙防雷连接的电阻值应符合规范要求。

4. 幕墙板安装

幕墙板安装有单元板转运、吊装、检测三个步骤。

单元板转运是利用专门设备将单元板运输至楼层边缘，并将单元板设置在起抛器上，单元板转运至起抛器上后，将挂钩与板连接，板与托架用安全带绑紧固定在一起，同时将板块缓缓推出楼檐约 1/3 板的长度。启动起抛器，缓缓将板块推起，直至呈竖直状态，准备板的起吊，如图 8-11 所示。

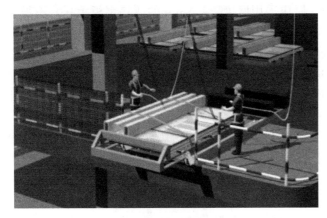

图 8-11　单元板转运

单元板吊装，即开启电动葫芦，将板缓缓提升，安排专人负责保护单元体不摇摆，不碰损，起吊上升过程中注意拉好揽风绳，保证单元体平稳上升。配备施工人员在安装层负责单元板落板过程中的定位安装，单元板下行时应注意缓慢运输下放。根据板块的安装位置，安装人员注意将单元板移至准确的位置，然后使用螺栓固定好，如图 8-12 所示。

图 8-12　单元板起吊

完成吊装后，应对单元板表面进行清理和修整。其中，非镀膜面（如玻璃表面）上的胶体残留及其他污物在清理时可以用刀片刮掉后再用中性溶剂洗涤，最后使用清水冲洗；而镀膜面材料的污物处理要更加谨慎细心，不得使用刀片进行刮除，也不可大力擦洗，只能用溶剂和清水进行清洗。幕墙的各处结构，如主体构件、密封胶及玻璃等，要采取相应的保护方案，避免因各种因素导致结构变形、污染、变色及排水堵塞等问题。

5.安装防火隔离层

幕墙与各层楼板、隔墙外沿间的缝隙，应采用不燃材料封堵，填充材料可采用岩棉或矿棉，其厚度应≥100mm，并应满足设计的耐火极限要求，在楼层间形成水平防火烟带。防火层应采用厚度≥1.5mm的镀锌钢板承托，不得采用铝板。承托板与主体结构、幕墙结构及承托板之间的缝隙应采用防火密封胶密封。防火密封胶应有法定检测机构的防火检验报告。

无窗槛墙的幕墙，应在每层楼板的外沿设置耐火极限≥1.0h、高度≥0.8m的不燃烧实体裙墙或防火玻璃墙。在计算裙墙高度时可计入钢筋混凝土楼板厚度或边梁高度。

当建筑设计要求防火分区分隔有通透效果时，可采用单片防火玻璃或由其加工成的中空、夹层防火玻璃。

防火层不应与玻璃直接接触，防火材料朝玻璃面处宜采用装饰材料覆盖。

同一幕墙玻璃单元不应跨越两个防火分区。

防火构造均应进行隐蔽工程验收。

6.幕墙板收口

收口是单元式幕墙安装的技术难点，收口的位置选择在垂直升降机、塔式起重机、井架等部位。收口单元幕墙板采用特殊结构，将收口部位的三个单元幕墙板作为一个整体，中间板块两侧边均为母料，两侧板块对应为公料。两侧板块安装到位后，利用吊机吊装最后的收口板块，先与两侧板块插接好，然后板块下行至底安装部位与下层板块的上端插接就位。将收口板就位后，调整三个板块至定位线位置安装完毕。收口的单元板块应从安装层的上一层起吊落板，如图8-13所示。

图8-13　单元板装配

7.闭水试验

根据施工质量要求，要对幕墙进行闭水试验。单元式幕墙的施工主要是两个单元板块交接部位排水槽的正确安装，安装时必须在底部及侧面涂上密封胶。施工安装时，做好每层防水处理，安装完成一层后按每5~10块板依次做闭水试验。水槽内注满水，至少维持15min，之后再观察是否有漏水现象，如有漏水，则须改善后，再进行测试，直到合格为止。测试完成后须将排水孔清除干净，所有排水槽在安装附件材料之前必须将杂物清理干净，以免影响幕墙交付使用后的正常排水功能。

8. 淋水试验

幕墙工程安装过程中，进度达到 5%、10%、25%、50%、75% 和 100% 时应分别进行淋水试验，确保幕墙工程的整体防水性能。喷淋试验所测试的区域至少为 2 层楼高，3 个板宽，要包括所有典型的横向和竖向的接缝，喷嘴口要使用至少直径为 20mm 宽的水管，由工作人员用手将软管捏成喷嘴状，将水直接喷射在各个横向与竖向的接缝处，喷嘴对准接缝处缓慢移动，1.5m 范围内来回喷水 5min。在喷淋试验的同时，室内要安排人员检查并记录测试结果。

9. 成品保护与清洗

幕墙框架安装后，不得作为操作人员和物料进出的通道；操作人员不得踩在框架上操作。

有保护膜的铝合金型材和面板，在不妨碍下道工序施工的前提下，不应提前撕除，待竣工验收前撕去，但也不宜过迟。

对幕墙的框架、面板等应采取措施进行保护，使其不发生变形、污染和被刻划等现象。幕墙施工中表面的粘附物，都应随时清除。

幕墙工程安装完成后，应制订清洗方案。清洗维护不得采用 pH 值＜4 或 pH 值＞10 的清洗剂以及有毒有害化学品。在清洗时，应检查幕墙排水系统是否畅通，发现堵塞应及时疏通。

清洗作业时，不得在同一垂直方向的上下面同时作业。

幕墙外表面的检查、清洗作业不得在风力超过 5 级和雨、雪、雾天气及气温超过 35℃或低于 5℃下进行。作业机具设备（提升机、擦窗机、吊篮等）应安全可靠，每次使用前都应经检查合格后方能使用。应符合现行行业标准《建筑施工高处作业安全技术规范》JGJ 80 和《建筑外墙清洗维护技术规程》JGJ 168 等有关规定。

8.5 铝合金外门窗安装[8-5]

铝合金门窗安装分为预装法和后装法两类。预装法，是指窗框在预制构件工厂已经事先安装。而后装法是指门窗安装在施工现场进行。后装法根据是否安装附框，又分为现场湿法安装和现场干法安装。其中现场湿法安装指将铝合金门窗直接安装在未经表面装饰的墙体门窗洞口上，在墙体表面湿作业装饰时对门窗洞口间隙进行填充和防水密封处理。现场干法安装，指墙体门窗洞口预先安置附加金属外框并对墙体缝隙进行填充、防水密封处理，在墙体洞口表面装饰湿作业完成后，将门窗固定在金属附框上的安装方法。

8.5.1 预装法安装

1. 生产工艺流程

制作两个窗模板、角钢压条和对拉螺杆→放置并固定下部窗模板→放置窗框→

放置并固定上部窗模板→放置保温板，并架设窗框洞口细部构造→放置墙板模板→铺设钢筋网片、预埋件→混凝土浇筑、养护→成品完成

2.安装要点

（1）根据窗框尺寸使用5～8mm钢板分别制作两个窗模板，窗框高度、外包尺寸应根据设计要求加工，加工四根φ12螺杆，角钢压条四根，如图8-14所示。

图 8-14　定型钢窗实景图

（2）将窗框外侧边保护膜清除，使侧边凹槽外露，同时注意保留窗框表面保护膜。将窗模板放置在台模上，同时固定φ12螺杆，窗框放置在窗模板上，四边分别距离窗模板侧边5mm，（窗框四周距侧边5mm处粘贴1cm宽双面胶条，起到保护窗框以及防止混凝土浆渗漏的作用）使框架与双面胶条贴合紧密。底部框架放置完成后依照同样原理在窗框上边放置上部窗模板，最后用螺杆和压条固定窗框，如图8-15所示。

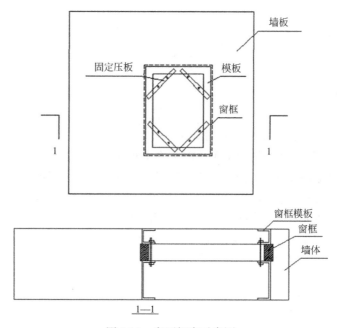

图 8-15　定型钢窗示意图

3.质量要求

(1) 铝合金窗框的材质应符合现行行业标准。并具有相关检测资料及进场复检报告。

(2) 窗框模板材质厚度应不小于 5mm，避免混凝土浇筑时产生形变。

(3) 铝合金门窗应具有足够的刚度、承载能力和一定的变形能力。

(4) 铝合金型材牌号、截面尺寸应符合门窗设计要求。

(5) 铝合金门窗工程验收应符合现行国家标准《建筑工程施工质量验收统一标准》GB 50300、《建筑装饰装修工程质量验收标准》GB 50210 及《建筑节能工程施工质量验收标准》GB 50411 的有关规定。

8.5.2 现场湿法安装

1.工艺流程

轴线标高测量放线→洞口复核→门窗框安装→与墙体间隙塞缝→门窗框边抹灰→打密封胶→窗扇及配件安装

2.主要施工工艺

(1) 检查复核门窗洞口尺寸及标高是否符合设计要求，建筑门窗洞口尺寸，洞口宽、高尺寸允许偏差应为 ±10mm，对角线尺寸允许偏差应为 ±10mm。有预埋件的外门窗口还应检查预埋件的数量、位置及埋设方法是否符合设计要求。

(2) 根据设计图纸中门窗的安装位置、尺寸和标高，依据门窗中线向两边量出门窗边线。多层及高层应以顶层门窗边线为准，用线坠或经纬仪将门窗边线下引，并在各层门窗口处划线标记，确保外门窗从上至下在同一轴线上。不符合要求的门窗洞口应予以剔凿和找补处理。

(3) 门窗的水平位置应以楼层室内 +1m 的水平线为准向上反量出窗下皮标高，弹线找直，每一层必须保持窗下皮标高一致。

(4) 门窗框四周外表面的防腐处理设计有要求时，按设计要求处理。如果设计没有要求时，可涂刷防腐涂料或粘贴塑料薄膜进行保护，以免水泥砂浆直接与铝合金门窗表面接触，产生电化学反应，腐蚀铝合金门窗。

(5) 安装铝合金门窗时，如果采用连接件固定片等金属零件宜采用不锈钢件。否则必须进行防腐处理，以免产生电化学反应，腐蚀铝合金门窗。

(6) 固定片与铝合金门窗框连接宜采用卡槽连接方式，如图 8-16 所示；与无槽口铝门窗框连接时，可采用自攻螺钉或抽芯铆钉，钉头处应密封，如图 8-17 所示。

(7) 根据划好的门窗定位线，安装铝合金门窗框，并及时调整好门窗框的水平、垂直及对角线长度等符合质量标准，然后用木楔等临时固定。临时固定物不得导致门窗变形或损坏，不得使用坚硬物体。安装完成后，应及时移除临时固定物体。

(8) 铝合金门窗框与洞口缝隙，应采用保温、防潮且无腐蚀性的软质材料填塞密实；亦可使用防水砂浆填塞，但不应使用含有海砂成分的砂浆。使用聚氨酯泡沫填缝胶，施工前应清除粘接面的灰尘，墙体粘接面应进行淋水处理，固化后的聚氨酯泡沫胶缝表面应作密封处理。

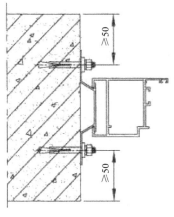
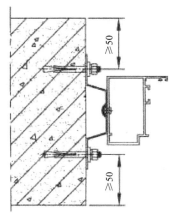

图 8-16　卡槽连接方式　　　　　　　图 8-17　自攻螺钉连接方式

8.5.3　现场干法安装

1.工艺流程

门窗洞口预留企口→轴线标高测量放线→洞口复核→门窗框边抹灰→防水施工→门窗框安装→门窗框与墙体间隙处理→打密封胶→窗扇及配件安装→外墙腻子、涂料施工

2.主要施工工艺

（1）金属附框安装应在洞口及墙体抹灰湿作业前完成，铝合金门窗安装应在洞口及墙体抹灰湿作业后进行。

（2）金属附框宽度应大于 30mm；金属附框的内、外两侧宜采用固定片与洞口墙体连接固定；固定片宜用 Q235 钢材，厚度不应小于 1.5mm，宽度不应小于 20mm，表面应做防腐处理。

（3）金属附框固定片安装位置应满足：角部的距离不应大于 150mm，其余部位的固定片中心距不应大于 500mm，如图 8-18 所示；固定片与墙体固定点的中心位置至墙体边缘距离不应小于 50mm，如图 8-19 所示。

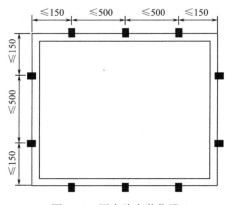

图 8-18　固定片安装位置

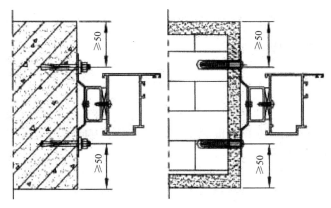

图 8-19　固定片与墙体位置

（4）相邻洞口金属附框平面内位置偏差应小于 10mm。金属附框内缘应与抹灰后的洞口装饰面齐平，金属附框宽度和高度允许尺寸偏差及对角线允许尺寸偏差应符合表 8-11 的规定。

金属附框尺寸允许偏差（mm）　　　　　表 8-11

项目	允许偏差值	检测方法
金属附框、宽偏差	±3	钢卷尺
对角线尺寸偏差	±4	钢卷尺

（5）铝合金门窗框与金属附框连接固定应牢固可靠。

（6）铝合金门窗安装固定后，应先进行隐蔽工程验收，合格后及时按设计要求处理门窗框与墙体之间的缝隙。填塞材料及施工工艺与预装法施工相同。

8.5.4　门窗扇及配件安装

1. 门窗扇和门窗玻璃应在洞口墙体表面装饰完工验收后安装。

2. 铝合金门窗开启扇及开启五金件的装配宜在工厂内组装完成。

3. 推拉门窗在门窗框安装固定后，将配好玻璃的门窗扇整体安入框内滑槽，调整好与扇的缝隙。

4. 平开门窗在框与扇格架组装上墙、安装固定好后再安玻璃，即先调整好框与扇的缝隙，再将玻璃安入扇并调整好位置，最后镶嵌密封条及密封胶。

5. 铝合金构件间连接应牢固，构件间的接缝应做密封处理，紧固件不应直接固定在隔热材料上。当承重（承载）五金件与门窗连接采用机制螺钉时，啮合宽度应大于所用螺钉的两个螺距。不宜用自攻螺钉或铝抽芯铆钉固定。开启五金件安装位置应准确，牢固可靠，装配后应动作灵活。多锁点五金件的各锁闭点动作应协调一致。在锁闭状态下五金件锁点和锁座中心位置偏差不应大于 3mm。

6. 铝合金门窗框、扇搭接宽度应均匀，密封条、毛条压合均匀；扇装配后启闭灵活，无卡滞、噪声，启闭力应小于 50N。

7. 平开窗开启限位装置安装应正确，开启量应符合设计要求。

8.窗纱安装位置应正确，不应阻碍门窗的正常开启。

8.6 预制女儿墙安装[8-6]

8.6.1 基本原则

1.预制女儿墙采用普通钢筋混凝土，以承受水平方向的剪力为主，墙体中竖向钢筋连接为主要承力材料。

2.女儿墙沿建筑物纵向可分割成若干个段，但不宜小于2m。

3.墙体板之间应采取企口连接形式。

8.6.2 施工流程

预留钢筋复核→弹放控制线→放置钢垫块→连接缝分仓→女儿墙构件吊装就位→构件安装校正→连接缝堵塞→灌浆处理

8.6.3 操作要点

1.竖向预留钢筋可采用钢筋定位套板控制钢筋位置，定位套板在施工屋面或屋面导梁时套放在相应预留钢筋部位，可提高预留钢筋位置准确率，减少施工误差，如图8-20所示。屋面混凝土浇筑前，重点复核预埋钢筋位置、标高尺寸、垂直、固定是否牢靠。屋面混凝土浇筑后，重点复核混凝土是否密实、表面标高、预留外露钢筋是否垂直、有无明显移位等。

图8-20 预留钢筋定位套板

2.在屋面混凝土表面，顺屋面导梁纵向，距女儿墙内侧200mm弹通线，作为预制构件安装时的位置控制检查基准线。

3.吊装预制女儿墙。吊装前，检查起重设备技术参数，满足预制女儿墙吊装需求，确保女儿墙吊装安全，预制女儿墙吊至距导墙上方500mm处停止，安装人员用手扶墙板及捯链将预制女儿墙缓慢放下，直至定位筋正上方，并采用反光镜配合调整，确保定位筋与预埋套筒定位准确，经检查合格后，继续下放至钢垫片上。安装连接临时工具式斜支撑，每个预制墙板至少4个（两长两短），然后依据控制线调整墙体垂直度在允许偏差范围内。预制女儿墙构件吊装如图8-21所示，斜支撑与女儿墙及结构板连接如图 8-22 所示，长短斜支撑如图 8-23 所示。

图 8-21　预制女儿墙构件吊装

图 8-22　斜支撑与女儿墙及结构板连接

图 8-23　长短斜支撑

8.6.4　质量控制

装配式女儿墙安装允许偏差应符合表 8-12 的规定。

装配式女儿墙安装允许偏差 表 8-12

序号	项　目	允许偏差(mm)	检验方法
1	轴线位置	5	尺量检查
2	墙板顶面标高	±3	水准仪测量
3	墙板垂直度	3	靠尺量测
4	相邻墙板平整度	3	2m 靠尺和塞尺量测
5	墙板接缝宽度	±3	尺量检查
6	相邻墙板高低差	2	尺量检查

8.7　本章小结

　　第八章装配式外围护工程施工，共分为 5 个部分，即预制混凝土外挂墙板安装、单元式幕墙安装、铝合金外门窗安装、女儿墙安装。各部分均介绍了构件的构造要求、安装方案、注意事项和质量控制要求。其中装配式预制混凝土外挂墙板安装详细阐述了定位、吊装以及外墙拼缝处理等工序的施工要点；单元式幕墙安装详细阐述了测量、预埋件复核、单元板吊装、防火防雷构造安装要求等工序的施工要点；铝合金外门窗安装分为预装法安装、现场湿法安装以及现场干法安装这三个部分进行详细说明；预制女儿墙安装并不常见，本章通过基本原则、施工流程、操作要点以及质量控制对预制女儿墙的安装做法进行了详细描述。

　　外围护工程是装配式建筑施工中的一个关键环节，由于其施工细节较多，每个细节所包含工序较多，因此相对于其他分部分项工程，外围护工程施工的难度更大，安全隐患更多，如果出现纰漏，可能会引起重大的安全事故。本章通过介绍外围护工程的施工方法及施工要点，旨在针对施工过程中遇到的困难提出相应的解决方法，夯实了外围护施工的理论基础，为装配式建筑施工提供了新的思路。

第九章　施工质量检查与验收

本章导图

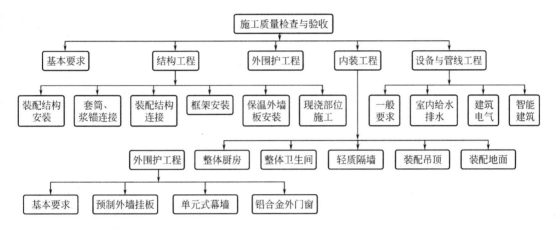

9.1　基本要求

装配式混凝土建筑施工质量检查与验收，依据现行国家、行业、江苏省等标准执行，主要标准参见表 9-1。

现行装配式混凝土建筑施工质量检查与验收主要执行标准　　　　表 9-1

标准类别	标准名称	标准号	主要执行内容
国家标准	《建筑工程施工质量验收统一标准》	GB 50300	单位工程、分部工程、分项工程和检验批的划分和质量验收
	《装配式混凝土建筑技术标准》	GB/T 51231	装配式混凝土建筑施工安装和质量验收
	《混凝土结构工程施工质量验收规范》	GB 50204	混凝土结构工程施工质量验收
	《建筑装饰装修工程质量验收标准》	GB 50210	装配式建筑饰面、室内装修外观和尺寸偏差等质量验收
	《混凝土强度检验评定标准》	GB/T 50107	装配式结构采用后浇混凝土强度检验评定
	《钢结构焊接规范》	GB 50661	预制构件采用型钢焊接连接、螺栓连接时检查验收
	《钢结构工程施工质量验收标准》	GB 50205	
	《水泥基灌浆材料应用技术规范》	GB/T 50448	装配式构件钢筋浆锚搭接接头用灌浆料性能检查

标准类别	标准名称	标准号	主要执行内容
国家标准	《建筑给水排水及采暖工程施工质量验收规范》	GB 50242	建筑给水、排水及采暖工程施工质量的验收
	《建筑电气工程施工质量验收规范》	GB 50303	电压等级为35kV及以下建筑电气安装工程的施工质量验收
	《通风与空调工程施工质量验收规范》	GB 50243	工业与民用建筑通风与空调工程施工质量的验收
	《智能建筑工程质量验收规范》	GB 50339	新建、扩建和改建工程中的智能建筑工程的质量验收
	《火灾自动报警系统施工及验收标准》	GB 50166	工业与民用建筑中设置的火灾自动报警系统的施工及验收
行业标准	《装配式混凝土结构技术规程》	JGJ 1	装配式混凝土结构施工及验收
	《预制预应力混凝土装配整体式框架结构技术规程》	JGJ 224	预制预应力混凝土装配整体式框架结构和框架-剪力墙结构的设计、施工及验收
	《钢筋焊接及验收规程》	JGJ 18	装配式构件钢筋采用焊接连接时检查验收
	《钢筋机械连接技术规程》	JGJ 107	装配式构件钢筋采用机械连接时检查验收
	《钢筋连接用灌浆套筒》	JG/T 398	装配式构件采用钢筋套筒灌浆连接接头及灌浆检查与验收
	《钢筋连接用套筒灌浆料》	JG/T 408	
	《装配式整体厨房应用技术标准》	JGJ/T 477	住宅建筑装配式整体厨房的设计与选型、施工安装、质量验收和使用维护
	《装配式整体卫生间应用技术标准》	JGJ/T 467	民用建筑装配式整体卫生间的设计选型、生产运输、施工安装、质量验收及使用维护
江苏省工程建设标准	《装配式结构工程施工质量验收规程》	DGJ32/J 184	江苏省装配式结构工程施工质量检查与验收
	《装配整体式混凝土剪力墙结构技术规程》	DGJ32/TJ 125	江苏省预制装配剪力墙结构体系检查与验收
	《预制预应力混凝土装配整体式结构技术规程》	DGJ32/TJ 199	江苏省预制预应力混凝土装配体系检查与验收
	《装配整体式混凝土框架结构技术规程》	DGJ32/TJ 219	江苏省装配混凝土框架结构体系检查与验收
	《蒸压陶粒混凝土保温外墙板应用技术规程》	苏 JG/T 053	江苏省蒸压陶粒混凝土保温外墙板的设计、施工和验收
上海市工程建设规范	《预制混凝土夹心保温外墙板应用技术标准》	DG/TJ 08-2158	预制混凝土夹心保温外墙板的设计、制作、安装与质量验收

1. 装配式混凝土建筑施工应按现行国家标准《建筑工程施工质量验收统一标准》GB 50300 的有关规定进行单位工程、分部工程、分项工程和检验批的划分和质量验收。

2. 装配式混凝土建筑的装饰装修、机电安装等分部工程应按国家现行有关标准进行质量验收。

3. 装配式混凝土结构工程应按混凝土结构子分部工程进行验收，装配式混凝土结构部分应按混凝土结构子分部工程的分项工程验收，混凝土结构子分部中其他分项工程应符合现行国家标准《混凝土结构工程施工质量验收规范》GB 50204 的有关规定。

4. 装配式混凝土结构工程施工用的原材料、部品、构配件均应按检验批进场验收。

5. 装配式混凝土结构连接节点及叠合构件浇筑混凝土前，应进行隐蔽工程验收。隐蔽工程验收应包括下列主要内容：

（1）混凝土粗糙面的质量，键槽的尺寸、数量、位置；

（2）钢筋的牌号、规格、数量、位置、间距，箍筋弯钩的弯折角度及平直段长度；

（3）钢筋的连接方式、接头位置、接头数量、接头面积百分率、搭接长度、锚固方式及锚固长度；

（4）预埋件、预留管线的规格、数量、位置；

（5）预制混凝土构件接缝处防水、防火等构造做法；

（6）保温及其节点施工；

（7）其他隐蔽项目。

6. 混凝土结构子分部工程验收时，除应符合现行国家标准《混凝土结构工程施工质量验收规范》GB 50204 的有关规定提供文件和记录外，尚应提供下列文件和记录：

（1）工程设计文件、预制构件安装施工图和加工制作详图；

（2）预制构件、主要材料及配件的质量证明文件、进场验收记录、抽样复验报告；

（3）预制构件安装施工记录；

（4）钢筋套筒灌浆型式检验报告、工艺检验报告和施工检验记录，浆锚搭接连接的施工检验记录；

（5）后浇混凝土部位的隐蔽工程检查验收文件；

（6）后浇混凝土、灌浆料、坐浆材料强度检测报告；

（7）外墙防水施工质量检验记录；

（8）装配式结构分项工程质量验收文件；

（9）装配式工程的重大质量问题的处理方案和验收记录；

（10）装配式工程的其他文件和记录。

9.2 结构工程

9.2.1 装配式混凝土结构安装[9-1]

依据江苏省工程建设标准《装配式结构工程施工质量验收规程》DGJ32/J 184，装配式混凝土结构安装分为主控项目和一般项目进行质量检查与验收。

1.装配式混凝土结构安装主控项目见表9-2。

装配式混凝土结构安装主控项目   表 9-2

检查项目	检查方法	检查数量
1.混凝土构件安装施工时,构件的品种、规格和尺寸应符合设计要求,在明显部位应有标明工程名称、生产单位、构件型号、生产日期和质量验收内容的标准	核对图纸、观察检查	全数检查
2.叠合构件的叠合层、接头和拼缝,当其现浇混凝土或砂浆强度未达到吊装混凝土强度设计要求时,不得吊装上一层结构构件;当设计无具体要求时,混凝土或砂浆强度不得小于10MPa或具有足够的支承方可吊装上一层结构构件;已安装完毕的装配式结构应在混凝土或砂浆强度达到设计要求后,方可承受全部设计荷载	检查同条件养护的混凝土强度试验报告或砂浆强度试验报告	每层做1组混凝土试件或砂浆试件
3.叠合楼面板铺设时,板底应坐浆,且标高一致。叠合构件的表面粗糙度应符合设计要求,粗糙面设计无具体要求时,可采用拉毛或凿毛等方法制作粗糙面。粗糙面凹凸深度不应小于4mm且清洁无杂物。预制构件的外露钢筋长度应符合设计要求	观察检查	抽查10%
4.预制叠合墙板预埋件位置应准确,板外连接筋应顺直,无浮浆,竖向空腔内应逐层浇灌混凝土,混凝土应浇灌至该层楼板底面以下300～450mm并满足插筋的锚固长度要求。剩余部分应在插筋布置好之后与楼面板混凝土浇灌成整体	用钢尺和拉线等辅助量具实测	每流水段预制墙板抽样不少于10个点,且不少于10个构件

2.装配式混凝土结构安装一般项目见表9-3。

装配式混凝土结构安装一般项目   表 9-3

检查项目	检查方法	检查数量
构件底部坐浆的水泥砂浆强度应符合设计要求。无设计要求时,砂浆强度应高于构件混凝土强度1个等级	检查试件强度试验报告和砂浆强度评定记录	每检验批做1组强度试块

3.预制构件安装尺寸允许偏差及检验方法应符合表9-4的规定。

预制构件安装尺寸允许偏差及检验方法   表 9-4

项目		允许偏差(mm)	检验方法
柱、墙等竖向结构构件	标高	±5	经纬仪测量
	中心位移	5	
	倾斜	$l/500$	
梁、楼板等水平构件	中心位移	5	钢尺量测
	标高	±5	
	叠合板搁置长度	≥0,≤+15	
外挂墙板	板缝宽度	±5	
	通常缝直线度	5	
	接缝高差	3	

注：1. l 为构件长度（mm）；
　　2. 检查数量：同类型构件，抽查 5%且不少于 3 件。

9.2.2　钢筋套筒灌浆和钢筋浆锚连接[9-1]

钢筋套筒灌浆和钢筋浆锚连接分为主控项目和一般项目进行质量检查与验收。
1. 钢筋套筒灌浆和钢筋浆锚连接主控项目见表 9-5。

钢筋套筒灌浆和钢筋浆锚连接主控项目   表 9-5

检查项目	检查方法	检查数量
1. 钢筋套筒的规格、质量应符合设计要求,套筒与钢筋连接的质量应符合设计要求	检查钢筋套筒的质量证明文件、套筒与钢筋连接的抽样检测报告	全数检查
2. 灌浆料的质量应符合《水泥基灌浆材料应用技术规范》GB/T 50448、《钢筋连接用套筒灌浆料》JG/T 408 的要求	检查质量证明文件和抽样检验报告	全数检查
3. 构件留出的钢筋长度及位置应符合设计要求。尺寸超出允许偏差范围且影响安装时,必须采取有效纠偏措施,严禁擅自切割钢筋	检查施工记录,宜抽样进行扫描检测	全数检查
4. 现场套筒注浆应充填密实,所有出浆口均应出浆。同时模拟构件连接接头的灌浆方式,每种规格钢筋应制作不少于 3 个套筒灌浆接头试件	检查灌浆施工记录、接头检验报告	全数检查
5. 灌浆料的 28d 抗压强度应符合设计要求。用于检验强度的试件应在灌浆时现场制作	检查灌浆施工记录、强度试验报告及评定记录	以每层为一个检验批,每工作班应制作 1 组且每层不应少于 3 组尺寸为 40mm×40mm×160mm 的长方体试件,标准养护 28d 后进行抗压强度试验

检查项目	检查方法	检查数量
6.采用浆锚连接时,钢筋的数量和长度除应符合设计要求外,尚应符合下列规定: (1)注浆预留孔道长度应大于构件预留的锚固钢筋长度。 (2)预留孔宜选用镀锌螺旋管,管的内径应大于钢筋直径 15mm	观察,尺量检查	抽查 10%

2.钢筋套筒灌浆和钢筋浆锚连接一般项目见表 9-6。

钢筋套筒灌浆和钢筋浆锚连接一般项目　　　　　　表 9-6

检查项目	检查方法	检查数量
预留孔的规格、位置、数量和深度应符合设计要求,连接钢筋偏离套筒或孔洞中心线不应超过 5mm	观察,尺量检查	全数检查

9.2.3　装配式混凝土结构连接[9-1]

装配式混凝土结构连接分为主控项目和一般项目进行质量检查与验收。

1.装配式混凝土结构连接主控项目见表 9-7。

装配式混凝土结构连接主控项目　　　　　　表 9-7

检查项目	检查方法	检查数量
1.装配式结构构件的连接方式应符合设计要求	观察检查	全数检查
2.构件锚筋与现浇结构钢筋的搭接长度必须符合设计要求	观察检查,测量检查	全数检查
3.装配式结构中构件的接头和拼缝应符合设计要求。当设计无具体要求时,应符合下列规定: (1)对承受内力的接头和拼缝,应采用混凝土或砂浆浇筑,其强度等级应比构件混凝土强度等级提高 1 级。 (2)对不承受内力的接头和拼缝,应采用混凝土或砂浆浇筑,其强度等级不应低于 C15 或 M15。 (3)用于接头和拼缝的混凝土或砂浆,宜采取微膨胀措施和快硬措施,在浇筑过程中应振捣密实,并采取必要的养护措施。 (4)外墙板间拼缝宽度不应小于 15mm 且不宜大于 20mm	检查施工记录及试件强度试验报告	全数检查
4.构件搁置长度应符合设计要求。设计无要求时,梁搁置长度不应小于 20mm,楼面板搁置长度不应小于 15mm	观察检查	全数检查
5.梁与柱连接应符合下列要求: (1)安装梁的柱间距、主梁和次梁尺寸应符合设计要求。 (2)梁、柱构件采用键槽连接时,键槽内的 U 形钢筋直径不应小于 12mm,不宜超过 20mm。钢绞线锚固长度不应小于 210mm,梁端键槽和键槽内 U 形钢筋平直段的长度应满足表 9-8 的规定。伸入节点的 U 形钢筋面积,一级抗震等级不应小于梁上部钢筋面积的 0.55 倍,二、三级抗震等级不应小于梁上部钢筋面积的 0.4 倍。 (3)采用型钢辅助连接的节点及接缝处的纵筋宜采用可调组合套筒钢筋接头,预制梁中钢筋接头处套筒外侧箍筋保护层厚度不应小于 15mm,预制柱中钢筋接头处套筒外侧箍筋的保护层厚度不应小于 20mm	钢尺量测,检查隐蔽工程验收记录	全数检查

检查项目	检查方法	检查数量
6.外墙板拼缝处理应符合下列要求: (1)当采用密封材料防水时,密封材料的性能应符合现行行业标准《混凝土接缝用建筑密封胶》JC/T 881 或《聚氨酯建筑密封胶》JC/T 482 的规定,密封胶必须与板材粘结牢固,应打注均匀、饱满,厚度不应小于10mm,板缝过深应加填充料,不得有漏嵌、虚粘等现象。外墙板接缝不得渗水。 (2)外墙板接缝采用水泥基材料防水时,嵌缝前应用水泥基无收缩灌浆料灌实或用干硬性水泥砂浆捻塞严密,灌浆料的嵌缝深度不得小于15mm,干硬性水泥砂浆捻塞深度不应小于20mm。 (3)当采用构造防水时,外墙板的边不得损坏;对有缺棱掉角或边角裂缝的墙板,修补后方可使用;竖向接缝浇筑混凝土后,防水空腔应畅通。 (4)当预制构件外墙板连接板缝带有防水止水条时,其品种、规格、性能等应符合国家现行产品标准和设计要求	检查防水材料质量合格证明文件和现场抽样检测报告和隐蔽验收记录,雨后观察或检查淋水试验记录,淋水试验方法详见江苏省《装配式结构工程施工质量验收规程》DGJ32/J 184—2016 附录 A	全数检查,构造防水抽查10%
7.预制构件采用机械连接或焊接方式,其连接螺栓的材质、规格、拧紧、连接件及焊缝尺寸应符合设计要求及现行国家标准《钢结构设计标准》GB 50017、《钢结构工程施工质量验收标准》GB 50205 和《钢结构焊接规范》GB 50661 的有关规定	按现行国家标准《钢结构设计标准》GB 50017、《钢结构工程施工质量验收标准》GB 50205 和《钢结构焊接规范》GB 50661 的要求进行	全数检查
8.预制楼梯连接方式和质量应符合设计要求	现场观察,检查施工质量记录	全数检查
9.阳台板、室外空调机搁板连接方式应符合设计要求	现场观察,检查施工质量记录	全数检查

梁端键槽和键槽内 U 形钢筋平直段的长度　　　　表 9-8

项目	键槽长度 l_j(mm)	键槽内 U 形钢筋平直段的长度 l_u(mm)
非抗震设计	$0.5l_1+50$ 与 350 的较大值	$0.5l_1$ 与 300 的较大值
抗震设计	$0.5l_{1E}+50$ 与 400 的较大值	$0.5l_{1E}$ 与 350 的较大值

注:表中 l_1、l_{1E} 为 U 形钢筋搭接长度（mm）。

2. 装配式混凝土结构连接一般项目

预制阳台、楼梯、室外空调机搁板安装允许偏差及检验方法应符合表 9-9 的规定。

预制阳台、楼梯、室外空调机搁板安装允许偏差及检验方法　　　　表 9-9

项目	允许偏差(mm)	检验方法
水平位置偏差	5	钢尺检查
标高偏差	±5	钢尺检查
搁置长度偏差	5	钢尺检查

检查数量:同类型构件,抽查5%且不少于3件。

9.2.4　预制预应力混凝土装配整体式框架安装[9-10]

1.预制预应力混凝土装配整体式框架的质量验收应符合现行国家标准《混凝土结构工程施工质量验收规范》GB 50204 的有关规定。

2.预制构件应进行结构性能检验。结构性能检验不合格的预制构件不得使用。

3.预制预应力混凝土装配整体式框架安装检查项目、数量及方法见表 9-10。

预制预应力混凝土装配整体式框架安装检查项目、数量及方法　　表 9-10

检查项目	检查方法	检查数量
1.梁端节点区的连接钢筋应符合设计要求	观察,检查施工记录	全数检查
2.梁端节点区混凝土强度未达到要求时,不得吊装后续结构构件。已安装完毕的装配式结构,应在混凝土强度到达设计要求后,方可承受全部设计荷载	检查施工记录及试件强度试验报告	全数检查

4.构件安装的尺寸允许偏差,当设计无具体要求时,应符合表 9-11 的规定。

构件安装的尺寸允许偏差及检查方法　　表 9-11

项目			允许偏差(mm)	检查方法
杯形基础	中心线对轴线位置		10	经纬仪量测
	杯底安装标高		0,−10	经纬仪量测
柱	中心线对定位轴线的位置		5	钢尺量测
	上下柱接口中心线位置		3	钢尺量测
	垂直度	≤5m	5	经纬仪量测
		>5m,<10m	10	
		≥10m	1/1000 标高且≤20	
梁	中心线对定位轴线的位置		5	钢尺量测
	梁上表面标高		0,−5	钢尺量测
板	相邻两板下表面平整	抹灰	5	钢尺、塞尺量测
		不抹灰	3	

9.2.5　预制混凝土夹心保温外墙板安装[9-11]

预制混凝土夹心保温外墙板安装分为主控项目和一般项目进行质量检查与验收。

1.预制混凝土夹心保温外墙板安装主控项目见表 9-12。

预制混凝土夹心保温外墙板安装主控项目　　表 9-12

检查项目	检查方法	检查数量
1.预制夹心外墙板临时固定措施应符合设计、专项施工方案要求及国家现行有关标准的规定	观察,检查施工方案、施工记录或设计文件	全数检查

检查项目	检查方法	检查数量
2.预制夹心剪力墙板竖向拼接处采用后浇混凝土连接时,后浇混凝土的强度应符合设计要求	检查混凝土强度复验报告	按批检验,检验批应符合现行国家标准《混凝土结构工程施工质量验收规范》GB 50204 的有关要求
3.预制夹心剪力墙板钢筋套筒灌浆连接及浆锚连接的灌浆应密实饱满	检查灌浆施工记录及相关检验报告	全数检查
4.预制夹心剪力墙板钢筋套筒灌浆连接及浆锚连接用的灌浆料强度应符合国家现行有关标准的规定及设计要求	检查灌浆料强度试验报告及评定记录	按批检验,以每层为一检验批;每工作班应制作 1 组且每层不应少于 3 组 40mm×40mm×160mm 的长方体试件,标准养护 28d 后进行抗压强度试验
5.预制夹心剪力墙板底部接缝坐浆料强度应满足设计要求	检查坐浆料强度试验报告及评定记录	按批检验,以每层为一检验批;每工作班同一配合比应制作 1 组且每层不应少于 3 组边长为 70.7mm 的立方体试件,标准养护 28d 后进行抗压强度试验
6.钢筋采用机械连接时,其接头质量应符合现行行业标准《钢筋机械连接技术规程》JGJ 107 的有关规定	检查钢筋机械连接施工记录及平行试件的强度试验报告	应符合现行行业标准《钢筋机械连接技术规程》JGJ 107 的有关规定
7.钢筋采用焊接连接时,其焊缝的接头质量应满足设计要求,并应符合现行行业标准《钢筋焊接及验收规程》JGJ 18 的有关规定	检查钢筋焊接接头检验批质量验收记录	应符合现行行业标准《钢筋焊接及验收规程》JGJ 18 的有关规定
8.预制夹心外墙采用型钢焊接连接时,型钢焊缝的接头质量应满足设计要求,并应符合现行国家标准《钢结构焊接规范》GB 50661 和《钢结构工程施工质量验收标准》GB 50205 的有关规定	按现行国家标准《钢结构工程施工质量验收标准》GB 50205 的要求进行	全数检查
9.预制夹心外墙采用螺栓焊接连接时,螺栓的材质、规格、拧紧力矩应符合设计要求及现行国家标准《钢结构设计标准》GB 50017 和《钢结构工程施工质量验收标准》GB 50205 的有关规定	应符合现行国家标准《钢结构工程施工质量验收标准》GB 50205 的有关规定	全数检查
10.预制夹心外墙板安装后的外观质量不应有严重缺陷,且不得有影响结构性能和使用功能的尺寸偏差	观察、量测;检查处理记录	全数检查

检查项目	检查方法	检查数量
11.预制夹心外墙板接缝的防水性能应符合要求	检查现场淋水试验报告	按批检验，每 1000m² 外墙（含窗）面积应划分为一个检验批，不足 1000m² 时也应划分为一个检验批；每个检验批应至少抽查一处，抽查部位应为相邻两层 4 块墙板形成的水平和竖向十字接缝区域，面积不得少于 10m²

2.预制混凝土夹心保温外墙板安装主控项目见表 9-13。

预制混凝土夹心保温外墙板安装一般项目　　　　表 9-13

检查项目	检查方法	检查数量
预制夹心外墙板的安装尺寸偏差及检验方法应符合设计要求；当设计无要求时，应符合现行国家标准《装配式混凝土建筑技术标准》GB/T 51231 及相关标准的规定	—	按楼层、结构缝或施工段划分检验批。同一检验批内，应按有代表性的自然间抽查 10%，且不少于 3 间

9.2.6　现浇部位混凝土结构施工[9-3,9-5]

现浇部位混凝土结构施工分为主控项目和一般项目进行质量检查与验收。

1.现浇部位混凝土结构施工质量检查与验收主控项目见表 9-14。

现浇部位混凝土结构施工质量检查与验收主控项目　　　　表 9-14

检查项目	检查方法	检查数量
1.后浇混凝土强度应符合设计要求[9-5]	按现行国家标准《混凝土强度检验评定标准》GB/T 50107 的要求进行	按批检验。检验批同一配合比的混凝土，每工作班且建筑面积不超过 1000m² 应制作一组标准养护试件，同一楼层应制作不少于 3 组标准养护试件
2.现浇结构的外观质量不应有严重缺陷。对已经出现的严重缺陷，应由施工单位提出技术处理方案，并经监理（建设）单位认可后进行处理；对裂缝或连接部位的严重缺陷及其他影响结构安全的严重缺陷，技术处理方案尚应经设计单位认可。对经处理的部位应重新验收	观察，检查技术处理记录	全数检查
3.现浇结构不应有影响结构性能或使用功能的尺寸偏差；混凝土设备基础不应有影响结构性能和设备安装的尺寸偏差。对超过尺寸允许偏差且影响结构性能和安装、使用功能的结构部位，应由施工单位提出技术处理方案，经监理、设计单位认可后进行处理。对经处理的部位应重新验收	量测，检查处理记录	全数检查

2. 现浇部位混凝土结构施工质量检查与验收一般项目见表 9-15。

现浇部位混凝土结构施工质量检查与验收一般项目　　表 9-15

检查项目	检查方法	检查数量
1. 现浇结构的外观质量不应有一般缺陷。对已经出现的一般缺陷,应由施工单位按技术处理方案进行处理,对经处理的部位应重新验收	观察,检查技术处理记录	全数检查
2. 现浇结构的位置和尺寸偏差及检验方法应符合表 9-16 的规定	见表 9-16	按楼层、结构缝或施工段划分检验批。在同一检验批内,对梁、柱和独立基础,应抽查构件数量的 10%,且不少于 3 件;对墙和板,应按有代表性的自然间抽查 10%,且不应少于 3 间;对大空间结构,墙可按相邻轴线间高度 5m 左右划分检查面,板可按纵、横轴线划分检查面,抽查 10%,且均不少于 3 面;对电梯井,应全数检查

现浇结构位置和尺寸允许偏差及检验方法　　表 9-16

项目			允许偏差(mm)	检验方法
轴线位置	整体基础		15	经纬仪及尺量
	独立基础		10	经纬仪及尺量
	柱、墙、梁		8	尺量
垂直度	柱、墙层高	≤5m	8	经纬仪或吊线、尺量
		>5m	10	经纬仪或吊线、尺量
	全高(H)		$H/1000$ 且≤30	经纬仪、尺量
标高	层高		±10	水准仪或拉线、尺量
	全高		±30	水准仪或拉线、尺量
截面尺寸			+8,−5	尺量
电梯井洞	中心位置		10	尺量
	全高(H)垂直度		$H/1000$ 且≤30	经纬仪、尺量
	长、宽尺寸		+25,0	尺量
表面平整度			8	2m 靠尺和塞尺量测
预埋件中心位置	预埋板		10	尺量
	预埋螺栓		5	尺量
	预埋管		5	尺量
	其他		10	尺量
预留洞、孔中心线位置			15	尺量

注：检查轴线、中心线位置时,沿纵、横两个方向测量,并取其中偏差的较大值。

9.3 外围护工程

9.3.1 基本要求

1.装配式混凝土建筑的外围护工程应按国家现行有关标准进行分项工程、检验批的划分和质量验收。

2.外围护工程施工用的原材料、部品、构配件均应按检验批进行进场验收。

3.外围护工程验收时应检查下列文件和记录：

(1) 施工图、设计说明及其他设计文件；

(2) 原材料、部品、构配件的产品合格证书、性能检验报告、进场验收记录和复验报告，涉及保温构造应提供热工性能检测报告；

(3) 隐蔽工程验收记录；

(4) 施工记录；

(5) 其他必要的文件和记录。

4.外围护工程应根据使用功能及所在地区的气候条件等综合条件对表 9-17 规定的性能要求进行复验。

外围护工程性能指标划分 表 9-17

序号	外围护工程	性能要求
1	预制外挂墙板	水密性能、气密性能、抗风压性能、层间变形性能、耐撞击性能耐火极限结构性能检验
2	单元式幕墙	水密性能、气密性能、抗风压性能、层间变形性能
3	外门窗	水密性能、气密性能、抗风压性能、热工性能

5.外围护工程应对下列隐蔽工程项目进行验收：

(1) 预埋件；

(2) 与主体结构的连接节点；

(3) 接缝、变形缝及墙面转角处的构造节点；

(4) 防雷装置；

(5) 防火构造；

(6) 其他隐蔽项目。

6.预制外挂墙板分项工程应按国家现行标准《装配式混凝土建筑技术标准》GB/T 51231、《预制混凝土外挂墙板应用技术标准》JGJ/T 458 和《装配式混凝土结构技术规程》JGJ 1 的规定进行验收。

7.单元式幕墙分项工程应按国家现行标准《建筑装饰装修工程质量验收标准》GB 50210 和《玻璃幕墙工程技术规范》JGJ 102 的规定进行验收。

8.外门窗各分项工程应按现行国家标准《建筑装饰装修工程质量验收标准》GB 50210 的规定进行验收。

9.3.2 预制外挂墙板[9-6]

1. 一般规定

（1）外挂墙板及主体结构的验收应符合国家现行标准《装配式混凝土建筑技术标准》GB/T 51231、《混凝土结构工程施工质量验收规范》GB 50204、《钢结构工程施工质量验收标准》GB 50205 和《预制混凝土外挂墙板应用技术标准》JGJ/T 458 的有关规定。

（2）外挂墙板装饰装修工程的验收应符合现行国家标准《建筑装饰装修工程质量验收标准》GB 50210 的有关规定。

（3）外挂墙板工程验收时，应提交下列文件和记录：

1）施工图和墙板构件加工制作详图、设计变更文件及其他设计文件；

2）外挂墙板、主要材料及配件的进场验收记录；

3）外挂墙板安装施工记录；

4）规定应进行墙板或连接承载力验证时需提供的检测报告；

5）现场淋水试验记录；

6）防火、防雷节点验收记录；

7）重大质量问题的处理方案和验收记录；

8）其他质量保证资料。

（4）外挂墙板工程施工用的墙板构件、主要材料及配件均应按检验批进行进场验收。

（5）线支撑外挂墙板节点后浇混凝土浇筑前应进行隐蔽工程验收，隐蔽工程验收应包括下列主要内容：

1）混凝土粗糙面的质量，键槽的尺寸、数量、位置；

2）钢筋的牌号、规格、数量、位置、间距、锚固方式和长度；

3）用于主体结构支承构件与外挂墙板接缝处，以及后浇混凝土节点处外挂墙板之间接缝临时封堵的密封条材料、位置；

4）其他隐蔽项目。

（6）用于外挂墙板接缝的密封胶进场复验项目应包括下垂度、表干时间、挤出性、适用期、弹性恢复率、拉伸模量、质量损失率。

2. 预制外挂墙板安装主控项目见表 9-18。

预制外挂墙板安装主控项目　　　　　　　　　　　　表 9-18

检查项目	检查数量	检查方法
1.外挂墙板临时固定措施应符合设计、专项施工方案要求及国家现行标准《混凝土结构工程施工规范》GB 50666、《装配式混凝土建筑技术标准》GB/T 51231 和《装配式混凝土结构技术规程》JGJ 1 的有关规定	全数检查	观察检查,检查施工方案、施工记录或设计文件

检查项目	检查数量	检查方法
2. 外挂墙板连接节点采用焊接连接时,焊缝的接头质量应满足设计要求,并应符合现行国家标准《钢结构焊接规范》GB 50661 和《钢结构工程施工质量验收标准》GB 50205 的有关规定	全数检查	应符合现行国家标准《钢结构工程施工质量验收标准》GB 50205 的有关规定
3. 外挂墙板连接节点采用螺栓连接时,螺栓的材质、规格、拧紧力矩应符合设计要求及现行国家标准《钢结构设计标准》GB 50017 和《钢结构工程施工质量验收标准》GB 50205 的有关规定	全数检查	应符合现行国家标准《钢结构工程施工质量验收标准》GB 50205 的有关规定
4. 线支承外挂墙板节点处后浇混凝土的强度应符合设计要求	按批检验	应符合现行国家标准《混凝土强度检验评定标准》GB/T 50107 的有关规定
5. 外挂墙板金属连接节点防腐涂料涂装前的表面除锈、防腐涂料品种、涂装遍数、涂层厚度应满足设计要求,并应符合现行国家标准《钢结构工程施工质量验收标准》GB 50205 的有关规定	应符合现行国家标准《钢结构工程施工质量验收标准》GB 50205 的有关规定	应符合现行国家标准《钢结构工程施工质量验收标准》GB 50205 的有关规定
6. 外挂墙板金属连接节点防火涂料涂装前的钢材表面除锈及防锈底漆涂装、防火涂料的粘结强度和抗压强度、涂层厚度、涂层表面裂纹宽度应满足设计要求,并应符合现行国家标准《钢结构工程施工质量验收标准》GB 50205 的有关规定	应符合现行国家标准《钢结构工程施工质量验收标准》GB 50205 的有关规定	应符合现行国家标准《钢结构工程施工质量验收标准》GB 50205 的有关规定
7. 外挂墙板接缝及外门窗安装部位的防水性能应符合设计要求	1. 设计、材料、工艺和施工条件相同的外挂墙板工程,每1000m² 且不超过一个楼层为一个检验批,不足1000m² 应划分为一个独立检验批。每个检验批每 100m² 应至少查一处,每处不得少于 10m² 且至少应包含一个十字接缝部位 2. 同一单位工程中不连续的墙板工程应单独划分检验批 3. 对于异形或有特殊要求的墙板,检验批的划分宜根据外挂墙板的结构、特点及墙板工程的规模,由监理单位、建设单位和施工单位协商确定	检查现场淋水试验报告
8. 外挂墙板与主体结构在楼层位置接缝处的防火封堵材料应满足设计要求,防火材料应填充密实、均匀、厚度一致,不应有间隙	全数检查	观察,检查处理记录

3. 预制外挂墙板安装一般项目见表 9-19。

预制外挂墙板安装一般项目　　　　　　　　　表 **9-19**

检查项目	检查数量	检查方法
1. 外挂墙板接缝应平直、均匀；注胶封闭式接缝的注胶应饱满、密实、连续、均匀、无气泡、深浅基本一致、缝宽基本均匀、光滑顺直，胶缝的宽度和厚度应符合设计要求；胶条封闭式接缝的胶条应连续、均匀、安装牢固、无脱落，接缝宽度的施工尺寸偏差及检验方法应符合设计文件的要求，当设计无要求时，应符合表 9-20 的规定	全数检查	观察；尺量检查
2. 外挂墙板工程在节点连接构造检查验收合格、接缝防水检查合格的基础上，可进行外挂墙板安装质量和尺寸偏差验收。外挂墙板的施工安装尺寸偏差及检验方法应符合设计文件的要求，当设计无要求时，应符合表 9-20 的规定	按楼层、结构缝或施工段划分检验批。同一检验批内，应按照建筑立面抽查 10%，且不应少于 5 块	
3. 外挂墙板工程的饰面外观质量除应符合设计要求外，尚应符合现行国家标准《建筑装饰装修工程质量验收标准》GB 50210 的有关规定	全数检查	观察、量测

4. 外挂墙板安装尺寸允许偏差及检验方法见表 9-20。

外挂墙板安装尺寸允许偏差及检验方法[9-6]　　　　　　表 **9-20**

项目		允许偏差（mm）	检验方法
标高		±5	水准仪或拉线、尺量
相邻墙板平整度		2	2m 靠尺测量
墙面垂直度	层高	5	经纬仪或吊线、尺量
	全高	$H/2000$ 且≤15	
相邻接缝高		3	尺量
接缝	宽度	±5	尺量
	中心线与轴线距离	5	

9.3.3 单元式幕墙[9-2]

1. 一般要求

（1）本节适用于以玻璃、石材、金属板、人造板材为饰面材料的单元式幕墙工程的质量验收。

（2）单元框架的竖向和横向构件应有足够的刚度并可靠连接，单元部件应具有良好的整体刚度和结构牢固度，在组装和安装过程中不变形、不松动。

（3）单元框架的构件连接和螺纹连接处应采取有效的防水和防松措施，工艺孔应采取防水措施。

（4）插接型单元部件之间应有一定的搭接长度，竖向搭接长度不应小于

10mm，横向搭接长度不应小于 15mm。

（5）单元连接件和单元锚固连接件的连接应具有三维可调节性，三个方向的调整量不应小于 20mm。

（6）单元式幕墙的通气孔和排水孔处应用透水材料封堵。

（7）单元式幕墙使用的玻璃、石材、金属板、人造板材等面板材料和粘结要求等应符合江苏省工程建设标准《建筑幕墙工程质量验收规程》DGJ32/J 124 相关幕墙章节的规定。

（8）幕墙节能工程使用的各种材料性能应符合设计要求。

（9）单元式幕墙工程应对使用的材料及其性能指标进行复验，复验内容应符合江苏省工程建设标准《建筑幕墙工程质量验收规程》DGJ32/J 124 相关幕墙章节的规定。

（10）大型场馆及封闭式单元式玻璃幕墙工程，应设置紧急消防通道玻璃板块，并有明显的消防通道口标识。

2.单元式幕墙主控项目见表 9-21。

单元式幕墙主控项目 表 9-21

检查项目	检查数量	检查方法
1.单元式幕墙工程所使用的各种材料、五金配件、构件和组件的质量，应符合设计要求及国家现行产品标准和工程技术规范的规定	全数检查	核查材料、五金配件、构件和组件的产品合格证书、型式检验报告、进场验收记录和材料的复验报告
2.单元式幕墙的造型和立面分格应符合设计要求	全数检查	观察检查
3.幕墙的物理性能、热工性能应符合设计要求	全数检查	核查该幕墙工程的抗风压性能、气密性能、水密性能、平面位移性能等检测报告；单元式玻璃幕墙整体传热系数、玻璃传热系数、遮阳系数、可见光透射比、中空玻璃露点检测报告。非透明单元式幕墙核查节能设计计算书
4.单元式幕墙与主体结构连接的各种预埋件、连接件、紧固件必须安装牢固，其数量、规格、位置、连接方法和防腐处理应符合设计要求	全数检查	观察检查；核查隐蔽工程验收记录和施工记录、后置锚栓拉拔试验报告
5.各种连接件、紧固件的螺栓应有防松动措施；工艺孔应采取防水措施	全数检查	观察检查；核查隐蔽工程验收记录和施工记录
6.焊接连接应符合设计要求和焊接规范的规定	全数检查	观察检查；核查隐蔽工程验收记录和施工记录

检查项目	检查数量	检查方法
7.单元式幕墙的各单元之间的周边连接、内表面与主体结构之间的连接节点、各种变形缝、墙角的连接节点应符合设计要求和技术标准的规定	全数检查	观察检查;核查隐蔽工程验收记录和施工记录
8.单元间采用对插式组合构件时,纵横相交十字接口处应按照设计要求采取可靠的防渗漏封口构造措施	全数检查	观察检查;核查隐蔽工程验收记录和施工记录
9.单元式幕墙开启窗的配件应齐全,安装应牢固,挂钩式开启窗应有防脱落措施,安装位置和开启方向、角度应正确;开启应灵活,关闭应严密	不少于工程总数的3%且不少于10樘	观察;手扳检查;开启和关闭检查
10.单元式幕墙应无渗漏	开启部分不少于工程总数的1%且不少于3樘;固定部分取3个单元,每个单元至少2个楼层高度、4个分格	淋水试验或核查淋水试验记录,淋水试验方法按《建筑幕墙》GB/T 21086附录D进行
11.单元式幕墙的防雷装置必须与主体结构的防雷装置有可靠的连接	全数检查	观察检查;核查隐蔽工程验收记录和施工记录
12.防火层的厚度不应小于100mm;防火层的材料应用矿棉等不燃材料,防火、保温材料填充应饱满、均匀;防火层的衬板应采用厚度不小于1.5mm的镀锌钢板;防火层的密封材料应采用防火密封胶	全数检查	观察检查;核查隐蔽工程验收记录和施工记录

3.单元式幕墙一般项目见表9-22。

单元式幕墙一般项目　　　　　　　　　　表9-22

检查项目	检查数量	检查方法
1.单元式幕墙表面应平整、洁净;整幅幕墙的色泽应均匀一致;不得有污染和镀膜损坏	全数检查	观察
2.单元式幕墙的外露框应横平竖直,颜色、规格应符合设计要求。单元式幕墙的单元拼缝或隐框玻璃幕墙的分格玻璃拼缝应横平竖直、均匀一致	全数检查	观察检查,手扳检查;核查进场检验记录
3.单元式幕墙隐蔽节点的遮封装修应牢固、整齐、美观	全数检查	观察;手扳检查
4.对接型单元部件四周的密封胶条应周圈形成闭合,且在四个角部应连接成一体	全数检查	观察;核查进场检验记录
5.插接型单元部件的密封胶条在两端头应留有防止胶条回缩的适当余量	全数检查	观察;核查进场检验记录

4. 单元式幕墙组装就位后允许偏差及检查方法应符合表 9-23 的规定。

单元式幕墙组装就位后允许偏差及检查方法[9-2]　　　　　　　　表 9-23

项目		允许偏差(mm)	检查方法
竖缝及墙面垂直度	高度≤30m	≤10	用全站仪或经纬仪或激光仪
	30m<高度≤60m	≤15	
	60m<高度≤90m	≤20	
	90m<高度≤150m	≤25	
	高度>150m	≤30	
幕墙水平度	幕墙幅宽≤35m	≤5	用水平仪
	幕墙幅宽>35m	≤7	
幕墙平面度		≤2.5	用2m靠尺
拼缝直线度		≤2.5	用2m靠尺
单元间接缝宽度(与设计值相比)		±2.0	用钢直尺
相邻两单元接缝面板高低差		≤1.0	用深度尺
单元对插配合间隙(与设计值相比)		+1.0 0	用钢直尺
单元对插搭接长度		≤1.0	用钢直尺

注：检查数量为不少于工程总数的 5% 且不少于 10 个分格。

9.3.4　铝合金外门窗[9-9]

1. 一般要求

（1）铝合金门窗工程验收应符合现行国家标准《建筑工程施工质量验收统一标准》GB 50300、《建筑装饰装修工程质量验收标准》GB 50210 及《建筑节能工程施工质量验收标准》GB 50411 的有关规定。

（2）铝合金门窗隐蔽工程验收应在作业面封闭前进行并形成验收记录。

（3）铝合金门窗工程验收时应检查下列文件和记录：

1）铝合金门窗工程的施工图、设计说明及其他设计文件；

2）根据工程需要出具的铝合金门窗的抗风压性能、水密性能以及气密性能、保温性能、遮阳性能、采光性能、可见光透射比等检验报告；或抗风压性能、水密性能检验以及建筑门窗节能性能标识证书等；

3）铝合金型材、玻璃、密封材料及五金件等材料的产品质量合格证书、性能检测报告和进场验收记录；

4）隐框窗应提供硅酮结构胶相容性试验报告；

5）铝合金门窗框与洞口墙体连接固定、防腐、缝隙填塞及密封处理、防雷连接等隐蔽工程验收记录；

6）铝合金门窗产品合格证书；

7）铝合金门窗安装施工自检记录；

8）进口商品应提供报关单和商检证明。

（4）铝合金门窗工程验收检验批划分、检查数量及合格判定，应按现行国家标准《建筑装饰装修工程质量验收标准》GB 50210 的规定执行，门窗节能工程验收应按现行国家标准《建筑节能工程施工质量验收标准》GB 50411 的规定执行。

2.铝合金外门窗主控项目见表 9-24。

铝合金外门窗主控项目   表 9-24

检查项目	检查方法
1.铝合金门窗的物理性能应符合设计要求	检查门窗性能检测报告或建筑门窗节能性能标识证书,必要时可对外窗进行现场淋水试验
2.铝合金门窗所用铝合金型材的合金牌号、供应状态、化学成分、力学性能、尺寸偏差、表面处理及外观质量应符合现行国家标准的规定	观察、尺量、膜厚仪、硬度钳等,检查型材产品质量合格证书
3.铝合金门窗型材主要受力杆件材料壁厚应符合设计要求,其中门用型材主要受力部位基材截面最小实测壁厚不应小于 2.0mm,窗用型材主要受力部位基材截面最小实测壁厚不应小于 1.4mm	观察、游标卡尺、千分尺检查,进场验收记录
4.铝合金门窗框及金属附框与洞口的连接安装应牢固可靠,预埋件及锚固件的数量、位置与框的连接应符合设计要求	观察、手扳检查、检查隐蔽工程验收记录
5.铝合金门窗扇应安装牢固、开关灵活、关闭严密。推拉门窗扇应安装防脱落装置	观察、开启和关闭检查、手扳检查
6.铝合金门窗五金件的型号、规格、数量应符合设计要求,安装应牢固,位置应正确,功能满足使用要求	观察、开启和关闭检查、手扳检查

3.铝合金外门窗一般项目见表 9-25。

铝合金外门窗一般项目   表 9-25

检查项目	检查方法
1.铝合金门窗外观表面应洁净,无明显色差、划痕、擦伤及碰伤。密封胶无间断,表面应平整光滑、厚度均匀	观察
2.除带有关闭装置的门(地弹簧、闭门器)和提升推拉门、折叠推拉窗、无平衡装置的提拉窗外,铝合金门窗扇启闭力应小于 50N	用测力计检查。每个检验批应至少抽查 5%,并不得少于 3 樘
3.门窗框与墙体之间的安装缝隙应填塞饱满,填塞材料和方法应符合设计要求,密封胶表面应光滑、顺直、无断裂	观察;轻敲门窗框检查;检查隐蔽工程验收记录
4.密封胶条和密封毛条装配应完好、平整、不得脱出槽口外,交角处平顺、可靠	观察;开启和关闭检查
5.铝合金门窗排水孔应通畅,其尺寸、位置和数量应符合设计要求	观察,测量

4. 铝合金门窗安装的允许偏差和检验方法见表 9-26。

铝合金门窗安装允许偏差和检验方法（mm）　　　　表 9-26

项目		允许偏差	检查方法
门窗框进出方向位置		±5.0	经纬仪
门窗框标高		±3.0	水平仪
门窗框左右方向相对位置偏差（无对线要求时）	相邻两层处于同一垂直位置	+10 0.0	经纬仪
	全楼高度内处于同一垂直位置(30m 以下)	+15 0.0	
	全楼高度内处于同一垂直位置(30m 以上)	+20 0.0	
门窗框左右方向相对位置偏差（有对线要求时）	相邻两层处于同一垂直位置	+2 0.0	经纬仪
	全楼高度内处于同一垂直位置(30m 以下)	+10 0.0	
	全楼高度内处于同一垂直位置(30m 以上)	+15 0.0	
门窗竖边框及中竖框自身进出方向和左右方向的垂直度		±1.5	铅垂仪或经纬仪
门窗上、下框及中横框水平		±1.0	水平仪
相邻两横向框的高度相对位置偏差		±1.5 0.0	水平仪
门窗宽度、高度构造内侧对边尺寸差	$L<2000$	±2.0 0.0	钢卷尺
	$2000 \leqslant L<3500$	+3.0 0.0	钢卷尺
	$L \geqslant 3500$	+4.0 0.0	钢卷尺

9.4　内装工程

9.4.1　装配式整体厨房质量验收标准[9-7]

1. 一般要求

（1）质量验收应在施工单位自检合格的基础上，报监理（建设）单位按规定程序进行质量检验。

（2）厨房施工质量应符合设计文件的要求和相关专业验收标准的规定。

（3）厨房的质量验收应在施工期间和施工完成后及时验收。

（4）厨房的质量验收应符合现行国家标准《家用厨房设备 第3部分：试验方法与检验规则》GB/T 18884.3 的有关规定。

（5）装配式整体厨房工程的质量验收应符合现行国家标准《建筑工程施工质量验收统一标准》GB 50300 和其他相关专业验收标准的规定。

（6）装配式整体厨房验收应以竣工验收时可观察到的工程观感质量和影响使用功能的质量作为主要验收项目，检查数量不应少于检验批数量。

（7）未经验收合格的装配式整体厨房工程不得投入使用。

2. 装配式整体厨房质量验收主控项目见表 9-27。

装配式整体厨房质量验收主控项目 表 9-27

检查项目	检查数量	检查方法
1.厨房家具的材料、加工制作、使用功能应符合设计要求和国家现行有关标准的规定,其材料应有防水、防腐、防霉处理	每检验批至少抽查 3 处,不足 3 处时应全数检查	观察,检查相关资料
2.厨房家具安装预埋件或后置埋件的品种、规格、数量、位置、防锈处理及埋设方式应符合设计要求。厨房家具应安装牢固,安装方式应符合设计要求	每检验批至少抽查 3 处,不足 3 处时应全数检查	观察、手试,检查相关资料
3.户内燃气管道与燃气灶具应采用软管连接,长度应不大于 2m,中间不应有接口,不应有弯折、拉伸、龟裂、老化等现象	全数检查	观察、手试、肥皂水检查
4.燃气灶具的连接应严密,安装应牢固	全数检查	观察、手试、肥皂水检查
5.厨房设置的共用排气道应与相应的抽油烟机相关接口及功能匹配	全数检查	目测检查

3. 装配式整体厨房质量验收一般项目见表 9-28。

装配式整体厨房质量验收一般项目 表 9-28

检查项目	检查数量	检查方法
1.柜体间、柜体与台面板、柜体与底座间的配合应紧密、平整,结合处应牢固	每检验批至少抽查 3 处,不足 3 处时应全数检查	观察,手试检查
2.厨房家具与顶棚、墙体等处的交接、嵌合应严密,交接线应顺直、清晰、美观	每检验批至少抽查 3 处,不足 3 处时应全数检查	观察检查
3.厨房家具贴面应严密、平整,无脱胶、胶迹和鼓泡现象,裁割部位应进行封边处理	每检验批至少抽查 3 处,不足 3 处时应全数检查	观察,手试检查
4.厨房家具内表面和外部可视表面应光洁平整,颜色均匀,无裂纹、毛刺、划痕和碰伤等缺陷	每检验批至少抽查 3 处,不足 3 处时应全数检查	观察,手试检查
5.柜门安装应连接牢固,开关灵活,不应松动,且不应有阻滞现象	每检验批至少抽查 3 处,不足 3 处时应全数检查	观察,手试检查
6.厨房设施外观应清洁、无污损	每检验批至少抽查 3 处,不足 3 处时应全数检查	目测检查
7.管线与厨房设施接口应匹配,并应满足厨房使用功能的要求	每检验批至少抽查 3 处,不足 3 处时应全数检查	观察,手试检查

4.厨房家具安装的允许偏差和检验方法应符合表 9-29 的规定。

厨房家具安装的允许偏差和检验方法   表 9-29

项目	允许偏差(mm)	检验方法
外形尺寸(长、宽、高)	±1	观察、尺量检查
对角线长度之差	3	
门与柜体缝隙宽度	2	

9.4.2 装配式整体卫生间质量验收标准[9-8]

1.一般要求

（1）装配整体卫生间应在基层质量验收合格后安装，安装过程中应及时进行质量检查、隐蔽工程验收，并应做好自检记录。

（2）整体卫生间检验批质量验收应在自检合格基础上进行，并应做好验收记录。

（3）整体卫生间分项工程质量验收应检查下列文件和记录：

1）设计方案图及设计变更，施工技术交底文件；

2）主要组成材料的产品合格证书、出厂合格证、性能检验报告；

3）自检记录、检验批质量验收记录表等。

（4）整体卫生间应对下列项目进行验收，并做好记录：

1）给水与供暖管道的连接，接头处理，水管试压，风管严密性检验；

2）排水管道的连接，接头处理，满水排泄试验；

3）电线与电器的连接，绝缘电阻测试，等电位联结测试。

（5）整体卫生间的检验批应以同一生产厂家的同品种、同规格、同批次的每 10 间划分为一个检验批，不足 10 间时也应划分为一个检验批。

（6）整体卫生间一般项目质量经抽样检验合格率不应低于 90%。

2.装配式整体卫生间的质量验收标准主控项目见表 9-30。

装配式整体卫生间质量验收标准主控项目   表 9-30

检查项目	检查方法	检查数量
1.整体卫生间内部净尺寸应符合设计规定	尺量检查	
2.龙头、花洒及坐便器等用水设备的连接部位应无渗漏，排水通畅	放水观察；检查自检记录	
3.整体卫生间面层材料的材质、品种、规格、图案、颜色应符合设计规定	观察；检查产品合格证书、进场验收记录、设计图纸	每个检验批应至少抽查 4 间
4.整体卫生间的防水盘、壁板和顶板的安装应牢固	观察；手扳检查、检查施工记录	
5.整体卫生间所用金属型材、支撑构件应经防锈蚀处理	观察；检查材料合格证书	

3. 集成式卫生间质量验收标准一般项目见表9-31。

集成式卫生间质量验收标准一般项目 表 9-31

检查项目	检查方法	检查数量
1.整体卫生间的面层材料表面应洁净、色泽一致,不得有翘曲、裂缝及缺损。压条应平直、宽窄一致	观察;尺量检查	每个检验批应至少抽查4间
2.整体卫生间内的灯具、风口和检修口等设备设施的位置应合理,与面板的交接应吻合、严密	观察,检查隐蔽工程验收记录、施工记录及影像记录	
3.整体卫生间安装的允许偏差和检验方法应符合表9-32的规定	见表9-32	

整体卫生间安装的允许偏差和检验方法 表 9-32

项目	允许偏差(mm)			检验方法
	防水盘	壁板	顶板	
内外设计标高差	2	—	—	用钢直尺检查
阴阳角方正	—	3	—	用200mm直角检测尺检查
立面垂直度	—	3	—	用2m垂直检测尺检查
表面平整度	—	3	3	用2m靠尺和塞尺检查
接缝高低差*	—	1	1	用钢直尺和塞尺检查
接缝宽度*	—	2	2	用钢直尺检查

注:* 仅另做饰面的防水盘需进行检查。

9.4.3 装配式轻质隔墙质量验收标准[9-4]

1. 一般要求

(1) 装配式轻质隔墙验收时应检查下列文件和记录:

1) 装配式隔墙工程的施工图、设计说明及其他设计文件;

2) 材料的产品合格证书、性能检验报告、进场验收记录和复验报告;

3) 隐蔽工程验收记录;

4) 施工记录。

(2) 装配式轻质隔墙应对人造木板的甲醛释放量进行复验。

(3) 装配式轻质隔墙应对下列隐蔽工程项目进行验收:

1) 装配式轻质隔墙骨架中设备管线的安装及水管试压;

2) 木龙骨防火和防腐处理;

3) 预埋件或拉结筋;

4) 龙骨安装;

5) 填充材料的设置。

(4) 装配式轻质隔墙与顶栅和其他墙体的交接处应采取防开裂措施。

2.板材隔墙质量验收标准主控项目见表9-33。

板材隔墙质量验收标准主控项目 表 9-33

检查项目	检查方法	检查数量
1.隔墙板材的品种、规格、颜色和性能应符合设计要求。有隔声、隔热、阻燃和防潮等特殊要求的工程,板材应有相应性能等级的检验报告	观察;检查产品合格证书、进场验收记录和性能检验报告	同一品种的装配式隔墙工程每 50 间应划分为一个检验批,不足 50 间也应划分为一个检验批,大面积房间和走廊可按装配式隔墙面积每 $30m^2$ 计为 1 间
2.安装隔墙板材所需预埋件、连接件的位置、数量及连接方法应符合设计要求	观察;尺量检查;检查隐蔽工程验收记录	
3.隔墙板材安装应牢固	观察;手扳检查	
4.隔墙板材所用接缝材料的品种及接缝方法应符合设计要求	观察;检查产品合格证书和施工记录	
5.隔墙板材安装应位置正确,板材不应有裂缝或缺损	观察;尺量检查	

3.板材隔墙质量验收标准一般项目见表9-34。

板材隔墙质量验收标准一般项目 表 9-34

检查项目	检查方法	检查数量
1.板材隔墙表面应光洁、平顺、色泽一致,接缝应均匀、顺直	观察;手摸检查	同一品种的装配式隔墙工程每 50 间应划分为一个检验批,不足 50 间也应划分为一个检验批,大面积房间和走廊可按装配式隔墙面积每 $30m^2$ 计为 1 间
2.隔墙上的孔洞、槽、盒应位置正确、套割方正、边缘整齐	观察	

4.板材隔墙安装的允许偏差和检验方法应符合表9-35的规定。

板材隔墙安装的允许偏差和检验方法 表 9-35

项目	允许偏差(mm)				检验方法
	复合轻质墙板		石膏空心板	增强水泥板、混凝土轻质板	
	金属夹芯板	其他夹芯板			
立面垂直度	2	3	3	3	用 2m 垂直检测尺检查
表面平整度	2	3	3	3	用 2m 靠尺和塞尺检查
阴阳角方正	3	3	3	4	用 200mm 直角检测尺检查
接缝高低差	1	2	2	3	用钢直尺和塞尺检查

9.4.4 装配式吊顶质量验收标准[9-4]

1.一般要求

(1)装配式吊顶工程分为整体面层吊顶、板块面层吊顶和格栅吊顶装配式吊顶等,工程验收时应检查下列文件和记录:

1)装配式吊顶工程的施工图、设计说明及其他设计文件;

2）材料的产品合格证书、性能检验报告、进场验收记录和复验报告；

3）隐蔽工程验收记录；

4）施工记录。

（2）吊顶工程应对下列隐蔽工程项目进行验收：

1）吊顶内管道、设备的安装及水管试压、风管严密性检验；

2）龙骨防火、防腐处理；

3）龙骨安装；

4）填充材料的设置；

5）吊杆安装；

6）反支撑及钢结构转换层。

（3）同一品种的吊顶工程每 50 间应划分为一个检验批，不足 50 间也应划分为一个检验批，大面积房间和走廊可按吊顶面积每 30m² 计为 1 间。

（4）每个检验批应至少抽查 10%，并不得少于 3 间，不足 3 间时应全数检查。

（5）安装龙骨前，应按设计要求对房间净高、洞口标高和吊顶内管道、设备及其支架的标高进行交接检验。

（6）安装面板前应完成吊顶内管道和设备的调试及验收。

（7）重型设备和有振动荷载的设备严禁安装在吊顶工程的龙骨上。

（8）吊顶埋件与吊杆的连接、吊杆与龙骨的连接、龙骨与面板的连接应安全可靠。

（9）吊杆上部为网架、钢屋架或吊杆长度大于 2500mm 时，应设有钢结构转换层。

（10）大面积或狭长形吊顶面层的伸缩缝及分格缝应符合设计要求。

2.整体面层吊顶工程质量验收标准及检查方法

（1）整体面层吊顶工程主控项目见表 9-36。

整体面层吊顶工程主控项目　　　　　表 9-36

检查项目	检查方法	检查数量
1.吊顶标高、尺寸、起拱和造型应符合设计要求	观察；尺量检查	每个检验批应至少抽查 10%，并不得少于 3 间，不足 3 间时应全数检查
2.面层材料的材质、品种、规格、图案、颜色和性能应符合设计要求及国家现行标准的有关规定	观察；检查产品合格证书、性能检验报告、进场验收记录和复验报告	
3.整体面层吊顶工程的吊杆、龙骨和面板的安装应牢固	观察；手扳检查；检查隐蔽工程验收记录和施工记录	
4.吊杆和龙骨的材质、规格、安装间距及连接方式应符合设计要求。金属吊杆和龙骨应经过表面防腐处理；木龙骨应进行防腐、防火处理	观察；尺量检查；检查产品合格证书、性能检验报告、进场验收记录和隐蔽工程验收记录	
5.石膏板、水泥纤维板的接缝应按其施工工艺标准进行板缝防裂处理。安装双层板时，面层板与基层板的接缝应错开，并不得在同一根龙骨上接缝	观察	

（2）整体面层吊顶工程一般项目见表9-37。

整体面层吊顶工程一般项目 表9-37

检查项目	检查方法	检查数量
1.面层材料表面应洁净、色泽一致,不得有翘曲、裂缝及缺损。压条应平直、宽窄一致	观察、尺量检查	每个检验批应至少抽查10%,并不得少于3间,不足3间时应全数检查
2.面板上的灯具、烟感器、喷淋头、风口箅子和检修口等设备设施的位置应合理、美观,与面板的交接应吻合、严密	观察	
3.金属龙骨的接缝应均匀一致,角缝应吻合,表面应平整,应无翘曲和锤印。木质龙骨应顺直,应无劈裂和变形	检查隐蔽工程验收记录和施工记录	
4.吊顶内填充吸声材料的品种和铺设厚度应符合设计要求,并应有防散落措施	检查隐蔽工程验收记录和施工记录	

（3）整体面层吊顶工程安装的允许偏差和检验方法应符合表9-38的规定。

整体面层吊顶工程的允许偏差和检验方法 表9-38

项目	允许偏差(mm)	检验方法
表面平整度	3	用2m靠尺和塞尺检查
缝格、凹槽直线度	3	拉5m线,不足5m拉通线,用钢直尺检查

3.板块面层吊顶工程质量验收标准及检查方法

（1）板块面层吊顶工程主控项目见表9-39。

板块面层吊顶工程主控项目 表9-39

检查项目	检查方法	检查数量
1.吊顶标高、尺寸、起拱和造型应符合设计要求	观察;尺量检查。	每个检验批应至少抽查10%,并不得少于3间,不足3间时应全数检查
2.面层材料的材质、品种、规格、图案、颜色和性能应符合设计要求及国家现行标准的有关规定。当面层材料为玻璃板时,应使用安全玻璃并采取可靠的安全措施	观察;检查产品合格证书、性能检验报告、进场验收记录和复验报告	
3.面板的安装应稳固严密。面板与龙骨的搭接宽度应大于龙骨受力面宽度的2/3	观察;手扳检查;尺量检查	
4.吊杆和龙骨的材质、规格、安装间距及连接方式应符合设计要求。金属吊杆和龙骨应进行表面防腐处理;木龙骨应进行防腐、防火处理	观察;尺量检查;检查产品合格证书、性能检验报告、进场验收记录和隐蔽工程验收记录	
5.板块面层吊顶工程的吊杆和龙骨安装应牢固	手扳检查;检查隐蔽工程验收记录和施工记录	

（2）板块面层吊顶工程一般项目见表9-40。

板块面层吊顶工程一般项目 表 **9-40**

检查项目	检查方法	检查数量
1.面层材料表面应洁净、色泽一致,不得有翘曲、裂缝及缺损。面板与龙骨的搭接应平整、吻合,压条应平直、宽窄一致	观察、尺量检查	每个检验批应至少抽查10%,并不得少于3间,不足3间时应全数检查
2.面板上的灯具、烟感器、喷淋头、风口算子和检修口等设备设施的位置应合理、美观,与面板的交接应吻合、严密	观察	
3.金属龙骨的接缝应平整、吻合、颜色一致,不得有划伤和擦伤等表面缺陷。木质龙骨应平整、顺直,应无劈裂	观察	
4.吊顶内填充吸声材料的品种和铺设厚度应符合设计要求,并应有防散落措施	检查隐蔽工程验收记录和施工记录	

（3）板块面层吊顶工程安装的允许偏差和检验方法应符合表9-41的规定。

板块面层吊顶工程的允许偏差和检验方法 表 **9-41**

项目	允许偏差(mm)				检验方法
	石膏板	金属板	矿棉板	木板、塑料板、玻璃板、复合板	
表面平整度	3	2	3	2	用2m靠尺和塞尺检查
接缝直线度	3	2	3	3	拉5m线,不足5m拉通线,用钢直尺检查
接缝高低差	1	1	2	1	用钢直尺和塞尺检查

4.格栅吊顶工程质量验收标准及检查方法
（1）格栅吊顶工程主控项目见表9-42。

格栅吊顶工程主控项目 表 **9-42**

检查项目	检查方法	检查数量
1.吊顶标高、尺寸、起拱和造型应符合设计要求	观察;尺量检查	每个检验批应至少抽查10%,并不得少于3间,不足3间时应全数检查
2.格栅的材质、品种、规格、图案、颜色和性能应符合设计要求及国家现行标准的有关规定	观察;检查产品合格证书、性能检验报告、进场验收记录和复验报告	
3.吊杆和龙骨的材质、规格、安装间距及连接方式应符合设计要求。金属吊杆和龙骨应进行表面防腐处理;木龙骨应进行防腐、防火处理	观察;尺量检查;检查产品合格证书、性能检验报告、进场验收记录和隐蔽工程验收记录	
4.格栅吊顶工程的吊杆、龙骨和格栅的安装应牢固	观察;手扳检查;检查隐蔽工程验收记录和施工记录	

（2）格栅吊顶工程一般项目见表 9-43。

格栅吊顶工程一般项目 表 9-43

检查项目	检查方法	检查数量
1.格栅表面应洁净、色泽一致,不得有翘曲、裂缝及缺损。栅条角度应一致,边缘应整齐,接口应无错位。压条应平直、宽窄一致	观察、尺量检查	每个检验批应至少抽查 10%,并不得少于 3 间,不足 3 间时应全数检查
2.吊顶的灯具、烟感器、喷淋头、风口箅子和检修口等设备设施的位置应合理、美观,与格栅的套割交接处应吻合、严密	观察	
3.金属龙骨的接缝应平整、吻合、颜色一致,不得有划伤和擦伤等表面缺陷。木质龙骨应平整、顺直,应无劈裂	观察	
4.吊顶内填充吸声材料的品种和铺设厚度应符合设计要求,并应有防散落措施	观察	
5.格栅吊顶内楼板、管线设备等表面处理应符合设计要求,吊顶内各种设备管线布置应合理、美观	观察	

（3）格栅吊顶工程安装的允许偏差和检验方法应符合表 9-44 的规定。

格栅吊顶工程的允许偏差和检验方法 表 9-44

项目	允许偏差(mm)		检验方法
	金属格栅	木格栅、塑料格栅、复合材料格栅	
表面平整度	2	3	用 2m 靠尺和塞尺检查
格栅直线度	2	3	拉 5m 线,不足 5m 拉通线,用钢直尺检查

9.4.5 装配式地面质量验收标准

1.一般要求

（1）装配式地面施工,具备并行施工条件时可提前分项验收。

（2）装配式地面施工完毕后,宜提供检修维护手册并归档。

（3）装配式内地面使用的部品应按进场批次进行检验。属于同一工程项目且同期施工的多个单位工程,对同一厂家生产的同种批次部品可统一划分检验批,对部品品种、规格、外观进行验收。同一厂家生产的同一品种、同一类型部品应至少抽取一组样品进行复检。抽样样本应随机抽取,满足分布均匀、具有代表性的要求,获得认证的部品或来源稳定且连续三批均一次检验合格的部品,进场验收时检验批的容量可扩大一倍,且仅可扩大一次。扩大检验批后的检验中,出现不合格情况时,应按扩大前的检验批容量重新验收,且该产品不得再次扩大检验批容量。

（4）装配式内地非同凡响使用的部品应包装完好,具备产品出厂合格证、中文产品说明书,性能检测报告等;单一材质部品应具备主材检测报告,复杂材质部品应具备型式检验报告。

（5）装配式内地面验收工作应先检验基层质量和部品质量,然后检验隐蔽工程和各分项工程，最终形成全部验收文件。

　　2.装配式地面主控项目见表9-45。

装配式地面主控项目　　　　　　　　　　　　　表 9-45

检查项目	检查方法	检查数量
1.装配式地面所用可调节支撑、基层衬板、面层材料的品种、规格、性能应符合设计要求。可调节支撑应具有防腐性能。面层材料应具有耐磨、防潮、阻燃、耐污染及耐腐蚀等性能	观察检查；检查产品合格证书、性能检测报告和进场验收记录	每个检验批应至少抽查10％，并不得少于3间，不足 3 间时应全数检查
2.装配式地面面层应安装牢固，无裂纹、划痕、磨痕、掉角、缺棱等现象	观察检查	

　　3.装配式地面一般项目见表9-46。

装配式地面一般项目　　　　　　　　　　　　　表 9-46

检查项目	检查方法	检查数量
1.装配式地面基层应平整、光洁、不起灰，抗压强度不得小于1.2MPa	回弹法检测或检查配合比、通知单及检测报告	每个检验批应至少抽查10％，并不得少于3间，不足 3 间时应全数检查
2.装配式地面基层和构造层之间、分层施工的各层之间，应结合牢固、无裂缝	装配式地面基层和构造层之间、分层施工的各层之间，应结合牢固、无裂缝	
3.装配式地面面层的排列应符合设计要求，表面洁净、接缝均匀、缝格顺直	观察检查	
4.装配式地面与其他面层连接处、收口处和墙边、柱子周围应顺直、压紧	观察检查	
5.装配式地面面层与墙面或地面突出物周围套割应吻合，边缘应整齐。与踢脚板交接应紧密，缝隙应顺直	观察检查；尺量检查	

　　4.格栅吊顶工程安装的允许偏差和检验方法应符合表9-47的规定。

装配式地面安装的允许偏差和检验方法　　　　　　表 9-47

项目	允许偏差（mm）	检验方法
表面平整度	2.0	用 2m 靠尺和楔形塞尺检查
接缝高低差	0.5	用钢尺和楔形塞尺检查
表面格缝平直	3.0	拉 5m 通线，不足 5m 拉通线和用钢尺检查
踢脚线上口平直	3.0	
板块间隙宽度	0.5	用钢尺检查
踢脚线与面层接缝	1.0	楔形塞尺检查

9.5 设备与管线工程

9.5.1 一般要求

1.本节适用于装配式结构中与装配式构件有关的室内给水排水工程、建筑电气工程、智能建筑工程和建筑节能工程的分项工程质量验收,与装配式构件无关的项目按相关专业验收规范验收。

2.给水排水系统功能检验应符合现行国家标准《建筑给水排水及采暖工程施工质量验收规范》GB 50242 的规定。

3.电气功能检验应符合现行国家标准《建筑电气工程施工质量验收规范》GB 50303 的规定。

4.防雷接地工程的验收应符合现行国家标准《建筑物防雷工程施工与质量验收规范》GB 50601 的相关规定。

5.智能建筑功能检验应符合现行国家标准《智能建筑工程质量验收规范》GB 50339 的规定。

9.5.2 室内给水排水工程[9-1]

1.室内给水排水工程主控项目见表 9-48。

室内给水排水工程主控项目   表 9-48

检查项目	检查方法	检查数量
1.预留孔、预留洞接口处形式、位置尺寸和数量应符合设计要求	观察,尺量检查	全数检查
2.给水排水管道预留孔洞处不应有蜂窝、夹渣和疏松	观察检查	全数检查
3.生活饮用水管道材质应符合饮用水卫生标准	检查管道材质检验报告	全数检查
4.管道的连接,应按管道的材质等选用相应的连接方式,连接后的接口不得有渗漏水	观察检查	全数检查
5.墙板、楼板管道穿越处应设置套管,管道接口不得设置在套管内	观察检查	全数检查
6.立管管径不小于 110mm 时,楼板贯穿部位,设置阻火圈的板面处应平整,阻火圈固定位置准确,设置牢固	观察,尺量检查	全数检查

2.室内给水排水工程一般项目见表 9-49。

室内给水排水工程一般项目   表 9-49

检查项目	检查方法	检查数量
1.管道穿过有沉降可能的承重墙板时,预留洞口边长不宜小于 0.15m	观察,尺量检查	全数检查
2.楼板、墙板部位,支吊架位置应正确,固定件埋设应牢固	观察,尺量检查	全数检查

检查项目	检查方法	检查数量
3.管道连接前,应对管道敞口部位做临时封闭	观察检查	全数检查
4.给水水压试验及冲洗后,管道穿楼面墙板处的套管环缝间隙应用防火、防水材料密封	观察检查	全数检查
5.卫生间等需从地面排水处应设置地漏,楼板应预留孔洞。地漏顶标高应低于地面5～10mm,地面应以1%的坡度坡向地漏处	观察,尺量检查	全数检查
6.设置检修口的位置应符合设计要求	观察检查	全数检查

9.5.3 建筑电气工程[9-1]

1.建筑电气工程主控项目见表9-50。

建筑电气工程主控项目 表 **9-50**

检查项目	检查方法	检查数量
1.沿钢梁敷设明管时,应根据管子的根数与截面大小,选用支架或抱箍固定,不得在梁上打孔	观察检查	全数检查
2.承力钢结构构件部位,不得采用熔焊连接固定电线导管管路,严禁热加工开孔	观察检查	全数检查
3.当模块与模块间有水平穿越管线时,导管应与两端模块内导管可靠连接	观察检查	全数检查
4.配电箱箱体尺寸、元器件参数应符合设计要求,并应满足使用要求	观察检查	全数检查
5.配电箱箱体安装应牢固,元器件无损坏、丢失、污染	观察检查	全数检查

2.建筑电气工程一般项目见表9-51。

建筑电气工程一般项目 表 **9-51**

检查项目	检查方法	检查数量
1.敷设在板内的刚性绝缘导管,在穿出板易受损坏一段的部位,应有可靠保护措施	观察检查	全数检查
2.楼板、墙板内电导管敷设,板面上标注区域走向标识	观察检查	全数检查
3.模块墙体内的接线盒规格、位置应符合设计要求及规范规定	观察检查	全数检查
4.管路入盒应一管一孔,管端采用锁母固定在盒箱上,向上立管管口宜用带帽护口	观察检查	全数检查
5.模块内电导管应及时扫管,扫管后管口、箱口、盒口应临时封闭	实际检查,抽查记录	全数检查

检查项目	检查方法	检查数量
6. 卫生间和不封闭阳台的开关插座应选用防溅型。洗衣机、空调插座应带开关	观察检查	全数检查
7. 模块内配电箱应平整,相互间接缝不应大于 2mm	观察,尺量检查	全数检查
8. 模块内检修孔位置尺寸应符合设计要求,并满足检修要求	核对图纸,观察检查	全数检查
9. 等电位箱在墙板内安装应牢固,配件齐全,箱内无污染	观察检查	全数检查

9.5.4 智能建筑工程[9-1]

1. 智能建筑工程主控项目见表 9-52。

智能建筑工程主控项目 表 **9-52**

检查项目	检查方法	检查数量
1. 盒箱插座安装应符合设计要求	对照图纸检查	全数检查
2. 墙内电、光缆管敷设,距电导管平等敷设时不小于 300mm,与避雷引下线最小平行净距为 1000mm,最小垂直交叉净距为 300mm	检查隐蔽记录,观察检查	全数检查

2. 智能建筑工程一般项目见表 9-53。

智能建筑工程一般项目 表 **9-53**

检查项目	检查方法	检查数量
1. 楼板、墙板内并列敷设的管距不应小于 25mm,导管埋深不应小于 25mm	观察,尺量检查	全数检查
2. 导管穿过板墙或楼板时,穿墙套管应与板面平齐,穿楼板上端口宜高出楼面 10～30mm,套管下口与楼面平齐	观察检查	全数检查

9.6 本章小结

第九章内容为施工质量检查与验收相关内容,参考了国家标准、行业标准、江苏省工程建设标准以及相关装配式工程质量验收内容等。从结构工程、外围护工程、内装工程、设备与管线工程等方面分别进行分类,按一般要求、主控项目、一般项目进行表述,部分引用现行标准的检查方法与检查数量。

第十章 施工安全

本章导图

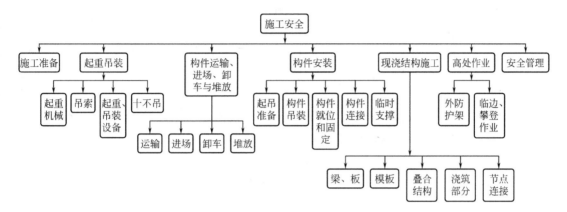

装配式混凝土结构作为一种全新的建筑结构，同时也是一种创新性较强的施工方式，在实际作业的过程中，因为其所包含的预制构件要素比较多样、复杂，导致施工环境内部存在着一定的风险性。相对于传统施工，装配式建筑施工安全的要求侧重点也略有不同，从工程实践来看，较多的安全问题主要存在于施工准备、施工吊运、安装、高处作业等阶段，本章根据装配式混凝土建筑施工的特点与难点，结合规范条文，从预制构件运输、存放、吊装等方面对施工安全控制要点进行梳理。

10.1 基本要求

1.装配式混凝土建筑施工应执行国家、地方、行业和企业的安全生产法规和规章制度，落实各级各类人员的安全生产责任制[10-1]。

2.参建装配式混凝土建筑工程的各单位应建立和健全安全生产责任体系，明确各职能部门、管理人员安全生产责任，建立相应的安全生产管理制度。

3.施工单位应成立项目安全生产领导小组，建立项目安全管理网络，配备专职安全生产管理人员。

4.建设单位应组织设计、施工、预制构件生产、监理等项目参建单位对涉及施工安全的关键点进行从构件预制生产到预制构件的预拼装、现场安装的检查复核，以便及时改进。

5.设计单位在主体结构设计时，宜考虑结构安装阶段安全防护的需要，并应考虑构件生产、吊装等环节，对吊点、施工设施、设备附着点、拉结点等因素进行深化设计，且依据设计文件和现场实际情况进行现场指导、交底。

6.施工单位应考虑装配式混凝土建筑的施工特点、安全防护和环境保护的要求，并结合设计图纸和现场施工条件，编制装配式混凝土建筑专项施工方案，按照安全生产相关规定制定和落实项目施工安全技术措施，并制定相应的培训教育、专项施工方案的交底和安全技术（班组）交底、检查及验收、应急救援预案等管理规定。

7.施工单位应对从事预制构件吊装作业及相关人员进行安全培训与交底，识别预制构件进场、卸车、存放、吊装、就位等各环节的风险源，并制定防控方案[10-1]。

8.预制构件生产单位应提供预制构件吊点、施工设施设备附着点的专项隐蔽验收记录；确保预制构件的吊点、施工设施设备附着点、临时支撑点的成品保护；在预制构件吊点、施工设施设备附着点、临时支撑部位做好相应标识。

9.安装施工前，应按国家现行标准《建筑机械使用安全技术规程》JGJ 33、《建筑施工起重吊装工程安全技术规范》JGJ 276、《塔式起重机安全规程》GB 5144、《建筑施工塔式起重机安装、使用、拆卸安全技术规程》JGJ 196 和《建设工程施工现场供用电安全规范》GB 50194 等的有关规定，检查和复核吊装设备处于安全操作状态，并核实现场环境、天气、道路状况等满足吊装施工要求。

10.安装施工前，施工操作人员应经过培训，应具备各自岗位需要的基础知识和技能水平。特种作业人员必须经过专门的安全培训，经考核合格，持特种作业操作资格证书上岗。

11.对于起重吊装、高大模板体系，其设计、施工应符合危险性较大分部分项工程的相关规定。

12.为加强装配式混凝土建筑施工全过程的安全管理，宜应用 BIM 信息化技术、物联网技术等手段。

10.2 施工准备

1.施工组织设计时应根据项目特点、施工流程和施工工艺，明确预制构件进场路线及堆放位置，编制各类构件进场和堆放计划。

2.场地平面布置应能满足各类构件运输、卸车、堆放、吊装的安全要求。

3.场地、道路应平整坚实、排水畅通，并应进行承载力验算。

4.在地下室顶板等结构部位设置临时道路、堆放场地时，应经过设计单位复核或专家论证通过，若不符合要求，应进行加固处理，并经过设计单位确认，详见第二章的 2.10 节。

5.根据施工进度和预制构件的总量，构件堆放场地有效面积不宜小于楼层面积的 1/2，且应在现场吊装起重机械覆盖范围内，不宜二次搬运。

6.根据施工现场不同区域的卸运码放工作条件，设置移动式起重机械。

7.根据装配式混凝土建筑专项施工方案，构件堆放场地应设置围挡及警示标志，如图 10-1 所示。

8.安装作业开始前，应对安装作业区进行围护并做出明显的标识，拉警戒线，根据危险源级别安排旁站，严禁与安装作业无关的人员进入[10-1]。

9.现场建筑施工起重机械、专用吊具、吊索、定型工具式支撑、构件支承架

图 10-1　围挡及警示标志

等，应进行安全验算，使用中进行定期、不定期检查，确保其处于安全状态[10-1]。

10.3　起重吊装

10.3.1　基本要求

1. 起重吊装作业前，必须编制吊装作业专项施工方案，并应进行安全技术措施交底。

2. 塔式起重机、施工升降机等垂直运输设备附着装置的支座应根据装配式建筑的结构特点单独设计，并经设计单位、设备生产单位确认。

3. 起重吊装的操作人员、信号工、司索工等特种作业人员必须持特种作业资格证书上岗。严禁非起重机驾驶人员驾驶、操作起重机。

4. 起重吊装作业前，应检查所使用的机械、滑轮、吊索、卡环和地锚等，必须符合安全要求，如图 10-2 所示。

5. 起重吊装作业人员必须穿防滑鞋、戴安全帽，高处作业应佩挂安全带，并应系挂可靠，高挂低用。

6. 起重设备通行的道路应平整，承载力应满足设备通行要求。吊装作业区四周应设置明显标志，严禁非操作人员入内。夜间不宜作业，当确需夜间作业时，必须有足够的照明。

7. 登高梯子的上端应予固定，高空用的吊篮和临时工作台应绑扎牢靠，并应设置不低于 1.2m 的防护栏杆。吊篮和工作台的脚手板应铺平绑牢，严禁出现探头板。吊移操作平台时，平台上面严禁站人。当构件吊起时，所有人员不得站在吊物

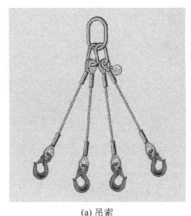

(a) 吊索   (b) 卡环(卸扣)

图 10-2 安全吊具

下方，并应保持一定的安全距离。

8. 绑扎所用的吊索、卡环、绳扣等的规格应按计算确定，起吊前，应对钢丝绳及连接部位和吊具进行检查。

9. 高空吊装屋架、梁和斜吊法吊装柱时，应于构件两端绑扎溜绳，由操作人员控制构件的平衡和稳定。

10. 构件吊装和翻身扶直时的吊点必须符合设计规定。异型构件或无设计规定时，应经计算确定，并保证使构件起吊平稳。

11. 安装所使用的螺栓、钢楔、木楔、钢垫板、垫木等的材质应符合设计要求及国家现行标准的有关规定。

12. 吊装大、重构件和采用新的吊装工艺时，应先进行试吊，确认无问题后，方可正式起吊。

13. 大雨、雾、大雪及 5 级以上大风天等恶劣天气应停止吊装作业。雨雪后进行吊装作业时，应及时清理冰雪并应采取防滑和防漏电措施。先试吊，确认制动器灵敏可靠后方可进行作业。

14. 吊起的构件应确保在起重机吊杆顶的正下方，严禁斜拉、斜吊，严禁起吊埋于地下或粘结在地面上的构件，正确吊装方法如图 10-3 所示。

图 10-3 构件安全吊装示例

15. 起重机靠近架空输电线路作业或在架空输电线路下行走时，与架空输电线的安全距离应符合现行行业标准《施工现场临时用电安全技术规范》JGJ 46 和其他相关标准的规定。

16. 采用双机起吊时，宜选用同类型或性能相近的起重机，负载分配应合理，单机载荷不得超过额定起重量的 80%。两机应协调起吊和就位，起吊的速度应平稳缓慢。

17. 起吊过程中，在起重机行走、回转、俯仰吊臂、起落吊钩等动作前，起重司机应鸣声示意。一次只宜进行一个动作，待前一动作结束后，再进行下一动作。

18. 开始起吊时，应先将构件吊离地面 200～300mm 后停止起吊，并检查起重机的稳定性、制动装置的可靠性、构件的平衡性和绑扎的牢固性等，待确认无误后，方可继续起吊。已吊起的构件不得长久停滞在空中。严禁超载吊装和起吊重量不明的重型构件和设备。

19. 严禁在吊起的构件上行走或站立，严禁起重机载运人员，不得在构件上堆放或悬挂零星物件。严禁在已吊起的构件下面或起重臂下旋转范围内作业或行走。起吊时应匀速，不得突然制动。回转时动作应平稳，当回转未停稳前不得做反向动作。

20. 暂停作业时，对吊装中未形成空间稳定体系的部分，必须采取有效的加固措施。

21. 高处作业所使用的工具和零配件等，必须放在工具袋（盒）内，并严禁上下抛掷。

22. 吊装中的焊接作业，应有严格的防火措施，并应设专人看护，在作业部位下方 10m 范围内不得有人。

23. 起吊物进行移动、吊升、停止、安装的全过程，应使用对讲机等通信工具进行指挥，亦可采用手势信号或旗语进行辅助指挥，指挥信号不明不得起动，上下联系应相互协调。

24. 起重吊装"十不吊"规定：

（1）起重臂和吊起的重物下面有人停留或行走不准吊。

（2）起重指挥应由技术培训合格的专职人员担任，无指挥或信号不清不准吊。

（3）钢筋、型钢、管材等细长和多根物件必须捆扎牢靠，多点起吊。单头千斤或捆扎不牢靠不准吊。

（4）多孔板、积灰斗、手推翻斗车不用四点吊不准吊，大模板外挂板不用卸甲不准吊。预制钢筋混凝土楼板不准双拼吊。

（5）吊砌块必须使用安全可靠的砌块夹具，吊砖必须使用砖笼，并堆放整齐。木砖、预埋件等零星物件要用盛器堆放稳妥，叠放不齐不准吊。

（6）楼板、大梁等吊物上站人不准吊。

（7）埋入地面的板桩、井点管等以及粘连、附着的物件不准吊。

（8）多机作业，应保证所有吊重物距离不小于 3m，在同一轨道上多机作业，无安全措施不准吊。

（9）5 级以上强风区不准吊。

（10）斜拉重物或超过机械允许荷载不准吊。

10.3.2 起重吊装安全控制项

起重吊装的安全控制项主要涉及起重机械、吊索和起重吊装设备三个方面，每个方面亦涉及人员、操作等，具体见表 10-1。

起重吊装安全控制　　　　　　　　　　　　　　　　　表 10-1

类别	控制项
起重机械	1. 凡新购、大修、改造以及长时间停用的起重机械,均应按有关规定进行技术检验,合格后方可使用。 2. 起重机在每班开始作业时,应先试吊,确认制动器灵敏可靠后,方可进行作业。作业时不得擅自离岗或保养机车。 3. 起重机的选择应满足起重量、起重高度、工作半径的要求。同时起重臂的最小杆长应满足跨越障碍物进行起吊时的操作要求。 4. 自行式起重机的使用应符合下列规定: (1)起重机工作时的停放位置应按施工方案与沟渠、基坑保持安全距离。且作业时不得停放在斜坡上进行。 (2)作业前应将支腿全部伸出,并支垫牢固。调整支腿应在无载荷时进行,并将起重臂全部缩回转至正前或正后,方可调整。作业过程中发现支腿沉陷或其他不正常情况时,应立即放下吊物,进行调整后,方可继续作业。 (3)起动时应先将主离合器分离,待运转正常后再合上主离合器进行空载运转,确认正常后,方可开始作业。 (4)工作时起重臂的最大和最小仰角不得超过其额定值,如无相应资料时,最大仰角不得超过 78°,最小仰角不得小于 45°。 (5)起重机变幅应缓慢平稳,严禁猛起猛落。起重臂未停稳前,严禁变换挡位和同时进行两种动作。 (6)当起吊载荷达到或接近最大额定载荷时,严禁下落起重臂。 (7)汽车式起重机进行吊装作业时,行走驾驶室内不得有人,吊物不得超越驾驶室上方,并严禁带载行驶。 (8)伸缩式起重臂的伸缩,应符合下列规定: 　　1)起重臂的伸缩,应于起吊前进行。当必须在起吊过程中伸缩时,则起吊荷载不得大于其额定值的 50%。 　　2)起重臂伸出后的上节起重臂长度不得大于下节起重臂长度,且起重臂的仰角不得小于总长度的相应规定值。 　　3)在伸起重臂的同时,应相应下降吊钩,并必须满足动、定滑轮组间的最小规定距离。 (9)起重机制动器的制动鼓表面磨损达到 1.5～2.0mm 或制动带磨损超过原厚度 50%时,应予更换。 (10)起重机的变幅指示器、力矩限制器和限位开关等安全保护装置,必须齐全完整、灵活可靠,严禁随意调整、拆除,或以限位装置代替操作机构。 (11)作业完毕或下班前,应按规定将操作杆置于空挡位置,起重臂全部缩回原位,转至顺风方向,并降至 40°～60°之间,收紧钢丝绳,挂好吊钩或将吊钩落地,然后将各制动器和保险装置固定,关闭发动机,驾驶室加锁后,方可离开,冬季还应将水箱、水套中的水放尽。 5. 塔式起重机的使用应符合国家现行标准《塔式起重机安全规程》GB 5144、《建筑施工塔式起重机安装、使用、拆卸安全技术规程》JGJ 196 及《建筑机械使用安全技术规程》JGJ 33 中的相关规定

类别	控制项
吊索	1.钢丝绳吊索件应符合下列规定: (1)钢丝绳吊索应符合现行国家标准《一般用途钢丝绳吊索特性和技术条件》GB/T 16762、《钢丝绳吊索 插编索扣》GB/T 16271 中所规定的特性和技术条件。 (2)吊索宜用 6×37 型钢丝绳制作成环式或 8 股头式,其长度和直径应根据吊物的几何尺寸、重量和所用的吊装工具、吊装方法予以确定。使用时可采用单根、双根、四根或多根悬吊形式。 (3)吊索的绳环或两端的绳套应采用编插接头,编插接头的长度不应小于钢丝绳直径的 20 倍,且不应小于 300mm,8 股头吊索两端的绳套可根据工作需要装上桃形环、卡环或吊钩等吊索附件。 (4)当利用吊索上的吊钩、卡环钩挂重物上的起重吊环时,吊索的安全系数不应小于 6,当用吊索直接捆绑重物,且吊索与重物棱角间采取了妥善的保护措施时,安全系数应取 6~8,当吊重、大或精密的重物时,除应采取妥善保护措施外,安全系数应取 10。 (5)吊索与所吊构件的水平夹角不宜小于 60°,且不应小于 45°。 2.吊索附件应符合下列规定: (1)套环应符合现行国家标准《钢丝绳用普通套环》GB/T 5974.1 和《钢丝绳用重型套环》GB/T 5974.2 的规定。 (2)使用套环时,其起吊的承载能力,应将套环的承载能力与降低后的钢丝绳承载能力相比较,取较小值。 (3)吊钩应有制造厂的合格证明书,表面应光滑,不得有裂纹、刻痕、剥裂、锐角等现象。吊钩每次使用前应检查一次,不合格者应停止使用。 (4)活动卡环在绑扎时,起吊后销子的尾部应朝下,使吊索在受力后压紧销子,其容许荷载应按出厂说明书采用。 3.横吊梁应采用 Q235 或 Q345 钢材,应经过设计计算,计算方法参照《建筑施工起重吊装工程安全技术规范》JGJ 276—2012 附录 B,并应按设计进行制作
起重、吊装设备	1.吊装用吊具应按国家现有关标准的规定进行专门设计、工厂化制作、验收或试验检验。 2.吊具应根据预制构件形状、尺寸及重量等参数进行配置,吊索水平夹角不宜小于 60°,不应小于 45°,对尺寸较大或形状复杂的预制构件,宜采用分配梁等吊具[10-2]。 3.吊装用内埋式螺母、吊杆、吊钩应有制造厂的合格证明书,表面应光滑,不应有裂纹、刻痕、剥裂、锐角等现象存在,否则严禁使用[10-2]。 4.吊装用的钢丝绳、吊装带、卸扣、吊钩等吊具经检查合格,并在其额定范围内使用,并按相关规定定期检查。吊具应有明显的标识:编号、限重等[10-2]。 5.滑轮和滑轮组的使用应符合下列规定: (1)使用前,应检查滑轮的轮槽、轮轴、夹板、吊钩等各部件有无裂缝和损伤,滑轮转动是否灵活,润滑是否良好。 (2)滑轮应按其标定的允许荷载值使用并参照《建筑施工起重吊装工程安全技术规范》JGJ 276—2012 附录 C.0.1。对起重量不明的滑轮,应先进行估算,并经负载试验合格后,方可使用。 (3)滑轮组绳索宜采用顺穿法,由三对以上动、定滑轮组成的滑轮组应采用花穿法。滑轮组穿绕后,应开动卷扬机或驱动绞磨慢慢将钢丝绳收紧和试吊,检查有无卡绳、磨绳的地方,绳间摩擦及其他部分是否运转良好,如有问题,应立即修正。 (4)滑轮的吊钩或吊环应与所起吊构件的重心在同一垂直线上。 (5)滑轮使用前后都应刷洗干净,并擦油保养,轮轴应经常加油润滑,严禁锈蚀和磨损。 (6)对重要的吊装作业、较高处作业或在起重作业量较大时,不宜用钩型滑轮,应使用吊环、链环或吊梁型滑轮。

类别	控制项

起重、吊装
设备
	（7）滑轮组的上下定、动滑轮之间应保持不小于 1.5m 的安全距离。
	（8）对暂不使用的滑轮，应存放在干燥少尘的库房内，下面垫以木板，并应每三个月检查保养一次。
	6. 卷扬机的使用应符合下列规定：
	（1）手动卷扬机不得用于大型构件吊装，大型构件的吊装应采用电动卷扬机。
	（2）卷扬机的基础应平稳牢固，用于锚固的地锚应可靠，防止发生倾覆和滑动。
	（3）卷扬机使用前，应对各部分详细检查，确保棘轮装置和制动器完好，变速齿轮沿轴转动，啮合正确，无杂音和润滑良好，发现问题，严禁使用。
	（4）卷扬机应安装在吊装区外，水平距离应大于构件的安装高度，并搭设防护棚，保证操作人员能准确接收指挥人员的信号。当构件被吊到安装位置时，操作人员的视线仰角应小于 30°。
	（5）起重用钢丝绳应与卷扬机卷筒轴线方向垂直，钢丝绳的最大偏离角不得超过 6°，导向滑轮到卷筒的距离不得小于 18m，也不得小于卷筒宽度的 15 倍。
	（6）钢丝绳在卷筒上应逐渐靠紧，排列整齐，严禁相互错叠、离缝和挤压，钢丝绳缠满后，卷筒边缘应高出 2 倍及以上钢丝绳直径。钢丝绳全部放出时，保留钢丝绳在卷筒上的钢丝绳不应少于 5 圈。
	（7）制动操纵杆的行程范围内不得有任何障碍物，作业过程中，操作人员不得离开卷扬机，严禁在运转中用手或脚去拉、踩钢丝绳，严禁跨越卷扬机钢丝绳。
	（8）卷扬机的电气线路应经常检查，保证电机运转良好，电磁抱闸和接地安全有效，无漏电现象。
	7. 捯链的使用应符合下列规定：
	（1）使用前应进行检查，捯链的吊钩、链条、轮轴、链盘等应无锈蚀、裂纹、损伤，传动部分应灵活正常。
	（2）起吊构件至起重链条受力后，应仔细检查，确保齿轮啮合良好，自锁装置有效后，方可继续作业。
	（3）应均匀和缓地拉动链条，并应与轮盘方向一致，不得斜向拽动。
	（4）捯链起重量或起吊构件的重量不明时，只可一人拉动链条，一人拉不动应查明原因，此时严禁两人或多人齐拉。
	（5）齿轮部分应经常加油润滑，棘爪、棘爪弹簧和棘轮应经常检查，严防制动失灵。
	（6）捯链使用完毕后应拆卸清洗干净，并上好润滑油，装好后套上塑料罩挂好。
	8. 手扳葫芦应符合下列规定：
	（1）应只限吊装中收紧缆风绳和升降吊篮使用。
	（2）使用前，应仔细检查并确保自锁夹钳装置夹紧钢丝绳后能往复作直线运动，否则严禁使用，使用时，待其受力后应检查并确保运转自如，确认无问题后，方可继续作业。
	（3）用于吊篮时，应于每根钢丝绳处拴一根保险绳，并将保险绳的另一端固定于可靠的结构上。
	（4）使用完毕后，应拆卸、洗涤、上油、安装复原，妥善保管。
	9. 千斤顶的使用应符合下列规定：
	（1）使用前后应拆洗干净，损坏和不符合要求的零件应予以更换，安装好后应检查各部配件运转是否灵活，对油压千斤顶还应检查阀门、活塞、皮碗是否完好，油液是否干净，稠度是否符合要求，若在负温情况下使用时，油液应不变稠、不结冻。
	（2）选择千斤顶，应符合下列规定：
	    1）千斤顶的额定起重量应大于起重构件的重量，起升高度应满足要求，其最小高度应与安装净空相适应。
	    2）采用多台千斤顶联合顶升时，应选用同一型号的千斤顶，每台的额定起重量不得小于所分担构件重量的 1.2 倍。

类别	控制项
	3)千斤顶应放在平整坚实的地面上,底座下应垫以枕木或钢板。与被顶升构件的光滑面接触时,应加垫硬木板防滑。 4)设顶处应传力可靠,载荷的传力中心应与千斤顶轴线一致,严禁载荷偏斜。 5)顶升时,应先轻微顶起后停住,检查千斤顶承力、地基、垫木、枕木垛是否正常,如有异常或千斤顶歪斜,应及时处理后方可继续工作。 6)顶升过程中,不得随意加长千斤顶手柄或强力硬压,每次顶升高度不得超过活塞上的标志,且顶升高度不得超螺丝杆丝扣或活塞总高度的3/4。 7)构件顶起后,应随起随搭枕木垛和加设临时短木块,与构件间的距离应始终保持在50mm以内

10.4 构件运输、进场、卸车与堆放

构件由于其外形和重量的影响,往往在其移动与堆放的过程中会产生一些安全问题,因此需对构件运输、进场、卸车与堆放这四个过程的安全控制分别叙述,详见表10-2。

构件运输、进场、卸车与堆放安全控制项 表 10-2

项次	控制项
运输	1.应制定预制构件的运输方案,其内容应包含:运输时间、次序、存放场地、运输路线、码放、支垫及成品保护措施等。对于超高、超宽、形状特殊的大型构件的运输和码放,应采取质量安全专项保证措施[10-2]。 2.预制构件运输道路的承载力,需根据构件重量进行验算,满足要求后方能运输。在地下室顶板等结构部位设置临时道路时,应经过设计单位复核或专家论证通过[10-2]。 3.构件的运输应符合下列规定,构件运输安全措施如图10-4所示。 (1)构件运输应严格执行所规定的运输方案。 (2)运输道路应平整、有足够的承载力、宽度和转弯半径。 (3)高宽比较大的构件的运输,应采用支承框架、固定架、支撑或用捆链等予以固定,不得悬吊或堆放运输,支承架应进行设计计算,应稳定、可靠和装卸方便。 (4)当大型构件采用半拖或平板车运输时,构件支承处应设转向装置。 (5)运输时,各构件应拴牢于车厢上  图10-4 构件运输安全措施

项次	控制项
进场	1.施工现场应建立预制构件到货验收和报废管理制度,使用质量合格、符合设计要求的预制构件。 2.预制构件进场的安全检查、验收应包括下列内容: (1)构件产品质量证明文件。 (2)预埋在构件内的吊点承力件质量证明文件。 (3)预制构件上喷涂的产品标识应清晰、耐久。标识内容应包括:生产厂标志、制作日期、品种、编码、检验状态等。 (4)吊点、施工设施设备附着点、临时支撑点的位置、数量应符合设计要求。 3.进场的运输车辆应按照指定的线路进行安全行驶,道路行进方向右侧或车行道上方宜设交通标志,行驶速度不应高于20km/h。 4.进入施工现场内行驶的机动车辆,应按照指定的线路和速度安全行驶,严禁违章行驶、乱停乱放;司乘人员应做好自身的安全防护,遵守现场安全文明施工管理规定[10-2]
卸车	1.装配式混凝土建筑施工专项方案中应明确构件卸车作业安全要求。 2.构件卸车时充分考虑构件的卸车顺序,保证车体的平衡。构件卸车挂吊钩、就位摘取吊钩应设置专用登高工具及其他防护措施,严禁沿支承架或构件等攀爬[10-2]。 3.预制构件卸车时应符合下列要求: (1)应设专人指挥,操作人员应位于安全位置。 (2)卸车所用特种作业人员应持证上岗。 (3)应根据预制构件品种、规格、数量,采取对称卸料、临时支撑等保证车体平衡的措施,防止构件移动、倾倒、变形。 4.卸车作业前,应复核所使用机械的工作性能,起重机械和索具设备应处于安全操作状态,并应核实现场环境、天气、道路状况等是否满足吊运作业要求。 5.卸车作业区域四周应设置警戒标志,严禁非操作人员入内。 6.夜间卸车作业时,应保证足够的照明
堆放	1.堆场在自然地面,构件堆放场地应平整坚实,周围必须设排水沟。 2.预制构件应按品种、规格型号、吊装顺序分类分区堆放,预埋吊件宜朝外、朝上,便于起吊挂钩,标识应向外。 3.相邻堆垛之间应有足够的作业空间和安全操作距离,通道宽度不宜小于1.6m,宜有明显的安全通道线或围栏。通道两边不应有突出或锐利物品。 4.预制构件应按设计支承位置堆放稳定。对易损构件、不规则构件,应专门分析确定支承和加垫方法。 5.重叠堆放的构件应采用垫木或适当支撑物分隔,底部宜设托架。垫块支承点位置宜与吊装时的起吊位置一致,上下对齐。 6.预制构件的重叠堆放高度,应根据构件大小、自重计算确定。预制梁、柱不宜超过3层;桁架预制板构件不宜超过6层,如图10-5所示。 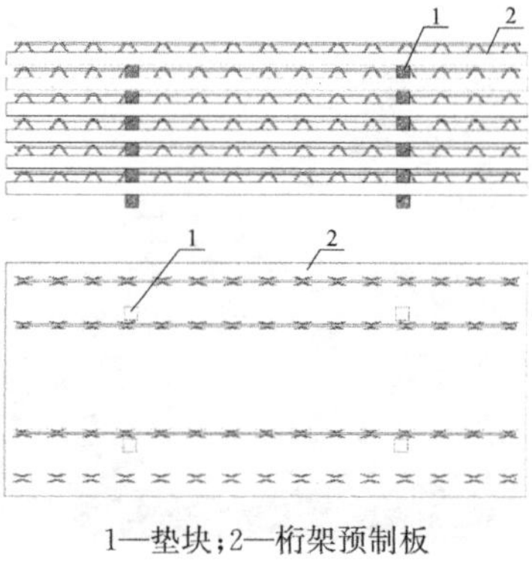 1—垫块;2—桁架预制板 图10-5 桁架预制板堆放示意图

项次	控制项
堆放	7.预制内外墙板、挂板宜采用插放架或靠放架放置,大尺寸预制墙板应采用插放法或背靠法堆放,如图10-6所示。插放架和靠放架应经过设计计算确定,满足承载力、刚度和稳定性的要求。 8.悬挑板、楼梯等其他构件应按现场吊装平面规划布置依次平放,底部宜设支托架,或采用木方支垫。 9.构件堆放作业时,为避免发生倾覆、坠落,操作人员应注意站位安全。 10.屋架、薄腹梁等重心较高的构件,应直立放置,除设支承垫木外,应于其两侧设置支撑使其稳定,支撑不得少于2道  图 10-6　构件堆放安全措施

10.5　构件安装

构件安装需要注意的事项涵盖起吊准备、构件吊装、构件就位和固定、构件连接以及临时支撑等项目,具体内容见表10-3。

构件安装控制项　　　　　　　　　　　　　　表 10-3

项次	控制项
起吊准备	1.构件安装前,应编制吊装作业的专项施工方案,专项施工方案的内容应包含但不限于下列内容: (1)工程概述、编制依据。 (2)预制构件重量和数量统计。 (3)吊具、吊点、吊装机械设备计算书。 (4)主要构件吊装施工工艺。 (5)吊装作业安全措施。 (6)质量保证措施。 (7)季节性施工措施。 (8)应急预案。 2.吊具应根据吊装方式进行设计,并应满足下列要求: (1)吊点位置的合力点应与构件的重心点重合。 (2)墙板类构件起吊点不少于2个,预制楼板起吊点不少于4个。 (3)当在一个构件上设有4个吊点时,应按照3个吊点的不利工况进行计算。 (4)计算预制构件重量时,应考虑动力系数,不宜小于1.2。 (5)吊索与所吊构件的水平夹角不宜小于60°,且不应小于45°。

项次	控制项
起吊准备	(6)对尺寸较大、形状复杂或厚度较小的预制构件,宜采用分配梁或分配桁架等工具式吊具。 3.吊装前,应按国家现行有关标准的规定和设计方案的要求对吊具、索具、吊车进行验收;焊接类吊具应进行验算并经验收合格后方可使用。 4.安装施工前,施工单位应根据工程特点和吊装计划安排施工作业人员和配备劳动防护用品。 5.安装施工前,防护系统应按照施工方案进行搭设、验收;外挂防护架应分片试组装并全面检查,外挑防护架应与预制构件支撑架可靠连接,并与吊装作业相协调。 6.吊装作业应实施区域封闭管理,并设置警戒线和警戒标识;对无法实施隔离封闭的,应采取专项防护措施。 7.安装施工前,宜选择有代表性的单元进行预制构件试安装,并应根据试安装结果调整完善施工方案和施工工艺
临时支撑	1.装配式混凝土结构宜采用工具式支架,并应根据施工过程中的各种工况进行设计,应具有足够的承载力、刚度,并应保证其整体稳固性。 2.竖向预制构件安装采用临时支撑时,应符合下列规定: (1)预制构件的临时支撑应保证构件施工过程中的稳定性,且不应少于2道。 (2)对预制柱、墙板构件的上部斜支撑,其支撑点距离板底的距离不宜小于构件高度的2/3,且不应小于构件高度的1/2;斜支撑底部与地面或楼面用螺栓或钢筋环进行锚固;支撑于水平楼面的夹角在40°~50°之间。 3.水平预制构件安装采用临时支撑时,应符合下列规定,如图10-7所示: (1)首层支撑架体的地基必须平整坚实,宜采取硬化措施。支撑应具有足够的承载能力、刚度和稳定性,并应能可靠地承受混凝土构件的自重和施工过程中所产生的荷载及风荷载。 (2)支撑系统的间距及距离墙、柱、梁边的净距应符合设计验算要求,竖向连续支撑层数不宜少于2层且上下层支撑应在同一铅垂线上。 (3)叠合板下部支架宜选用定型化支撑系统,竖向支撑间距应根据设计及施工荷载验算确定;叠合板边缘,应增设竖向支撑杆件。叠合板竖向支撑点位置应靠近起吊点。 (4)支撑应根据施工方案设置,支撑处标高除应符合设计规定外,尚应考虑支撑系统本身的施工变形。 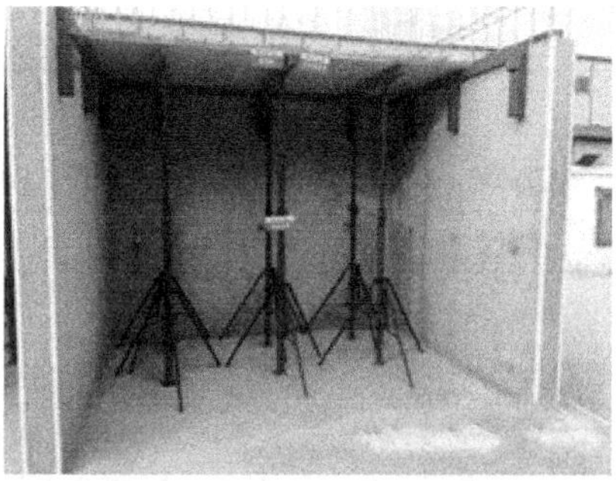 图10-7 临时支撑安全措施 4.墙、柱等预制构件,应设置不少于两个方向正交的可承受拉、压力的可调斜支撑,若经核算,在结构形成整体前不能保证其稳定,应在四个方向加设缆风绳固定,或应采用专门制作的金属临时固定架固定。用于临时固定的缆风绳下部应设紧绳器,并牢固地固定在锚桩上,临时固定后起重机方可脱钩并卸去吊索。采用可调钢管斜撑固定时,斜撑应固定在预留螺栓孔上,不得另行开孔,如图10-8所示。若出现预留孔与现场不符情况,应经设计、生产单位出具方案后方能施工。 5.叠合板、阳台、空调板等水平构件安装就位后,对未形成空间稳定体系的部分应设置竖向支撑架体;阳台等边缘构件的竖向支撑架体应形成自稳定的整体架。

项次	控制项
临时支撑	 图 10-8　构件临时支撑措施 6.叠合板下的支撑架顶部的支托梁宜垂直于叠合板的主受力方向。 7.严禁将外防护系统作为吊装构件的临时支撑。 8.水平叠合构件下的临时支撑应在叠合层混凝土达到规定强度后,方可拆除
构件吊装	1.预制构件应按照施工方案吊装顺序提前编号,吊装时应严格按编号顺序起吊。 2.每班作业时宜先试吊一次,测试吊具与起重设备是否异常,每次起吊脱离放点时应予以适当停顿,确证起吊系统安全可靠后方可继续提升。 3.吊点设置和构件绑扎应符合下列规定: (1)当构件无设计吊钩(点)时,应通过计算确定绑扎点的位置。绑扎的方法应保证可靠和摘钩简便安全; (2)绑扎竖直吊升的构件时,应符合下列规定: 　　1)绑扎点位置应稍高于构件重心。 　　2)在柱不翻身或不会产生裂缝时,可用斜吊绑扎法。 　　3)天窗架宜采用四点绑扎。 (3)绑扎水平吊升的构件时,应符合下列规定: 　　1)绑扎点应按设计规定设置。无规定时,一般应在距构件两端 1/5～1/6 构件全长处进行对称绑扎。 　　2)各支吊索内力的合力作用点应处在构件重心线上。 　　3)屋架绑扎点宜在节点上或靠近节点。 (4)绑扎应平稳、牢固,绑扎钢丝绳与物体的水平夹角应为:构件起吊时不得小于 45°,扶直时不得小于 60°。 4.吊装作业安全应符合下列规定[10-1]: (1)预制构件起吊后,应先将预制构件提升 200～300mm 后,停稳构件,检查钢丝绳、吊具和预制构件状态,确认吊具安全且构件平稳后,方可缓慢提升构件。 (2)吊机吊装区域内,非作业人员严禁进入;吊运预制构件时,构件下方严禁站人,应待预制构件降落至距地面 1m 以内方准作业人员靠近,就位后方可脱钩。 (3)高空应通过缆风绳改变预制构件方向,严禁高空直接用手扶预制构件。 (4)遇到大雨、大雪、大雾天气,或者风力大于 5 级时,不得进行吊装作业。 5.预制大尺寸墙板构件吊装,符合下列规定,如图 10-9 所示: (1)吊装预制墙板时,宜从中间开始向两端进行,并应按先横墙后纵墙,先内墙后外墙,最后隔断墙的顺序逐间封闭吊装。 (2)吊装时必须保证坐浆密实均匀。 (3)采用横吊梁与吊索时,起吊应垂直平稳,吊索与水平线的夹角不宜小于 60°。 (4)墙板宜随吊随校正。就位后偏差过大时,应将墙板重新吊起就位。 (5)外墙板应在焊接固定后方可脱钩,内墙和隔墙板可在临时固定可靠后脱钩。 (6)校正完后,应立即焊接预埋筋,待同一层墙板吊装和校正完后,应随即浇筑墙板之间立缝作最后固定。

项次	控制项
构件吊装	6.构件进行起吊、移动、就位时的全过程中,信号工、司索工、起重机械司机应协调一致,保持通信畅通,信号不明不得吊运和安装。 7.预制构件在吊装过程中,宜于构件两端绑扎溜绳,并应由操作人员控制构件的平衡和稳定,不得偏斜、摇摆和扭转,溜绳承载能力应经过严格核算。 8.构件应采用垂直吊运,严禁斜拉、斜吊,吊装的构件应及时安装就位,严禁吊装构件长时间悬停在空中。 9.平卧堆放的竖向构件,起吊扶直过程应经过验算复合;在起吊扶直过程中,应正确使用不同功能的预设吊点,并按设计要求和操作规定进行吊点的转换,避免吊点损坏。 10.采用移动式起重设备吊装时,应确保吊装安全距离,监控支承地基变化情况和吊具的受力情况。 11.吊装作业时,非作业人员严禁进入吊装警戒区,起吊的预制构件坠落半径范围内严禁人员停留或通过  图 10-9 预制大尺寸墙板吊装
构件就位和固定	1.预制构件吊装就位后,应及时校准并采用有效的临时固定或支撑措施。临时固定措施、临时支撑系统应具有足够的强度、刚度和整体稳固性,应按现行国家标准《混凝土结构工程施工规范》GB 50666 的有关规定进行验算。 2.施工荷载不应超过设计规定,避免预制构件单独承受较大的集中荷载。 3.预制构件应在校准定位及临时支撑安装完成后卸钩,解除吊具时作业人员应有可靠的立足点。 4.在吊装柱、结构墙板等竖向构件就位前,应将调整结构标高的垫块摆放到位,不得直接用手在拼装缝内操作
构件连接	1.采用钢筋套筒灌浆连接、钢筋浆锚搭接连接的预制构件施工应符合下列规定: (1)现浇混凝土中伸出的钢筋应采用专用定位模具,并采用可靠的固定措施控制连接钢筋的中心位置、外露长度满足设计要求。 (2)应检查被连接钢筋的规格、数量、位置和长度。连接钢筋中心位置存在严重偏差影响预制构件安装时,应会同设计单位制定专项处理方案,严禁随意切割、强行调整连接钢筋。 2.采用钢筋套筒连接的竖向构件吊装后,应及时进行灌浆连接。 3.采用多层安装后灌浆施工工艺时,构件安装后,应及时设置斜支撑,未灌浆楼层不应超过两层。 4.当采用焊接或螺栓连接时,须按设计要求连接,对外露铁件、夹心保温层等部位采取防腐和防火措施,现场应严格遵守动火审批手续并应符合现行国家标准《建设工程施工现场消防安全技术规范》GB 50720 的相关规定。 5.装配式结构采用后张预应力筋连接构件时,预应力工程施工应符合现行国家标准《混凝土结构工程施工规范》GB 50666 的相关规定。 6.采用干式连接的构件,在连接节点永久固定、结构形成可靠连接后,支撑装置方可拆除

10.6 现浇结构施工[10-3]

1. 装配式建筑现浇结构施工应符合现行国家标准《混凝土结构工程施工规范》GB 50666 的相关规定。

2. 预制构件的装配节点处混凝土浇筑或灌浆施工应根据设计或施工方案要求的顺序进行。

3. 现浇结构施工采用泵送混凝土浇筑时，应采取措施防止泵送设备超重和冲击力影响预制构件及临时支撑体系安全。

4. 当现浇结构模板支撑在预制构件上时，应对预制构件承载力进行复核计算。

5. 现浇结构施工过程中严禁随意切割、拆除、损坏预留钢筋、支撑架、角码、螺栓等部件，不宜在现场对预制构件进行二次切割、开洞。

6. 水平预制构件在吊装完成后、后浇层施工前，应按施工方案要求，对临时支架进行验收。

7. 竖向现浇结构模板宜采用对拉螺杆加固，局部应采取防倾覆措施，如图 10-10 所示。

图 10-10 竖向现浇结构模板

8. 梁、板等预制构件两端支座处的搁置长度均应满足设计要求，支座处的受力状态应保持均匀一致，施工荷载应符合设计规定。

9. 现浇结构与预制构件连接处节点宜采用工具式组合模板，确保节点可靠连接，根据混凝土用量大小选用输送方式，连接处混凝土应采用机械振捣方式一次性浇筑密实，工具式模板见图 10-11。

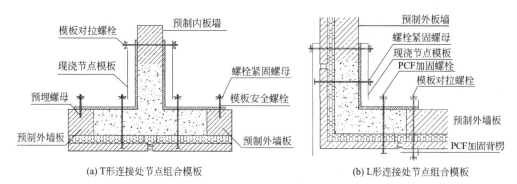

(a) T形连接处节点组合模板　　　　　　　　　(b) L形连接处节点组合模板

图 10-11　现浇节点工具式组合模板示意图

10.7　高处作业

高处作业是施工安全中的一个重点内容，一旦出现高空作业坠落，往往会危及人身安全，高处作业的施工安全控制项分为外防护架控制和临边、攀登作业控制，详见表 10-4。

高空作业控制项　　　　　　　　　　　　　　　表 10-4

类别	控制项
外防护架	1. 外防护架宜选用工具化、定型化产品，并经验收合格方可使用。 2. 外防护架施工前，应根据工程结构、施工环境等特点编制专项施工方案，并经总承包单位技术负责人审批、项目总监理工程师审核后实施。 3. 外防护架专项施工方案编制除应满足危险性较大的分部分项工程管理相关法律法规及标准规范的要求外，尚应包括以下内容： (1) 特殊部位的处理措施。 (2) 安装、升降、拆除程序及安全措施。 (3) 使用过程的安全措施。 4. 外防护架上的附墙点需设置在预制构件上时，应由设计单位对该预制结构的安全性进行复核，并出具相应核算书。在预制构件生产时，应进行相应附墙点孔洞的预留，预留位置应准确。 5. 附着式升降脚手架的附墙支座、悬臂构件严禁设置在预制构件上。 6. 使用外挂防护架(图 10-12)作为外防护架时，应符合以下要求： (1) 应编制专项施工方案，并按照现行行业标准《建筑施工工具式脚手架安全技术规范》JGJ 202 中外挂防护架的要求进行设计计算。 (2) 外挂防护架的安装、提升、拆除、管理等应符合现行行业标准《建筑施工工具式脚手架安全技术规范》JGJ 202 中外挂防护架的相关要求。 (3) 使用塔式起重机进行提升过程中，未挂好吊钩前，禁止松动架体与建筑结构的连接螺栓；螺栓未松动前，禁止起吊架体；螺栓未紧固前，不得脱钩。 (4) 架体与结构、两片外挂架之间有间隙，应采用硬质材料进行封闭。 (5) 搭设及安装完毕后须经荷载试验，持载 4h 后未发现焊缝开裂，结构变形等情况方可使用。荷载试验部位由安全部门指定，试验过程中派专人在地面进行管理，下方 10m 范围内不得有人通过。 (6) 外挂防护架使用的钢管、扣件必须送专业检测机构进行力学性能检测，相关力学指标应满足设计要求。

类别	控制项
外防护架	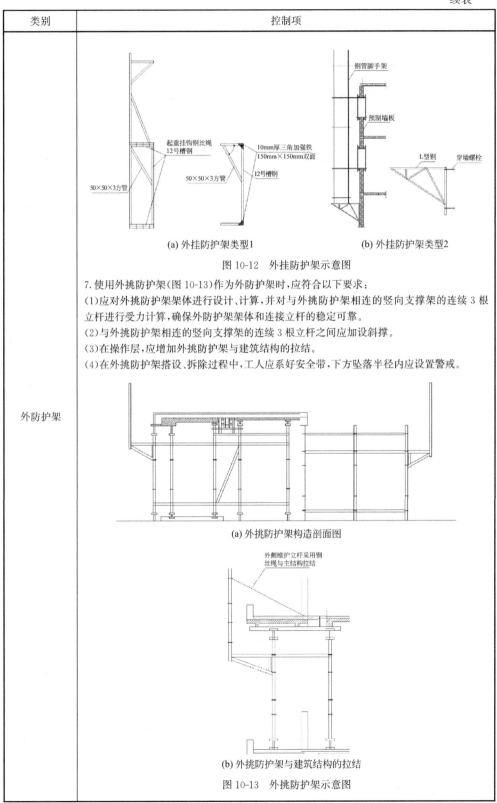

(a) 外挂防护架类型1　　　　(b) 外挂防护架类型2

图 10-12　外挂防护架示意图

7. 使用外挑防护架(图 10-13)作为外防护架时,应符合以下要求:

(1)应对外挑防护架架体进行设计、计算,并对与外挑防护架相连的竖向支撑架的连续 3 根立杆进行受力计算,确保外防护架架体和连接立杆的稳定可靠。

(2)与外挑防护架相连的竖向支撑架的连续 3 根立杆之间应加设斜撑。

(3)在操作层,应增加外挑防护架与建筑结构的拉结。

(4)在外挑防护架搭设、拆除过程中,工人应系好安全带,下方坠落半径内应设置警戒。

(a) 外挑防护架构造剖面图

(b) 外挑防护架与建筑结构的拉结

图 10-13　外挑防护架示意图

类别	控制项
外防护架	(5)不得在防护架上进行工程结构的施工作业;禁止在架体上堆放、周转材料;禁止使用外挑防护架架体支承模板或上部结构。 8. 外防护架上栏杆上皮应高出施工作业面1.2m以上。脚手板离墙面的距离不应大于150mm。架体底层应用硬质材料铺设严密,与墙体无间隙。 9. 外防护架提升前,应清理架体上的物料;提升过程中,架体上严禁站人。 10. 外防护架应由专门人员进行搭设、提升、拆卸作业。相关人员应报监理单位备查,不得临时更换人员。 11. 对于使用上下两套架体的,禁止使用塔式起重机钢丝绳穿过上层架体提升、拆除下层架体。 12. 外防护架应经安装单位、使用单位、总包单位、监理单位共同验收合格后方可使用。 13. 外防护架搭设、提升、拆卸过程中,下方应设置警戒隔离区域;使用过程中,坠落半径内的通道、作业面应设置安全防护棚。 14. 拆下的扣件和配件应及时运至地面或相应的结构层,必要时用绳子系牢吊运,严禁高空抛掷。 15. 六级以上大风、大雾、大雨和大雪天气应暂停在架体上作业。 16. 采用悬挑架、落地架等其他形式进行防护时,应符合现行行业标准《建筑施工工具式脚手架安全技术规范》JGJ 202、《建筑施工扣件式钢管脚手架安全技术规范》JGJ 130 和《建筑施工承插型盘扣式钢管支架安全技术规程》JGJ 231 等有关规定
临边、攀登作业	1. 预制构件安装时,应使用梯子或者其他登高设施攀登作业。当坠落高度超过2m时,应设置操作平台。 2. 临边进行预制构件安装时,作业面与外防护架栏杆高度小于1.2m时,工人应佩戴安全带。 3. 临边进行预制构件就位时,工人应站在预制构件内侧。 4. 临边进行预制构件就位时,预制构件离地大于1m时,宜使用溜绳辅助就位。 5. 在预制构件安装过程中,临边、洞口的防护应牢固、可靠,并符合现行行业标准《建筑施工高处作业安全技术规范》JGJ 80 的相关要求

10.8 安全管理

1. 施工单位编制的装配式混凝土建筑工程施工组织设计中应有安全管理技术措施(专篇),并按照相关规定进行技术论证后,经施工单位技术负责人审批、项目总监理工程师审核、建设单位项目负责人签署意见后实施。

2. 施工单位应建立安全教育培训制度。组织开展有针对性的安全生产教育培训,对从业人员进行安全培训、考核。项目经理、专职安全员和特种作业人员应持证上岗。

3. 施工单位现场施工负责人在分派生产任务时,应对相关的管理人员、作业人员进行书面安全技术交底。

4. 施工单位应建立安全检查制度,组织对现场定期安全检查和季节性安全检查,对存在的问题和隐患,定人、定时间、定措施进行整改,并应跟踪复查直至整改完毕。

5. 施工单位应依法为施工作业人员办理保险,发生生产安全事故,应按规定及时上报，并对事故原因进行调查分析，制定防范措施。

6.施工现场应设置重大危险源公示牌，并按照安全标志布置图，在现场出入口及主要施工区域、危险部位设置安全警示标志牌。

7.施工现场应编制应急救援预案，建立应急救援组织机构，并配备救援设备，定期组织员工进行应急救援演练。

8.施工现场应参照现行国家标准《建设工程施工现场消防安全技术规范》GB 50720的规定配备消火栓泵，并应采用专用消防配电线路。

9.建筑高度大于24m在建工程室内应设置临时消防竖管，管径不应小于DN100，各结构层均应设置室内消火栓接口及消防软管接口。

10.堆放场地严禁烟火，与固定动火场的防火间距不应小于10m。按现行国家标准《建筑灭火器配置设计规范》GB 50140配备灭火器材，消火栓和消防器材应有明显的漆色标志，其1m范围内无障碍物。

11.施工现场应实行封闭管理，采用硬质围挡，鼓励采用装配式围挡。

12.市区主要路段围挡高度不应低于2.5m，一般路段围挡高度不应低于1.8m。

13.施工现场主要道路、材料堆放区及加工区等场地应进行硬化处理。

14.施工现场堆放的构件，宜按安装顺序分类堆放，堆垛宜布置在吊车工作范围内且不受其他工序作业影响的区域。

10.9 本章小结

在装配式施工安全管理中，存在较大安全隐患的环节主要包括预制构件装运、现场存放、吊装作业、临时支撑等，在传统现浇建筑施工安全管理的基础上，本章从构件运输装卸、起重吊装、安装、现场安全管理等施工方面详细介绍装配式建筑施工安全的规定，重点围绕预制构件从工厂生产到现场使用的全过程提出明确要求。

相对于传统建筑施工，装配式建筑在施工过程中运用了大量的新工艺新体系，尤其是装配式建筑设计了较多需要吊装安装施工作业的情况，且吊装的工序较为繁杂，安装作业要求高，形成了大量影响较大的安全隐患，为保证装配式建筑施工安全，本章全面地阐述了相关施工要求，包括起吊方式、作业时间、人员操作、机械设备等方面。

同时，有必要在施工过程中不断总结，不断改进。更为重要的是需要从方案设计、组织管理、施工管理入手，也要重视构件制作、运输、存放，现场测量、吊装、连接等各个环节，均需要较高人员素质、技术力量和安全管理水平。抓好装配式建筑施工现场安全管控，避免和减少施工事故的发生，只有充分落实装配式建筑施工安全管理工作，才能对装配式建筑施工的安全程度做出一个准确判断，以形成一套完整的装配式建筑施工安全评价体系和评价方法。

第十一章　绿色施工

本章导图

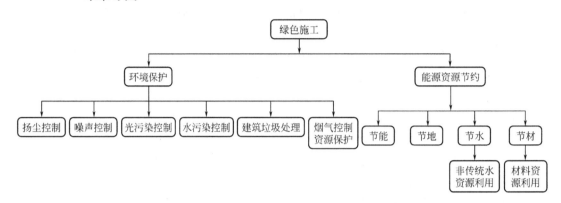

绿色施工是指工程建设中，在保证质量、安全等基本要求的前提下，通过科学管理和技术进步，最大限度地节约资源与减少对环境负面影响的施工活动。其总体框架由施工管理、环境保护、节材与材料资源利用、节水与水资源利用、节能与能源利用、节地与施工用地保护六个方面组成。绿色施工应对整个施工过程实施动态管理，充分利用信息化技术，加强对施工策划、材料采购、现场施工、工程验收等各个阶段的管理和监督，如图 11-1 所示。

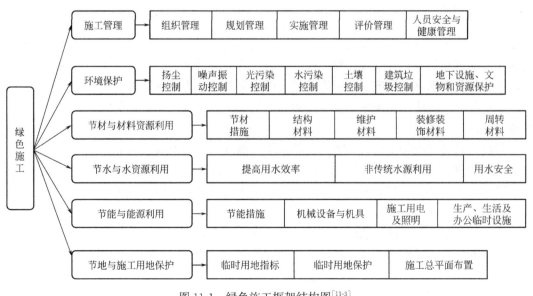

图 11-1　绿色施工框架结构图[11-3]

11.1 一般规定

11.1.1 绿色施工制度[11-1]

1. 参建装配式混凝土建筑工程的各单位应建立和健全绿色施工管理体系，明确各职能部门、管理人员绿色施工生产责任，制定相应的绿色施工管理制度与目标。

2. 施工单位应根据设计文件、场地条件、周边环境和绿色施工总体要求，明确装配式混凝土建筑绿色施工的目标、材料、方法和实施内容，并在图纸会审时提出需设计单位配合的建议和意见。

3. 施工单位应根据装配式混凝土建筑的特点及绿色施工的要求编制绿色施工专项方案，该方案应在施工组织设计中独立成章，经审批通过后实施，专项方案应包括环境保护、节材与材料资源利用、节水与水资源利用、节能与能源利用、节地与施工用地保护等措施。

4. 装配式混凝土建筑的各分项工程技术交底应包含绿色施工的内容。

5. 装配式混凝土建筑应积极推进应用建筑设计标准系列化，构配件生产工厂化，现场施工装配化，结构装修一体化，施工过程管理信息化的建造方式，实现施工过程的绿色低碳。

6. 应建立装配式混凝土建筑绿色施工的培训制度，制定培训计划，并保留培训实施记录。

7. 施工单位应建立不符合装配式混凝土建筑绿色施工要求的施工工艺、设备和材料的限制、淘汰等制度。

11.1.2 绿色施工管理[11-2]

1. 建设单位在编制工程概算和招标文件时，应明确绿色施工的要求，建立工程项目绿色施工的协调机制。

2. 设计单位应按国家现行有关标准和建设单位的要求进行绿色设计，应协助配合施工单位做好绿色施工的有关设计工作。

3. 监理单位应对建筑工程绿色施工承担监理责任，审查绿色施工组织设计或绿色施工专项方案，并在实施过程中做好监督检查工作。

4. 施工单位应建立以项目经理为第一责任人的绿色施工管理体系，负责绿色施工的组织实施及绿色施工目标的实现，并指定绿色施工管理人员和监督人员。

5. 施工单位应联合建设单位、监理单位成立绿色施工评价小组，定期开展自检及阶段评价工作，参照现行国家标准《建筑工程绿色施工评价标准》GB/T 50640的规定对装配式混凝土建筑的绿色施工实施情况进行评价，并根据评价情况，采取改进措施。

6. 实行总承包管理的建设工程，总承包单位应对绿色施工负总责，总承包单位应对专业承包单位的绿色施工实施管理，专业承包单位应对工程承包范围的绿色施工负责。

11.2 环境保护

施工现场环境保护措施控制项可分为扬尘控制、噪声控制、光污染控制、水污染控制、建筑垃圾处理、烟气控制和资源保护，本节根据此7类控制项的特点，详细阐述对应的实施措施，详见表11-1。

环境保护[11-1,11-2]

表 11-1

控制类别	针对性措施
扬尘控制	1.现场应建立洒水清扫制度，配备洒水设备，沿施工主干道路边宜设置喷淋设施，并安排专人负责，对施工场地、道路定期洒水抑尘，如图11-2所示。  <center>图 11-2　喷淋降尘</center> 2.灌浆料、坐浆料、水泥等细散颗粒材料、易扬尘材料应封闭堆放、存储和运输，如图11-3所示。  <center>图 11-3　物料堆放</center> 3.运送土方、渣土等易产生扬尘的车辆应采取封闭或遮盖措施，如图11-4所示。  <center>图 11-4　土方运输</center>

控制类别	针对性措施
扬尘控制	4.对裸露地面、集中堆放的土方应采取临时绿化、隔尘布遮盖等抑尘措施,如图11-5所示。  图11-5 绿化措施 5.施工现场出口应设置冲洗池,保持进出现场车辆清洁,如图11-6所示。  图11-6 车辆清洗口 6.对现场易产生扬尘的施工作业应采取遮挡、抑尘等措施,如图11-7所示。  图11-7 降尘措施 7.高层或多层建筑垃圾清运应搭设临时性封闭管道或采用容器吊运,如图11-8所示。  图11-8 垃圾清运

控制类别	针对性措施
扬尘控制	8.施工现场应设置扬尘监测设备,如图11-9所示,扬尘自动监测仪应安装在工地场界上方,采样口距围挡高度不小于0.5m。上下风处各安装一套,上下风测得的浓度差值即为净排放浓度。场界空气质量指数含有 PM2.5 和 PM10 两个控制点,其控制指标不得超过当地气象部门公布的数据值[11-4]。 图 11-9　环境监测系统 9.施工现场应设置连续、密闭的围挡,宜选用可重复利用的材料和部件,并应工具化、标准化,如图11-10 所示。 图 11-10　封闭式围挡 10.应制定检测超标后的应急预案,针对超标原因、纠正措施和纠正效果进行分析,并形成报告[11-4]
噪声控制	1.应按工程场界内噪声污染源合理布设噪声监测点,设定检测时段及频次进行检测并采集记录数据。数据应完整、真实、便于查找[11-4]。 2.施工现场应对噪声进行实时监测,施工期间,噪声测量控制应符合《建筑施工场界环境噪声排放标准》GB 12523—2011 的规定,昼间不应超过 70dB,夜间不应超过 55dB,如图11-11所示。  图 11-11　噪声监测

控制类别	针对性措施
噪声控制	3.应使用低噪声、低振动的施工机具,对噪声控制要求较高的区域应采取隔声措施。 4.装配式混凝土建筑的吊装作业指挥应使用对讲机传达指令,如图 11-12 所示。 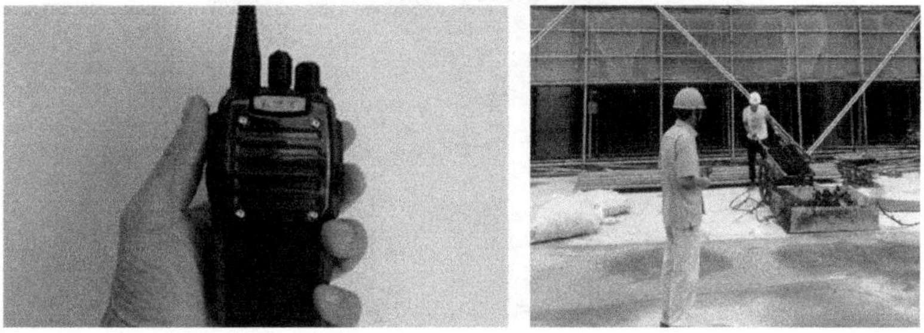 图 11-12 对讲机指挥作业 5.噪声较大的机械设备,应尽量远离施工现场办公区、生活区和周边住宅区。 6.混凝土输送泵、电锯房等应设置吸声降噪屏或采取其他有效降噪措施,如图 11-13 所示。  图 11-13 降噪降尘设施 7.施工车辆进出现场,不宜鸣笛。 8.当工地处于居民区附近时,应尽量避免夜间施工。 9.应制定监测超标后的应急预案,对目标值及实际值应定期进行对比分析(图表分析),尤其对超标原因要进行分析并据此优化现场噪声控制措施[11-4]
光污染控制	1.应根据现场和周边环境采取限时施工、遮光和全封闭等避免或减少施工过程中光污染的措施 2.夜间室外照明灯应加设灯罩,光照方向应集中在施工范围内,如图 11-14 所示。  图 11-14 光照控制 3.夜间电焊作业时,应采取挡光措施,如图 11-15 所示。

控制类别	针对性措施
光污染控制	 图 11-15 电焊挡光 4. 工地设置大型照明灯具时,应有防止强光外泄的措施,如图 11-16 所示。  图 11-16 光源控制
水污染控制	1. 污水排放应符合现行国家标准《污水排入城镇下水道水质标准》GB/T 31962 的有关要求。 2. 设置水质监测点,对施工现场排放的污水进行合规检测处理合格后,排入市政管网。对不能排入市政管网的污水按规定处理后,达标排放,必要时可设置废水处理设备,进行合理回用[11-4]。 3. 对于可能引起水体污染的施工作业,采取措施防止污染,如水上、水下作业、疏浚工程、桥梁工程等[11-4]。 4. 现场道路和材料堆放场地周边应设排水沟,如图 11-17 所示。  图 11-17 排水沟设置

控制类别	针对性措施
水污染控制	5.施工现场存放的油料、化学溶剂、有毒材料等物品应设专门库房、地面应做防渗漏处理,易挥发、易污染的液态材料,应使用密闭容器存放,如图11-18 所示。  图11-18　危险品独立放置 6.雨水、污水应分流排放,废污水经检测合格后有组织排放。 7.施工现场应设置排污沉淀池,一般设置三级,设备清洗、场地冲洗等废水经三级沉淀池收集处理后,上清液可回收利用,污泥定期掏空并可作为骨料使用,如图11-19 所示。  图11-19　沉淀池 8.工地厨房超过100 人时应设隔油池,现场厕所应设置化粪池,并定期清运和消毒,如图11-20 所示。  图11-20　油池、化粪池清运和消毒 9.工程污水和试验室养护用水均应经处理达标后排入市政污水管道。 10.应建立废污水处理记录台账,记录资料完整、真实、便于查找、数据链符合逻辑、具有可追溯性[11-4]。

控制类别	针对性措施
建筑垃圾控制	1.施工现场应设置封闭式垃圾站。建筑垃圾应分类收集、集中堆放处理,如图 11-21 所示。 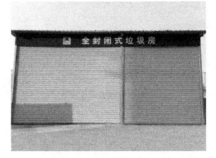 图 11-21　建筑垃圾分类回收 2.应制定建筑垃圾减量计划,建筑垃圾的回收利用应符合现行国家标准《工程施工废弃物再生利用技术规范》GB/T 50743 的规定。 3.有毒有害废弃物的分类率应达 100%,对可能造成二次污染的废弃物应单独储存,并设置明显标识,如图 11-22 所示,有毒有害废弃物应 100%送专业回收单位处理[11-4]。  图 11-22　防二次污染措施 4.垃圾桶应分为可回收利用和不可回收利用两类,应定期清运,如图 11-23 所示。  图 11-23　生活垃圾分类处理 5.不得在施工现场焚烧废弃物、沥青、油漆以及其他产生有毒、有害烟尘和恶臭气体的物质。 6.现场检验不合格的预制构件,不应在工地处理,应运回工厂处理利用。 7.固体废弃物排放量不高于 300t/万 m^2,预制装配式建筑固体废弃物排放量不高于 200t/万 m$^{2[11-4]}$。

控制类别	针对性措施
建筑垃圾控制	8. 建筑废弃物排放源识别及统计应全面。对于固体废弃物排放量应按地基基础、主体结构、装饰装修和机电安装三阶段分类进行统计计算,统计时必须标明废弃物排放源。并应包含分包单位固体废弃物排放量统计数据[11-4]。 9. 应针对工程实际,分析每一主要排放源,形成目标值与实际值的对比分析报告,根据报告内容制定具有针对性的建筑垃圾减量化措施[11-4]。 10. 对有毒、有害废弃物进行充分识别并分类收集,并交由有资质单位合规处理。应建立处理记录统计台账,出厂记录完整、数据真实、可追溯[11-4]。
烟气控制[11-4]	1. 工地食堂油烟100%经油烟净化处理后排放,如图11-24所示。 图 11-24　油烟净化装置 2. 进出场车辆、设备废气达到年检合格标准。 3. 集中焊接应有焊烟净化装置。 4. 烟气控制措施应先进适宜,科学合理
资源保护[11-4]	1. 现场施工时,应识别场地内及周边现有的自然、文化和建(构)筑物特征,并采取相应保护措施。场内发现文物时,应立即停止施工,派专人看管,并通知当地文物主管部门。 2. 对资源保护分类建立统计台账,记录资料完整、真实、便于查找,数据链符合逻辑、具有可追溯性,可以根据记录的数据对比分析,并形成报告。 3. 所采取的措施应先进适宜,科学合理

11.3　能源资源节约

能源资源节约包含诸多方面,对于建设可持续发展型社会必不可少,在建筑工程中可将其分为4个部分,即节能、节地、节水和节材,其中节水部分增加了非传统水源的利用、节材部分增加了建筑垃圾的回收利用,详见表11-2。

能源资源节约[11-1,11-2]　　　　　　　　　　　　　表 11-2

控制类别	针对性措施
节能	1. 能源消耗比定额用量节省不低于10%[11-4]。 2. 根据装配式混凝土建筑的特点、当地气候和自然资源条件,制定合理施工能耗指标,提高施工能源利用率。

控制类别	针对性措施
节能	3.应通过设计深化、施工方案优化、技术应用与创新等手段对节能与能源利用进行策划[11-4]。 4.施工现场的生产、生活、办公和主要耗能施工设备应设有用电控制指标,应分别进行计量,其中大型设备应一机一表,并定期进行计量、核算、对比分析及制定预防与纠正措施,如图11-25所示。  图11-25　电能计量装置 5.不应使用国家、行业、地方政府明令淘汰的施工设备、机具和产品,优先使用节能、高效、环保的施工机具设备,如图11-26所示。  图11-26　节能设备 6.建立施工机械(重点耗能设备)设备档案和管理制度,定期保养维修。 7.合理布置临时用电线路,选用节能器具,采用声控、光控和节能型电线及灯具;照明照度宜按最低照度设计,如图11-27所示。  图11-27　照明节能措施 8.施工临建设施应结合日照和风向等自然条件,合理利用自然采光、通风和外窗遮阳设施,临时施工用房应使用热工性能达标的复合保温墙体和屋面板,如图11-28所示。

控制类别	针对性措施
节能	 图 11-28　临设节能措施 9. 施工组织设计中,合理安排施工进度、施工顺序、工作面,相邻作业区充分利用共有的机具资源,优先考虑能耗少的施工工艺。 10. 建筑材料的选用应缩短运输距离,距现场 500 公里以内建筑材料采购量占比不低于 70% (指采购地)[11-4]。 11. 根据当地气候和自然资源条件,充分利用太阳能、地热、风能等可再生能源,如图 11-29 所示。  图 11-29　合理利用可再生资源 12. 对施工区、生活区、办公区应分别建立能耗统计台账,数据完整、真实,便于查找,数据链符合逻辑,具有可追溯性,并应对可再生能源利用量进行计量和统计[11-4]。 13. 应分阶段对能耗的目标值及实际值,以及可再生能源利用效果定期进行对比分析(图表分析),形成报告,并据此优化节能措施[11-4]
节地	1. 应根据装配式混凝土建筑的特点和地域特点,科学、合理、紧凑的布置施工场地,并实施动态管理,临时用地应有审批用地手续。 2. 应通过设计深化、施工方案优化、技术应用与创新等手段制定科学合理的节地与土地资源保护措施[11-4]。 3. 施工总平布置图应分阶段绘制。临建设施与绿化面积应按不同施工阶段分别统计计算,测量及记录方法科学合理,数据真实,结果应用于持续改进[11-4]。 4. 施工总平布置应分阶段策划,充分利用原有(建)构)筑物、道路、管线,材料堆放减少二次搬运,办公生活区分开布置,临建设施采用环保可周转材料,临建设施占地在满足施工需要后应尽量增加绿化面积[11-4]。 5. 施工现场预制构件堆放场地应布置在塔式起重机工作半径内,并按照靠近主楼、方便卸车、利于吊装、流水配套的原则设置,确保构件起吊方便,占地面积少,如图 11-30 所示。 6. 施工现场道路布置应遵循永久道路和临时道路相结合的原则,施工现场内宜形成环形道路,减少道路占地。 7. 装配式混凝土建筑构件制作应工厂化;混凝土应采用商品混凝土;钢筋宜集中加工配送,如图 11-31 所示。

控制类别	针对性措施
节地	 图 11-30 构件堆放原则  图 11-31 构件产业化加工 8. 应进行基坑开挖及支护方案优化, 最大限度地减少对原状土的扰动, 尽量采用原土回填, 符合生态环境要求, 施工降水期间, 对基坑内外的地下水、构筑物实施有效监测, 有相应的保护措施和预案[11-4]。 9. 临建设施占地面积有效利用率大于90%[11-4], 红线外临时占地应尽量利用荒地、废地, 完工后应恢复原地形、地貌, 降低对周边环境的影响
节水	1. 根据工程特点和当地自然资源条件, 制定生活用水和工程用水的用水定额指标, 在签订不同标段分包或劳务合同时, 应将节水定额指标纳入合同条款, 进行计量考核[11-4]。 2. 应通过设计深化、施工方案优化、技术应用与创新等手段进行节水策划, 分阶段、分区域对水耗的目标值及实际值应定期进行对比分析(图表分析), 形成报告并优化节水措施[11-4]。 3. 其中用水量节省不低于定额用水量的10%[11-4]。 4. 施工现场办公区、生活区应采用节水器具, 节水器具配备率应达到100%, 如图11-32所示。 图 11-32 节水器具

图 11-30 构件堆放原则

图 11-31 构件产业化加工

图 11-32 节水器具

控制类别	针对性措施
节水	5. 施工用水、生活用水应分别计量,建立台账,数据真实完整、便于查找,数据链符合逻辑、具有可追溯性[11-4],如图 11-33 所示。  图 11-33　水表分开管理 6. 现场应结合给水排水点位置进行管线线路和阀门预设位置的设计,并对管网和用水器具采取防渗措施,如图 11-34 所示。 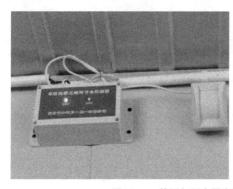 图 11-34　管网与用水器防渗措施 7. 施工中应采用先进的节水施工工艺,如混凝土节水保湿养护膜做法和混凝土喷水养护做法,如图 11-35 所示。  (a) 混凝土节水保湿养护膜　　　　(b) 混凝土喷水养护 图 11-35　混凝土养护节水措施 8. 应分阶段、分区域对水耗的目标值及实际值定期进行对比分析(图表分析),形成报告,并据此优化节水措施,持续改进[11-4]

控制类别	针对性措施
非传统水资源利用[11-4]	1.应根据当地气候和自然资源条件,针对工程特点,制定科学合理的非传统水利用措施,建立可再利用的水收集处理系统,进行非传统用水的收集、利用,提高水资源的利用效率。 2.应绘制施工现场非传统水收集系统布置图。 3.用于正式施工的非传统水应采用科学合理的方法进行水质检测,并保留检测报告。 4.应建立非传统水利用台账,对非传统水源利用情况进行全面、真实的统计,标明用途。对利用效果应加以对比分析(图表分析),形成报告,并据此优化水资源利用措施,持续改进。 5.湿润区非传统水源回收再利用率占总用水量不低于30%,半湿润区非传统水源回收再利用率占总用水量不低于20%。 6.施工现场应建立基坑降水再利用的收集处理系统,建立雨水收集利用系统,并充分使用于施工和生活中的适宜部位,如对地面进行冲洗、厕所用水等,如图11-36所示。  (a) 雨水回收池　　　(b) 水泵房 图11-36　雨水收集措施 7.现场机具、设备、车辆冲洗、路面喷洒、绿化浇灌等用水应尽量采用非传统水源和循环再利用水,如图11-37所示。  图11-37　水的循环使用措施 8.在非传统水源和现场循环再利用水的使用过程中,应制定有效的水质检测与卫生保障措施,避免对人体健康、工程质量以及周围环境产生不良影响
节材	1.应控制建筑实体材料损耗率,结构、机电、装饰装修材料损耗率比定额损耗率降低30%[11-4]。 2.应控制非实体材料(模板除外)可重复使用率,不可低于70%;模板周转次数不可低于6次[11-4]。

控制类别	针对性措施
节材	3.分类建立材料台账,对节材效果进行全面统计。统计资料完整、真实、便于查找,数据链符合逻辑、具有可追溯性[11-4]。 4.施工单位应根据施工进度、库存情况等编制材料计划,合理安排材料的采购、进场时间和批次,减少库存。 5.施工单位应建立合格供应商档案库,选用绿色、环保材料,并因地制宜,积极采用降低材料消耗的四新技术。 6.选择采用周转频次高的模板、脚手架等材料,临建设施推广装配[11-4],如装配式混凝土结构的水平支撑体系可采用管件合一的独立式可调钢支撑或承插式、盘扣式等脚手架,如图11-38所示。  图11-38 新型支撑体系的应用 7.预制混凝土构件的存放和运输应采取防止变形和损坏的措施;构件的加工和进场顺序应与现场安装顺序一致,根据已确定的预制构件运输方案卸载,避免和减少二次倒运,如图11-39所示。  图11-39 预制混凝土构件保护 8.装配式混凝土建筑安装所需的埋件和连接件以及室内外装饰装修所需的连接件,应在工厂制作时准确预留、预埋。 9.施工现场主要道路的硬化处理宜采用可周转使用的材料和预制构件,如图11-40所示。  图11-40 道路硬化处理

控制类别	针对性措施
节材	10.办公、生活用房等临建设施应采用可拆迁、可回收、可重复使用的装配式结构,如图 11-41 所示。  图 11-41　临建设施 11.对于施工区临时加工棚、围栏等临时设施与安全防护,推广标准化定型产品,提高可重复使用率,周转料具堆放整齐,做好保养维护,延长其使用寿命[11-4],如图 11-42 所示。  图 11-42　防护材料可回收利用 12.建筑余料应合理利用;板材、块材等下脚料和撒落混凝土及砂浆应科学利用;办公用纸应分类摆放,两面使用,废纸应回收,如图 11-43 所示  图 11-43　建筑余料合理回收
材料资源利用[11-4]	1.控制目标指标符合本指标量化值要求,且应按照主要材料种类设立回收利用目标。 2.应针对工程特点和地域特点,制定科学合理的材料资源利用计划,优化建筑垃圾回收利用措施,建筑垃圾回收再利用率不低于 50%。 3.分类建立建筑垃圾回收利用台账,统计台账齐全,计算方法合理、资料完整、真实、便于查找,数据链符合逻辑,具有可追溯性。 4.对建筑垃圾及回收利用效果应进行分析(图表分析),据此优化现场建筑垃圾回收利用措施,并形成报告

11.4 本章小结

本章共分为4个小节，根据装配式建筑施工的特点，列举了多项绿色施工技术和管理措施，首先介绍绿色施工制度和绿色施工管理，然后围绕环境保护和能源资源节约在施工现场采取的有效措施进行详细阐述，其中环境保护主要包括扬尘控制、噪声控制、光污染控制、水污染控制和建筑垃圾处理；能源资源节约主要包括节能、节地、节水和节材。本章所阐述的相关绿色施工措施对我国装配式建筑绿色施工的应用有一定的指导作用，相关措施实用性和可操作性强，可以降低和减少施工中所发生的资源浪费和对环境的破坏。

附录 图表统计

章节	序号	名称	所在页码
第一章	1	图1-1 以施工专业承包模式构件厂为核心的组织管理架构示意图	2
	2	图1-2 以施工总承包模式项目经理为核心的组织管理架构示意图	2
	3	图1-3 以设计施工总承包模式项目经理为核心的组织管理架构示意图	3
	4	图1-4 项目各方协调工作程序图	7
	5	图1-5 构件卸车点示意图	21
	6	图1-6 构件卸车示意图	21
	7	表1-1 施工组织管理体系的目的和原则	1
	8	表1-2 责任划分表	3
	9	表1-3 管理制度示例表	4
	10	表1-4 项目主要人员及责任制度内容对应表	5
	11	表1-5 人员主要培训内容	6
	12	表1-6 深化设计主要考虑的施工因素内容	8
	13	表1-7 钢筋深化设计主要考虑的内容	8
	14	表1-8 起重设备深化设计因素	9
	15	表1-9 塔式起重机布置的主要原则	9
	16	表1-10 施工电梯深化设计因素	10
	17	表1-11 吊装顺序及深化设计主要考虑内容	10
	18	表1-12 预制剪力墙、柱的临时支撑体系	11
	19	表1-13 预制梁、楼板的临时支撑体系	11
	20	表1-14 装配式混凝土结构常用的模板体系	11
	21	表1-15 不同模板体系成本分析对比(按建筑面积进行测算)	12
	22	表1-16 外围护体系深化设计主要考虑的内容	12
	23	表1-17 外挂式操作架的应用	13
	24	表1-18 钢管落地脚手架的应用	13
	25	表1-19 落地门式脚手架的应用	13
	26	表1-20 悬挑脚手架的应用	14
	27	表1-21 附着式升降脚手架的应用	14
	28	表1-22 外挂防护架的应用	14
	29	表1-23 扣件式钢管脚手架的优缺点	15
	30	表1-24 盘扣式钢管脚手架的优缺点	16

章节	序号	名称	所在页码
第一章	31	表1-25 独立式三脚架的优缺点	16
	32	表1-26 斜支撑布置主要考虑的原则	17
	33	表1-27 木模板的优缺点	17
	34	表1-28 塑料模板的优缺点	18
	35	表1-29 组合大模板的优缺点	18
	36	表1-30 铝合金模板的优缺点	19
	37	表1-31 铝框模板的优缺点	19
	38	表1-32 现场大门、道路的布置内容	20
	39	表1-33 构件堆场的布置原则	22
	40	表1-34 主要施工过程构件保护内容	22
第二章	1	图2-1 总体计划分层	26
	2	图2-2 工程项目总施工进度计划示意图	26
	3	图2-3 构件安装时间节点进度计划横道示意图	27
	4	图2-4 立体交叉施工示意	28
	5	图2-5 装配式框架-剪力墙结构标准层施工工艺流程	36
	6	图2-6 装配式框架结构标准层施工工艺流程	37
	7	图2-7 预制构件吊装流程	39
	8	图2-8 项目地理位置示意图	48
	9	图2-9 现场施工道路示意图	49
	10	图2-10 地下室顶板道路加固措施图	50
	11	图2-11 地下室顶板堆场加固措施图	50
	12	图2-12 地下室临时道路区域后浇带处加固措施图	51
	13	图2-13 北侧场地布置示意图	51
	14	图2-14 南侧场地布置示意图	52
	15	图2-15 墙板的运输示意图	58
	16	图2-16 叠合板、楼梯的运输示意图	59
	17	图2-17 预制墙板构件吊装示意图	62
	18	图2-18 预制楼梯吊装示意图	62
	19	图2-19 叠合板吊装示意图	63
	20	图2-20 预制墙板吊装顺序	63
	21	图2-21 叠合板吊装顺序	63
	22	图2-22 预制构件吊装流程	64
	23	图2-23 设计斜支撑示意图	66
	24	图2-24 斜支撑调节示意图	66
	25	图2-25 坐浆示意图	68
	26	图2-26 分仓示意图	68

章节	序号	名称	所在页码
第二章	27	图 2-27 预制楼梯现场吊装示意图	70
	28	图 2-28 叠合板排架搭设示意图	71
	29	图 2-29 叠合板安装示意图	71
	30	图 2-30 叠合板上层钢筋绑扎和管线敷设示意图	72
	31	图 2-31 安全生产管理体系图	76
	32	图 2-32 项目部组织构架图	82
	33	图 2-33 应急组织机构图	84
	34	图 2-34 应急救援工作处置程序图	85
	35	图 2-35 救援行车路线图	87
	36	图 2-36 预制板墙示意图	87
	37	图 2-37 计算简图	88
	38	表 2-1 项目工况主要内容	24
	39	表 2-2 项目施工前期与构件生产、运输计划的时间安排	26
	40	表 2-3 楼层分段施工循环作业计划示意	27
	41	表 2-4 主要的装配式建筑资源配置	29
	42	表 2-5 施工现场平面规划、运输通道和存放场地	30
	43	表 2-6 选型主要规定要求	30
	44	表 2-7 TC6016A 塔式起重机技术性能表	31
	45	表 2-8 选用 55 臂起重性能特性表	32
	46	表 2-9 QTZ80 塔式起重机技术性能	32
	47	表 2-10 汽车式起重机的类型及特点	33
	48	表 2-11 索具分类	34
	49	表 2-12 吊索具组合形式	35
	50	表 2-13 吊装前的准备事项	38
	51	表 2-14 吊装过程中的注意事项	38
	52	表 2-15 主要连接方式	40
	53	表 2-16 预制构件安装尺寸的允许偏差及检验方法	41
	54	表 2-17 装配式建筑工程主要的保证措施	41
	55	表 2-18 装配式工程施工阶段主要危险源及技术控制措施	43
	56	表 2-19 装配式结构支撑系统稳定性监控内容	43
	57	表 2-20 主要的装配式建筑人员配置	44
	58	表 2-21 各个工种的基本技能与要求	44
	59	表 2-22 人工工效时间参照	45
	60	表 2-23 主要的验收标准	45
	61	表 2-24 主要技术文件和记录	46
	62	表 2-25 应急预案的内容	46

章节	序号	名称	所在页码
第二章	63	表2-26 其他编制内容	47
	64	表2-27 楼号PC构件使用统计	48
	65	表2-28 项目PC构件楼号明细	49
	66	表2-29 主要参考法规明细	53
	67	表2-30 楼号PC构件施工时间节点	54
	68	表2-31 标准层PC构件施工计划	55
	69	表2-32 塔式起重机机械设备使用及性能参数表	55
	70	表2-33 构件施工主要工具表	57
	71	表2-34 现场施工主要材料表	57
	72	表2-35 各楼号构件统计表	60
	73	表2-36 1号楼PC构件吊装情况分析	61
	74	表2-37 2、3号楼PC构件吊装情况分析	61
	75	表2-38 单个PC构件吊装时间	62
	76	表2-39 灌浆前准备事项	67
	77	表2-40 安全生产管理主要职责	76
	78	表2-41 施工阶段重大危险源识别	77
	79	表2-42 项目重大危险源控制措施	77
	80	表2-43 项目部主要岗位责任分解表	82
	81	表2-44 栋号楼劳动力使用情况	83
	82	表2-45 专职安全员配置表	83
	83	表2-46 组织机构分工职责	84
	84	表2-47 应急救援物资	86
	85	表2-48 预制板墙参数	88
	86	表2-49 自制扁担梁参数	88
第三章	1	图3-1 预制构件进场验收程序图	92
	2	表3-1 结构构件实体检测的最小样本容量	93
	3	表3-2 预制构件外观质量缺陷分类	94
	4	表3-3 预制板的外形尺寸允许偏差及检验方法	95
	5	表3-4 预制板连接钢筋的位置和外露长度允许偏差及检验方法	96
	6	表3-5 预制板预留孔洞位置和尺寸允许偏差值及检验方法	97
	7	表3-6 预制板预埋电盒位置允许偏差及检验方法	97
	8	表3-7 预制剪力墙板外形尺寸允许偏差及检验方法	98
	9	表3-8 预制剪力墙板预留连接钢筋及灌浆套筒的允许偏差及检验方法	99
	10	表3-9 预制剪力墙板预留孔洞允许偏差及检验方法	99
	11	表3-10 预制剪力墙板键槽尺寸允许偏差及检验方法	100
	12	表3-11 预制剪力墙板吊具尺寸允许偏差及检验方法	100

章节	序号	名称	所在页码
第三章	13	表 3-12　预制梁的外形尺寸允许偏差及检验方法	101
	14	表 3-13　预制梁连接钢筋允许偏差及检验方法	102
	15	表 3-14　预制梁键槽尺寸允许偏差及检验方法	103
	16	表 3-15　预制梁预埋吊环的允许偏差及检验方法	103
	17	表 3-16　预制柱的外形尺寸允许偏差及检验方法	103
	18	表 3-17　预制柱连接钢筋允许偏差及检验方法	104
	19	表 3-18　预制柱灌浆套筒的允许偏差及检验方法	104
	20	表 3-19　预制柱键槽尺寸允许偏差及检验方法	105
	21	表 3-20　预制柱预埋吊环及斜撑套筒的允许偏差及检验方法	106
	22	表 3-21　预制楼梯预留洞口位置的偏差允许值和检查检验方法	106
	23	表 3-22　预制楼梯吊具尺寸允许偏差及检验方法	107
	24	表 3-23　预制阳台和预制空调板连接钢筋允许偏差及检验方法	107
	25	表 3-24　预制阳台和预制空调板预留孔洞位置和尺寸允许偏差值及检验方法	108
	26	表 3-25　预制阳台和预制空调板吊具尺寸允许偏差及检验方法	108
	27	表 3-26　常温型套筒灌浆料的性能要求	109
	28	表 3-27　低温型套筒灌浆料的性能要求	109
	29	表 3-28　钢筋浆锚搭接连接接头用灌浆料性能要求	110
	30	表 3-29　装配式建筑用坐浆料的物理性能要求	111
	31	表 3-30　装配式建筑密封胶性能对比	111
	32	表 3-31　建筑密封胶的物理力学性能	112
第四章	1	图 4-1　微重力流补浆工艺示意图	132
	2	图 4-2　微重力流补浆观察管形式	133
	3	图 4-3　外挂墙板螺栓连接示意图	137
	4	图 4-4　楼梯螺栓连接示意图	137
	5	表 4-1　现行标准对预制构件安装与连接的相关规定	114
	6	表 4-2　常见预制构件的施工流程	116
	7	表 4-3　常见预制构件的安装要点	117
	8	表 4-4　常见预制构件的安装工艺	119
	9	表 4-5　常见连接方法的施工流程	125
	10	表 4-6　构件连接要点	126
	11	表 4-7　套筒灌浆施工机具	128
	12	表 4-8　套筒灌浆连接工艺	130
	13	表 4-9　直螺纹套筒加工工具	135
	14	表 4-10　直螺纹钢筋接头拧紧力矩值	136

章节	序号	名称	所在页码
第五章	1	图 5-1　结构后浇区施工工艺流程	141
	2	图 5-2　结构后浇区竖向钢筋连接构造图示	143
	3	表 5-1　采用现浇混凝土施工部位的规定	139
	4	表 5-2　各类预制结构体系后浇部位分类(部分示例)	140
	5	表 5-3　剪力墙结构体系连接节点构造	142
	6	表 5-4　预制墙板顶部节点构造形式	142
	7	表 5-5　剪力墙体系钢筋连接施工流程	144
	8	表 5-6　剪力墙体系钢筋连接施工要点	144
	9	表 5-7　装配整体式框架结构后浇部位钢筋连接形式	145
	10	表 5-8　装配整体式框架结构后浇部位钢筋施工要点	147
	11	表 5-9　预制板板缝节点(推荐)形式	149
	12	表 5-10　叠合楼板钢筋施工要点	149
	13	表 5-11　各类装配式混凝土建筑结构定位模具形式	150
	14	表 5-12　模板及支架选型	151
	15	表 5-13　模板支架结构钢构件容许长细比	152
	16	表 5-14　工具式钢支柱性能参数表	152
	17	表 5-15　支撑主梁参数表(不同材质)	152
	18	表 5-16　叠合楼板支撑架计算参数表(盘扣架为例)	153
	19	表 5-17　预制叠合板模板支架立杆计算	154
	20	表 5-18　模板及支架施工要点(墙板后浇区部位)	154
	21	表 5-19　模板及支架施工要点(框架)	156
	22	表 5-20　模板及支架施工要点(叠合板间后浇区)	156
	23	表 5-21　模板及支架施工图示(叠合板间后浇区)	157
	24	表 5-22　模板及支架施工要点(板端交接处)	158
	25	表 5-23　模板及支架施工要点(预制悬挑板)	158
	26	表 5-24　预埋件、预留孔和预留洞的允许偏差	159
	27	表 5-25　后浇结构模板安装的允许偏差和检查方法	159
	28	表 5-26　运输到输送入模的延续时间(min)	161
	29	表 5-27　运输、输送入模及其间歇总的时间限值(min)	161
	30	表 5-28　柱、墙模板内混凝土浇筑倾落高度限值(m)	161
	31	表 5-29　振捣混凝土规定	161
	32	表 5-30　混凝土分层振捣的最大厚度	162
	33	表 5-31　不同部位混凝土浇筑要点	162
	34	表 5-32　混凝土的养护时间表	163
	35	表 5-33　坍落度、维勃稠度的允许偏差	164
	36	表 5-34　混凝土结构施工质量检查要点	164

章节	序号	名称	所在页码
第五章	37	表 5-35　底模拆除时的混凝土强度要求	165
	38	表 5-36　模板拆除顺序	165
第六章	1	图 6-1　设备与管线工程系统工序总体流程	167
	2	图 6-2　分水器装置	181
	3	图 6-3　整体卫浴接口位置	185
	4	表 6-1　预留规定要点	168
	5	表 6-2　预埋套管安装方法及要求	169
	6	表 6-3　预留洞	170
	7	表 6-4　电气系统及管线预埋预留图示	171
	8	表 6-5　墙体内预埋预留要点	172
	9	表 6-6　叠合楼板预留预理规定要点	173
	10	表 6-7　预制构件间引下线施工规定及施工要点	175
	11	表 6-8　均压环施工图示	176
	12	表 6-9　防侧击雷施工规定及施工要点	177
	13	表 6-10　常用集成化部品	179
	14	表 6-11　给水系统接口位置设置要点	180
	15	表 6-12　不同管材连接方式选型表	181
	16	表 6-13　给水管道接口形式表	182
	17	表 6-14　排水管道接口位置设置要点	182
	18	表 6-15　排水管道接口连接形式	183
	19	表 6-16　暖通用接口位置设置要点	183
	20	表 6-17　整体厨房接口要点	184
	21	表 6-18　整体卫浴接口要点	184
	22	表 6-19　电气接口及连接要点	185
	23	表 6-20　电气接口及连接图示	186
第七章	1	图 7-1　装配式内装系统施工流程	190
	2	图 7-2　ALC 墙板施工工艺流程图	191
	3	图 7-3　蒸压(挤压型)陶粒混凝土墙板施工安装工艺流程图	195
	4	图 7-4　装配式隔墙系统(龙骨类)示意图	200
	5	图 7-5　装配式隔墙系统工艺流程图	203
	6	图 7-6　与地面连接(隔声型)	205
	7	图 7-7　与顶部连接	205
	8	图 7-8　L 形隔墙节点	205
	9	图 7-9　T 形隔墙节点	205
	10	图 7-10　十字形隔墙节点	205
	11	图 7-11　一字形隔墙节点	206

章节	序号	名称	所在页码
第七章	12	图 7-12 电气铺管	206
	13	图 7-13 加强合板安装图示	206
	14	图 7-14 安装玻璃棉节点图	207
	15	图 7-15 安装玻璃棉图示	207
	16	图 7-16 双层纸面石膏板接缝节点	208
	17	图 7-17 装配式吊顶系统示意图	209
	18	图 7-18 装配式吊顶工艺流程图	211
	19	图 7-19 固定吊顶板	211
	20	图 7-20 开孔	211
	21	图 7-21 检修口	212
	22	图 7-22 装配式地面系统示意图	213
	23	图 7-23 装配式集成楼地面系统施工工艺流程图	215
	24	图 7-24 地脚螺栓示意图	216
	25	图 7-25 地脚螺栓调平安装示意图	216
	26	图 7-26 地暖模块安装示意图	216
	27	图 7-27 分集水器安装示意图	217
	28	图 7-28 地暖模块面板安装示意图	217
	29	图 7-29 整体卫浴示意图	218
	30	图 7-30 整体卫浴安装工艺流程图	220
	31	图 7-31 底盘安装	221
	32	图 7-32 排水附件管道安装	222
	33	图 7-33 龙骨及墙板安装	222
	34	图 7-34 墙面附件安装	222
	35	图 7-35 顶盖安装	223
	36	图 7-36 集成式厨房示意图	225
	37	图 7-37 集成厨房施工工艺流程	227
	38	图 7-38 技术集成设计理念图示	229
	39	图 7-39 建筑效果图	234
	40	图 7-40 一层平面空间布置图	234
	41	图 7-41 标准层平面空间布置图	235
	42	图 7-42 整体卫浴平面布置图	235
	43	图 7-43 整体卫浴立面图	236
	44	图 7-44 整体卫浴详图	236
	45	图 7-45 整体卫浴立面布置图	236
	46	图 7-46 整体卫浴完成图	237
	47	图 7-47 定制橱柜平面布置图	237

章节	序号	名称	所在页码
第七章	48	图 7-48　定制橱柜立面图	237
	49	图 7-49　地板支架节点图	238
	50	图 7-50　地板支架节点详图	238
	51	图 7-51　地板支架施工图	238
	52	图 7-52　电气管线墙面剖面图	239
	53	图 7-53　电气管线墙面完成图	239
	54	图 7-54　部品件定制根据室内尺寸规格模数化加工	239
	55	图 7-55　室内厨房移门模数化定制	239
	56	图 7-56　室内进户门模数化定制	240
	57	图 7-57　厨房门槛石详图	240
	58	表 7-1　人、机、料等施工准备	191
	59	表 7-2　ALC 墙板施工工艺要求	191
	60	表 7-3　ALC 墙板安装质量控制要点	194
	61	表 7-4　蒸压(挤压型)陶粒混凝土墙板施工安装工艺及要点	195
	62	表 7-5　装配式隔墙系统(龙骨类)主要使用材料	200
	63	表 7-6　隔墙系统(龙骨类)操作工艺	203
	64	表 7-7　装配式吊顶系统主要使用机具	209
	65	表 7-8　装配式集成楼地面系统主要使用机具	213
	66	表 7-9　装配式集成楼地面系统操作工艺	215
	67	表 7-10　集成卫浴系统主要使用机具	218
	68	表 7-11　集成卫浴系统操作工艺	220
	69	表 7-12　集成式厨房系统主要使用机具	225
	70	表 7-13　集成式厨房系统操作工艺	227
	71	表 7-14　技术体系集成分类	230
	72	表 7-15　户内可变空间结构集成技术	230
	73	表 7-16　外墙内保温集成技术	230
	74	表 7-17　综合管线集成技术	231
	75	表 7-18　干式地暖集成技术	232
	76	表 7-19　卫生间静音技术——同层排水	232
	77	表 7-20　整体卫浴集成技术	232
	78	表 7-21　整体厨房集成技术	233
	79	表 7-22　全面换气集成技术	233
第八章	1	图 8-1　济南万科金域国际项目	243
	2	图 8-2　北京市政府办公楼项目	243
	3	图 8-3　排水做法	251
	4	图 8-4　打胶工具	251

章节	序号	名称	所在页码
	5	图8-5 基层清理	252
	6	图8-6 填塞背衬	252
	7	图8-7 贴美纹纸	253
	8	图8-8 涂刷底漆	253
	9	图8-9 胶面修整	254
	10	图8-10 ACC板施工安装工艺流程	256
	11	图8-11 单元板转运	259
	12	图8-12 单元板起吊	259
	13	图8-13 单元板装配	260
	14	图8-14 定型钢窗实景图	262
	15	图8-15 定型钢窗示意图	262
	16	图8-16 卡槽连接方式	264
	17	图8-17 自攻螺钉连接方式	264
	18	图8-18 固定片安装位置	264
	19	图8-19 固定片与墙体位置	265
第八章	20	图8-20 预留钢筋定位套板	266
	21	图8-21 预制女儿墙构件吊装	267
	22	图8-22 斜支撑与女儿墙及结构板连接	267
	23	图8-23 长短斜支撑	267
	24	表8-1 预制混凝土外挂墙板保温做法	243
	25	表8-2 外挂墙板三类保温形式优缺点	244
	26	表8-3 预制混凝土外挂墙板与主体结构连接方式	244
	27	表8-4 外挂墙板安装尺寸允许偏差及检验方法	246
	28	表8-5 密封胶性能要求	246
	29	表8-6 密封胶的物理力学性能指标与试验方法	247
	30	表8-7 预制外挂墙板接缝防水措施	248
	31	表8-8 预制装配结构外墙接缝密封材料及辅助材料的主要性能指标	248
	32	表8-9 防水措施	248
	33	表8-10 两道防水构造	249
	34	表8-11 金属附框尺寸允许偏差(mm)	265
	35	表8-12 装配式女儿墙安装允许偏差	268
	1	表9-1 现行装配式混凝土建筑施工质量检查与验收主要执行标准	269
	2	表9-2 装配式混凝土结构安装主控项目	272
第九章	3	表9-3 装配式混凝土结构安装一般项目	272
	4	表9-4 预制构件安装尺寸允许偏差及检验方法	273
	5	表9-5 钢筋套筒灌浆和钢筋浆锚连接主控项目	273

章节	序号	名称	所在页码
第九章	6	表 9-6　钢筋套筒灌浆和钢筋浆锚连接一般项目	274
	7	表 9-7　装配式混凝土结构连接主控项目	274
	8	表 9-8　梁端键槽和键槽内 U 形钢筋平直段的长度	275
	9	表 9-9　预制阳台、楼梯、室外空调机搁板安装允许偏差及检验方法	275
	10	表 9-10　预制预应力混凝土装配整体式框架安装检查项目、数量及方法	276
	11	表 9-11　构件安装的尺寸允许偏差及检查方法	276
	12	表 9-12　预制混凝土夹心保温外墙板安装主控项目	276
	13	表 9-13　预制混凝土夹心保温外墙板安装一般项目	278
	14	表 9-14　现浇部位混凝土结构施工质量检查与验收主控项目	278
	15	表 9-15　现浇部位混凝土结构施工质量检查与验收一般项目	279
	16	表 9-16　现浇结构位置和尺寸允许偏差及检验方法	279
	17	表 9-17　外围护工程性能指标划分	280
	18	表 9-18　预制外挂墙板安装主控项目	281
	19	表 9-19　预制外挂墙板安装一般项目	283
	20	表 9-20　外挂墙板安装尺寸允许偏差及检验方法	283
	21	表 9-21　单元式幕墙主控项目	284
	22	表 9-22　单元式幕墙一般项目	285
	23	表 9-23　单元式幕墙组装就位后允许偏差及检查方法	286
	24	表 9-24　铝合金外门窗主控项目	287
	25	表 9-25　铝合金外门窗一般项目	287
	26	表 9-26　铝合金门窗安装允许偏差和检验方法（mm）	288
	27	表 9-27　装配式整体厨房质量验收主控项目	289
	28	表 9-28　装配式整体厨房质量验收一般项目	289
	29	表 9-29　厨房家具安装的允许偏差和检验方法	290
	30	表 9-30　装配式整体卫生间质量验收标准主控项目	290
	31	表 9-31　集成式卫生间质量验收标准一般项目	291
	32	表 9-32　整体卫生间安装的允许偏差和检验方法	291
	33	表 9-33　板材隔墙质量验收标准主控项目	292
	34	表 9-34　板材隔墙质量验收标准一般项目	292
	35	表 9-35　板材隔墙安装的允许偏差和检验方法	292
	36	表 9-36　整体面层吊顶工程主控项目	293
	37	表 9-37　整体面层吊顶工程一般项目	294
	38	表 9-38　整体面层吊顶工程的允许偏差和检验方法	294
	39	表 9-39　板块面层吊顶工程主控项目	294
	40	表 9-40　板块面层吊顶工程一般项目	295
	41	表 9-41　板块面层吊顶工程的允许偏差和检验方法	295

章节	序号	名称	所在页码
第九章	42	表 9-42 格栅吊顶工程主控项目	295
	43	表 9-43 格栅吊顶工程一般项目	296
	44	表 9-44 格栅吊顶工程的允许偏差和检验方法	296
	45	表 9-45 装配式地面主控项目	297
	46	表 9-46 装配式地面一般项目	297
	47	表 9-47 装配式地面安装的允许偏差和检验方法	297
	48	表 9-48 室内给水排水工程主控项目	298
	49	表 9-49 室内给水排水工程一般项目	298
	50	表 9-50 建筑电气工程主控项目	299
	51	表 9-51 建筑电气工程一般项目	299
	52	表 9-52 智能建筑工程主控项目	300
	53	表 9-53 智能建筑工程一般项目	300
第十章	1	图 10-1 围挡及警示标志	303
	2	图 10-2 安全吊具	304
	3	图 10-3 构件安全吊装示例	304
	4	图 10-4 构件运输安全措施	309
	5	图 10-5 桁架预制板堆放示意图	310
	6	图 10-6 构件堆放安全措施	311
	7	图 10-7 临时支撑安全措施	312
	8	图 10-8 构件临时支撑措施	313
	9	图 10-9 预制大尺寸墙板吊装	314
	10	图 10-10 竖向现浇结构模板	315
	11	图 10-11 现浇节点工具式组合模板示意图	316
	12	图 10-12 外挂防护架示意图	317
	13	图 10-13 外挑防护架示意图	317
	14	表 10-1 起重吊装安全控制	306
	15	表 10-2 构件运输、进场、卸车与堆放安全控制项	309
	16	表 10-3 构件安装控制项	311
	17	表 10-4 高空作业控制项	316
第十一章	1	图 11-1 绿色施工框架结构图	320
	2	图 11-2 喷淋降尘	322
	3	图 11-3 物料堆放	322
	4	图 11-4 土方运输	322
	5	图 11-5 绿化措施	323
	6	图 11-6 车辆清洗口	323
	7	图 11-7 降尘措施	323

章节	序号	名称	所在页码
第十一章	8	图 11-8　垃圾清运	323
	9	图 11-9　环境监测系统	324
	10	图 11-10　封闭式围挡	324
	11	图 11-11　噪声监测	324
	12	图 11-12　对讲机指挥作业	325
	13	图 11-13　降噪降尘设施	325
	14	图 11-14　光照控制	325
	15	图 11-15　电焊挡光	326
	16	图 11-16　光源控制	326
	17	图 11-17　排水沟设置	326
	18	图 11-18　危险品独立放置	327
	19	图 11-19　沉淀池	327
	20	图 11-20　油池、化粪池清运和消毒	327
	21	图 11-21　建筑垃圾分类回收	328
	22	图 11-22　防二次污染措施	328
	23	图 11-23　生活垃圾分类处理	328
	24	图 11-24　油烟净化装置	329
	25	图 11-25　电能计量装置	330
	26	图 11-26　节能设备	330
	27	图 11-27　照明节能措施	330
	28	图 11-28　临设节能措施	331
	29	图 11-29　合理利用可再生资源	331
	30	图 11-30　构件堆放原则	332
	31	图 11-31　构件产业化加工	332
	32	图 11-32　节水器具	332
	33	图 11-33　水表分开管理	333
	34	图 11-34　管网与用水器防渗措施	333
	35	图 11-35　混凝土养护节水措施	333
	36	图 11-36　雨水收集措施	334
	37	图 11-37　水的循环使用措施	334
	38	图 11-38　新型支撑体系的应用	335
	39	图 11-39　预制混凝土构件保护	335
	40	图 11-40　道路硬化处理	335
	41	图 11-41　临建设施	336

续表

章节	序号	名称	所在页码
第十一章	42	图 11-42　防护材料可回收利用	336
	43	图 11-43　建筑余料合理回收	336
	44	表 11-1　环境保护	322
	45	表 11-2　能源资源节约	329

参考文献

第一章参考文献

[1-1] 预制装配式建筑施工技术系列丛书：预制装配式建筑施工要点集 [M]. 北京：中国建筑工业出版社，2018.

[1-2] 中华人民共和国国家标准. 装配式混凝土建筑技术标准 GB/T 51231—2016 [S]. 北京：中国建筑工业出版社，2017.

[1-3] 中华人民共和国国家标准. 混凝土结构工程施工规范 GB 50666—2011 [S]. 北京：中国建筑工业出版社，2012.

[1-4] 建筑施工手册（第五版）[M]. 北京：中国建筑工业出版社，2012.

第二章参考文献

[2-1] 建筑施工手册（第五版）[M]. 北京：中国建筑工业出版社，2012.

[2-2] 装配式建筑培训系列教材：装配式混凝土建筑施工技术 [M]. 北京：中国建筑工业出版社，2017.

[2-3] 中华人民共和国国家标准. 装配式混凝土建筑技术标准 GB/T 51231—2016 [S]. 北京：中国建筑工业出版社，2017.

[2-4] 中华人民共和国国家标准. 混凝土结构工程施工规范 GB 50666—2011 [S]. 北京：中国建筑工业出版社，2012.

[2-5] 预制装配式建筑施工技术系列丛书：预制装配式建筑施工要点集 [M]. 北京：中国建筑工业出版社，2018.

第三章参考文献

[3-1] 王晓锋. PC标准应用解读（三）——预制构件结构性能检验 [J]. 住宅与房地产，2017，469（20）：55-58.

[3-2] 中华人民共和国国家标准. 装配式混凝土建筑技术标准 GB/T 51231—2016 [S]. 北京：中国建筑工业出版社，2017.

[3-3] 中华人民共和国国家标准. 混凝土结构工程施工质量验收规范 GB 50204—2015 [S]. 北京：中国建筑工业出版社，2014.

[3-4] 江苏省工程建设标准. 装配式结构工程施工质量验收规程 DGJ32/J 184—2016 [S]. 南京：江苏凤凰科学技术出版社，2016.

[3-5] 中华人民共和国行业标准. 装配式混凝土结构技术规程 JGJ 1—2014 [S]. 北京：中国建筑工业出版社，2014.

[3-6] 中华人民共和国国家标准. 水泥基灌浆材料应用技术规范 GB/T 50448—2015 [S]. 北京：中国建筑工业出版社，2015.

[3-7] 中华人民共和国国家标准. 建筑密封胶分级和要求 GB/T 22083—2008 [S]. 北京：中国标准出版社，2009.

[3-8] 中华人民共和国国家标准. 硅酮和改性硅酮建筑密封胶 GB/T 14683—2017 [S]. 北京：中

国标准出版社，2004.

第四章参考文献

[4-1] 中华人民共和国国家标准.装配式混凝土建筑技术标准 GB/T 51231—2016 [S].北京：中国建筑工业出版社，2017.

[4-2] 中华人民共和国国家标准.混凝土结构工程施工规范 GB 50666—2011 [S].北京：中国建筑工业出版社，2012.

[4-3] 中华人民共和国行业标准.装配式混凝土结构技术规程 JGJ 1—2014 [S].北京：中国建筑工业出版社，2014.

[4-4] 叶浩文.装配式混凝土建筑施工技术 [M].北京：中国建筑工业出版社，2017.

[4-5] 王召新.混凝土装配式住宅施工技术研究 [D].北京工业大学，2012.

[4-6] 中国建筑业协会.装配式混凝土建筑施工指南 [M].北京：中国建筑工业出版社，2019.

[4-7] 中华人民共和国国家标准.紧固件机械性能 螺栓、螺钉和螺柱 GB/T 3098.1—2010 [S].北京：中国标准出版社，2011.

[4-8] 颜文.装配式混凝土结构施工现场连接质量控制技术研究 [D].东南大学，2018.

[4-9] 芦惠.兰州市装配式建筑施工质量安全监管研究 [D].兰州理工大学，2019.

[4-10] 齐宝库，王丹，白庶，靳林超.预制装配式建筑施工常见质量问题与防范措施 [J].建筑经济，2016，37（05）：28-30.

第五章参考文献

[5-1] 装配式混凝土剪力墙结构住宅施工工艺图解 16G906 [S].北京：中国建筑标准设计研究院出版社，2016.

[5-2] 装配式混凝土结构连接节点构造（剪力墙）15G310—2 [S].北京：中国建筑标准设计研究院出版社，2015.

[5-3] 装配式建筑培训系列教材：装配式混凝土建筑施工技术 [M].北京：中国建筑工业出版社，2017.

[5-4] 中国建筑业协会.装配式混凝土建筑施工指南 [M].北京：中国建筑工业出版社，2019.

[5-5] 江苏《装配式混凝土结构现场连接施工与质量验收规程》征求意见稿.

[5-6] 中国建筑标准设计研究院.建筑工业化系列标准应用实施指南（装配式混凝土结构建筑）[M].北京：中国计划出版社，2016.

第六章参考文献

[6-1] 范幸义、张勇一、叶昌建、王颖佳.装配式建筑 [M].重庆：重庆大学出版社，2017.

[6-2] 装配式住宅建筑设计标准 18J820 [S].北京：中国计划出版社，2018.

[6-3] 中国建筑业协会.装配式混凝土建筑施工指南 [M].北京：中国建筑工业出版社，2019.

[6-4] 装配式建筑培训系列教材：装配式混凝土建筑施工技术 [M].北京：中国建筑工业出版社，2017.

[6-5] 中国建筑标准设计研究院.建筑工业化系列标准应用实施指南（装配式混凝土结构建筑）[M].北京：中国计划出版社，2016.

[6-6] 中国土木工程学会标准.《工业化建筑机电管线通用接口设计标准》征求意见稿 [S].

第七章参考文献

[7-1] 北京市保障性住房建设投资中心，北京和能人居科技有限公司.图解装配式内装设计与施

工［M］.北京：化学工业出版社，2019.

［7-2］江苏省工程建设标准.江苏省建筑安装工程施工技术操作规程——装饰工程 DGJ32/J 35—2006［S］.南京：江苏凤凰科学技术出版社，2007.

第八章参考文献

［8-1］黄新，陈祖新，刘长春.全预制装配整体式框架结构外挂墙板的设计及施工［J］.建筑施工，2015，37（11）：1292-1294.

［8-2］装配整体式混凝土建筑外墙接缝防水密封应用技术标准 T/SCDA 014—2018［S］.上海市建设协会，2012.

［8-3］蒸压陶粒混凝土保温外墙板应用技术规程 苏 JG/T 053—2013［S］.江苏省工程建设标准站，2013.

［8-4］郑辉.单元式幕墙施工关键技术研究［J］.福建建材，2015（3）：71-73＋70.

［8-5］中华人民共和国行业标准.铝合金门窗工程技术规范 JGJ 214—2010［S］.北京：中国建筑工业出版社，2010.

［8-6］冯宏斌.女儿墙装配式施工技术［J］.结构施工，2018，40，327（7）：107-109.

第九章参考文献

［9-1］江苏省工程建设标准.装配式结构工程施工质量验收规程 DGJ32/J 184—2016［S］.南京：江苏凤凰科学技术出版社，2016.

［9-2］江苏省工程建设标准.建筑幕墙工程质量验收规程 DGJ32/J 124—2011［S］.南京：江苏凤凰科学技术出版社，2011.

［9-3］中华人民共和国国家标准.混凝土结构工程施工质量验收规范 GB 50204—2015［S］.北京：中国建筑工业出版社，2015.

［9-4］中华人民共和国国家标准.建筑装饰装修工程质量验收标准 GB 50210—2018［S］.北京：中国建筑工业出版社，2018.

［9-5］中华人民共和国行业标准.装配式混凝土结构技术规程 JGJ 1—2014［S］.北京：中国建筑工业出版社，2014.

［9-6］中华人民共和国行业标准.预制混凝土外挂墙板应用技术标准 JGJ/T 458—2018［S］.北京：中国建筑工业出版社，2018.

［9-7］中华人民共和国行业标准.装配式整体厨房应用技术标准 JGJ/T 477—2018［S］.北京：中国建筑工业出版社，2018.

［9-8］中华人民共和国行业标准.装配式整体卫生间应用技术标准 JGJ/T 467—2018［S］.北京：中国建筑工业出版社，2018.

［9-9］中华人民共和国行业标准.铝合金门窗工程技术规范 JGJ 214—2010［S］.北京：中国建筑工业出版社，2010

［9-10］中华人民共和国行业标准.预制预应力混凝土装配整体式框架结构技术规程 JGJ 224—2010［S］.北京：中国建筑工业出版社，2010.

［9-11］上海市工程建设标准.预制混凝土夹心保温外墙板应用技术标准 DG/TJ 08—2158—2017［S］.上海：同济大学出版社，2018.

第十章参考文献

［10-1］中华人民共和国国家标准.装配式混凝土建筑技术标准 GB/T 51231—2016［S］.北京：中国建筑工业出版社，2017.

[10-2] 江苏省工程建设标准.建筑施工现场安全防护设施技术规程 DB42/T 535—2020 [S].北京：中国建筑工业出版社，2007.

[10-3] 江苏省工程建设标准.装配式混凝土建筑施工安全技术规程 DB32/T 3689—2019 [S].南京：江苏凤凰科学技术出版社，2019.

第十一章参考文献

[11-1] 中华人民共和国国家标准.建筑工程绿色施工评价标准 GB/T 50640—2010 [S].北京：中国计划出版社，2011.

[11-2] 中华人民共和国国家标准.建筑工程绿色施工规范 GB/T 50905—2014 [S].北京：中国建筑工业出版社，2014.

[11-3] 中华人民共和国建设部.绿色施工导则 [S].2007.

[11-4] 住房城乡建设部.绿色施工科技示范工程技术指标及实施与评价指南 [S].2019.